"十四五"国家重点图书出版规划项目
核能与核技术出版工程

先进核反应堆技术丛书（第一期）
主编 于俊崇

热核反应堆氚工艺

Tritium Technologies for Thermonuclear Fusion Reactors

[俄] 亚历山大·佩列韦津采夫
米哈伊尔·罗森凯维奇 著
胡石林 阮 皓 沙仁礼 张玉袅 译
任 英 吴全锋 叶一鸣 康 艺 审

上海交通大學出版社
SHANGHAI JIAO TONG UNIVERSITY PRESS

内容提要

本书为“先进核反应堆技术丛书”之一。本书涵盖了从初始燃料混合物的储存到反应堆运行产生的废气废水向环境排放前的再处理等内容，详细探讨了热核反应堆氚工艺的所有过程，包括初始燃料混合物的储存及其入堆方法，等离子体室工作气体的化学净化，实现氘、氚燃料循环的氢同位素分离，等离子体室中氚的提取，废气、废水的去污处理工艺，保护工作人员、居民和环境不受氚排放造成的危害等。最后还探讨了氢同位素分离、气体除氚净化、水的除氚等系统的运行工况动力学及系统的稳态工况模拟等问题。

本书对我国从事热核反应堆相关工作的科技人员具有重要的借鉴意义，可供相关专业高校师生及核能工程技术人员参考。

图书在版编目(CIP)数据

热核反应堆氚工艺/（俄罗斯）亚历山大·佩列韦津采夫，（俄罗斯）米哈伊尔·罗森凯维奇著；胡石林等译．—上海：上海交通大学出版社，2023.1
（先进核反应堆技术丛书）
ISBN 978-7-313-27209-6

Ⅰ．①热… Ⅱ．①亚… ②米… ③胡… Ⅲ．①氚核反应—反应堆工艺 Ⅳ．①0571.42②TL37

中国版本图书馆CIP数据核字(2022)第143007号

上海市版权局著作权合同登记号：图字09-2022-56

热核反应堆氚工艺

REHEFANYINGDUI CHUANGONGYI

著　　者：[俄] 亚历山大·佩列韦津采夫　米哈伊尔·罗森凯维奇
译　　者：胡石林　阮　皓　沙仁礼　张玉衾
出版发行：上海交通大学出版社
地　　址：上海市番禺路951号
邮政编码：200030
电　　话：021-64071208
印　　制：苏州市越洋印刷有限公司
经　　销：全国新华书店
开　　本：710mm×1000mm　1/16
印　　张：17
字　　数：282千字
版　　次：2023年1月第1版
印　　次：2023年1月第1次印刷
书　　号：ISBN 978-7-313-27209-6
定　　价：158.00元

先进核反应堆技术丛书

编　委　会

序

人类利用核能的历史始于20世纪40年代。实现核能利用的主要装置——核反应堆诞生于1942年。意大利著名物理学家恩里科·费米领导的研究小组在美国芝加哥大学体育场，用石墨和金属铀“堆”成了世界上第一座用于试验可实现可控链式反应的“堆砌体”，史称“芝加哥一号堆”，于1942年12月2日成功实现人类历史上第一个可控的铀核裂变链式反应。后人将可实现核裂变链式反应的装置称为核反应堆。

核反应堆的用途很广，主要分为两大类：一类是利用核能，另一类是利用裂变中子。核能利用又分军用与民用。军用核能主要用于原子武器和推进动力；民用核能主要用于发电，在居民供暖、海水淡化、石油开采、冶炼钢铁等方面也具有广阔的应用前景。通过核裂变中子参与核反应可生产钚-239、聚变材料氚以及广泛应用于工业、农业、医疗、卫生等诸多领域的各种放射性同位素。核反应堆产生的中子还可用于中子照相、活化分析以及材料改性、性能测试和中子治癌等方面。

人类发现核裂变反应能够释放巨大能量的现象以后，首先研究将其应用于军事领域。1945年，美国成功研制原子弹，1952年又成功研制核动力潜艇。由于原子弹和核动力潜艇的巨大威力，世界各国竞相开展相关研发，核军备竞赛持续至今。另外，由于核裂变能的能量密度极高且近零碳排放，这一天然优势使其成为人类解决能源问题与应对环境污染的重要手段，因而核能和平利用也同步展开。1954年，苏联建成了世界上第一座向工业电网送电的核电站。随后，各国纷纷建立自己的核电站，装机容量不断提升，从开始的5 000千瓦到目前最大的175万千瓦。截至2021年底，全球在运行核电机组共计436台，总装机容量约为3.96亿千瓦。

核能在我国的研究与应用已有60多年的历史，取得了举世瞩目的成就。

1958年，我国第一座核反应堆建成，开启了我国核能利用的大门。随后我国于1964年、1967年与1971年分别研制成功原子弹、氢弹与核动力潜艇。1991年，我国大陆第一座自主研制的核电站——秦山核电站首次并网发电，被誉为"国之光荣"。进入21世纪，我国在研发先进核能系统方面不断取得突破性成果，如研发出具有完整自主知识产权的第三代压水堆核电品牌ACP1000、ACPR1000和ACP1400。其中，以ACP1000和ACPR1000技术融合而成的"华龙一号"全球首堆已于2020年11月27日首次并网成功，其先进性、经济性、成熟性、可靠性均已处于世界第三代核电技术水平，标志着我国已进入掌握先进核能技术的国家之列。截至2022年7月，我国大陆投入运行核电机组达53台，总装机容量达55 590兆瓦。在建机组有23台，装机容量达24 190兆瓦，位居世界第一。

2002年，第四代核能系统国际论坛(Generation Ⅳ International Forum, GIF)确立了6种待开发的经济性和安全性更高的第四代先进的核反应堆系统，分别为气冷快堆、铅合金液态金属冷却快堆、液态钠冷却快堆、熔盐反应堆、超高温气冷堆和超临界水冷堆。目前我国在第四代核能系统关键技术方面也取得了引领世界的进展：2021年12月，具有第四代核反应堆某些特征的全球首座球床模块式高温气冷堆核电站——华能石岛湾核电高温气冷堆示范工程送电成功。此外，在号称人类终极能源——聚变能方面，2021年12月，中国"人造太阳"——全超导托卡马克核聚变实验装置(Experimental and Advanced Superconducting Tokamak, EAST)实现了1 056秒的长脉冲高参数等离子体运行，再一次刷新了世界纪录。经过60多年的发展，我国已建立起完整的科研、设计、实(试)验、制造等核工业体系，专业涉及核工业各个领域。科研设施门类齐全，为试验研究先后建成了各种反应堆，如重水研究堆、小型压水堆、微型中子源堆、快中子反应堆、低温供热实验堆、高温气冷实验堆、高通量工程试验堆、铀-氢化锆脉冲堆、先进游泳池式轻水研究堆等。近年来，为了适应国民经济发展的需要，我国在多种新型核反应堆技术的科研攻关方面也取得了不俗的成绩，如各种小型反应堆技术、先进快中子堆技术、新型嬗变反应堆技术、热管反应堆技术、钍基熔盐反应堆技术、铅铋反应堆技术、数字反应堆技术以及聚变堆技术等。

在我国，核能技术已应用到多个领域，为国民经济的发展做出了并将进一步做出重要贡献。以核电为例，根据中国核能行业协会数据，2021年中国核能发电4 071.41亿千瓦时，相当于减少燃烧标准煤11 558.05万吨，减少排放二氧化碳 30 282.09 万吨、二氧化硫 98.24 万吨、氮氧化物 85.53 万吨，相当于造林 91.50 万公顷(9 150 平方千米)。在未来实现“碳达峰、碳中和”国家重大战略和国民经济高质量发展过程中，核能发电作为以清洁能源为基础的新型电力系统的稳定电源和节能减排的保障将起到不可替代的作用。也可以说，研发先进核反应堆为我国实现能源独立与保障能源安全、贯彻“碳达峰、碳中和”国家重大战略部署提供了重要保障。

随着核动力和核技术应用的不断扩展，我国积累了大量核领域的科研成果与实践经验，因此很有必要系统总结并出版，以更好地指导实践，促进技术进步与可持续发展。鉴于此，上海交通大学出版社与国内核动力领域相关专家多次沟通、研讨，拟定书目大纲，最终组织国内相关单位，如中国原子能科学研究院、中国核动力研究设计院、中国科学院上海应用物理研究所、中国科学院近代物理研究所、中国科学院等离子体物理研究所、清华大学、中国工程物理研究院、核工业西南物理研究院等，编写了这套“先进核反应堆技术丛书”。本丛书聚集了一批国内知名核动力和核技术应用专家的最新研究成果，可以说代表了我国核反应堆研制的先进水平。

本丛书规划以 6 种第四代核反应堆型及三个五年规划(2021—2035 年)中我国科技重大专项——小型反应堆为主要内容，同时也包含了相关先进核能技术(如气冷快堆、先进快中子反应堆、铅合金液态金属冷却快堆、液态钠冷却快堆、重水反应堆、熔盐反应堆、超临界水冷堆、超高温气冷堆、新型嬗变反应堆、科学研究用反应堆、数字反应堆)、各种小型堆(如低温供热堆、海上浮动核能动力装置等)技术及核聚变反应堆设计，并引进经典著作《热核反应堆氚工艺》等，内容较为全面。

本丛书系统总结了先进核反应堆技术及其应用成果，是我国核动力和核技术应用领域优秀专家的精心力作，可作为核能工作者的科研与设计参考，也可作为高校核专业的教辅材料，为促进核能和核技术应用的进一步发展及人才的培养提供支撑。本丛书必将为我国由核能大国向核能强国迈进、推动我国核科技事业的发展做出一定的贡献。

于俊崇

2022 年 7 月

译 者 说 明

《热核反应堆氚工艺》一书译自 *ТЕХНОЛОГИЯ ТРИТИЯ ДЛЯ ТЕРМОЯДЕРНОГО РЕАКТОРА* 一书，原著作者为亚历山大·佩列韦津采夫和米哈伊尔·罗森凯维奇教授。2019 年中国原子能科学研究院胡石林、郝建军访问俄罗斯时，该书作者米哈伊尔·罗森凯维奇教授赠送了此书。该书系统介绍了热核反应堆的燃料循环：从初始燃料混合物的储存、供给，到实现氘、氚燃料循环的氢同位素分离，以及反应堆运行产生的废气废水向环境排放前的再处理，系统研究和阐述了热核聚变商业化最重要一环，即燃料的持续生产和稳定供应。对我国从事相关研究的科研人员具有重要的借鉴意义。

上海智丹国际贸易有限公司受中国原子能科学研究院委托，协助取得了该书作者亚历山大·佩列韦津采夫、米哈伊尔·罗森凯维奇的授权，许可该书在中国境内翻译、出版、发行，以利科技成果的传播、推广和应用。

该书由来自核工业界的胡石林、阮皓、沙仁礼、张玉㠓翻译，由中国原子能科学研究院任英、吴全锋、叶一鸣、康艺、冯惜、郝建军团队审校，在翻译、审核过程中，参考了原著的英文版本 *Tritium Technologies for Themonuclear Fusion Reactors*，查实、修改和补充查阅了大量科技文献，为保证书籍的技术严谨，对书中引用的大量公式进行了校核计算。由于该书中多项研究还在发展中，有些名词术语在业内还没有形成统一明确定义，译者尽最大努力进行了规范统一工作。在定稿过程中，核工业西南物理研究院的段旭如教授等也参加了查实、修改、补充参考文献等工作。在此，对他们深表谢意。

由于译者水平及专业所限，译文可能出现的错误或疏漏之处，敬请读者不吝指正。

前　言

国家工业的发展与人均拥有的能源息息相关。其发展受到能源的可及性及其转换成电能造成的生态后果这两个因素制约。如今，人类将对无限清洁能源的寻找投向热核聚变，即星际能源。近十年来，许多工业国家加速推进聚变堆的工业化。例如，欧共体、日本、俄罗斯、美国、中国、印度和韩国等联合努力，已在法国南部建造热核试验反应堆(ITER)，以展示利用基于氢同位素的热核聚变反应生产电能的工艺可行性。基于一些特殊原因(后面将详细阐释)，利用氢的放射性同位素氚作为聚变堆燃料是必然之选，至少在热核能源研制设计的中期前景规划中是这样。

本书旨在尝试综合阐述热核反应堆燃料循环中的氚工艺。书中所述燃料循环适用范围不限反应堆类型，即不论是对含磁体的反应堆，还是带惯性约束等离子体的反应堆都一样。内容限定于探讨以下系统应用氚工艺的经验和现行实践：燃料循环系统、等离子体组件氚提取系统、工作人员的氚监测系统以及居民和环境作用的安全系统，同时试图预测氚工艺在下一代反应堆中的应用前景。

本书对于一些虽然很重要但是专用于各类不同反应堆方面的氚工艺内容未做介绍。属于这类范围的有增殖反应堆组件中氚的制备，氢同位素注入等离子体室(进料)和从中抽出未反应完的燃料，提取等离子体室各单元中聚积的氚，氚污染废料的再处理及其掩埋，氚系统及整个燃料循环系统的自动控制，结构材料的选择，基于维持安全状态重要性标准、质量标准、火险稳定性标准、抗震系统稳定性标准等对系统和设备所做的分类。

本书献给鼓励和支持该著作的 N. N. 佩列韦津采娃(名：娜塔莉亚，父称：尼科拉耶夫娜，姓：佩列韦津采娃)和为俄罗斯氚工艺做出很大贡献的俄罗斯化工大学同位素和特纯物质工艺教研室主任 B. M. 安德烈耶夫(名：鲍里斯，父称：米哈伊洛维奇，姓：安德烈耶夫)。

缩略语和代号

СХО　化学净化系统

СХП(D)　氘的储存和供给系统

СХП(T)　氚的储存和供给系统

СРИ　同位素分离系统

СП　补给系统

МПТ　氚生产模块

СИТ　氚提取系统

СДВ　水除氚系统

СДА　大气除氚系统

СДГ　气体除氚系统

ВС　真空系统

ВК　真空(等离子体)室

ТЯР　热核反应堆

^{1}H　相对原子质量为 1 的氢同位素

^{2}D　相对原子质量为 2 的氢同位素

^{3}T　相对原子质量为 3 的氢同位素

ITER　国际实验热核反应堆

JET　欧共体 TOKMAK

HBK　工作厂房加热、通风和空调系统

CANDU　加拿大重水铀反应堆

TFTR　托卡马克聚变-裂变混合(反应)堆

IAEA　国际原子能机构

PMR　钯膜反应器

LPCE　液相催化交换

CECE　联合电解催化交换

CD　低温精馏

目　录

绪　论

随着地球人口的增长和技术的进步，人类对能源的需求越来越大，伴随能源需求增长的还有公众的精神需求。国际能源委员会的长期预测表明，至 21 世纪末，世界能源增长的速度将是世界经济增长速度的 2～4 倍。

为保护人类的居住环境，需要给予能源生产必要的限制。人类有各种利用能源的方式，既有以天然能源为载体的形式，如石油、天然气和煤炭，也有以二次能源为载体的形式，如电能。工业生产在更大程度上需要的是电能。遗憾的是，天然能源载体燃烧产生电能的效率总是很低。仅有 1/3 的天然载体能量可以转换为电能。已勘察到的天然载体能源储量可以保障很长时期内的人类所需，但在该时期结束之前，利用天然能源载体燃烧产生电能所导致的环境保护问题已突出显现。例如，21 世纪前 10 年，世界上燃烧天然能源载体已导致 3×10^{9} t/a 的二氧化碳排放到大气中。能源的生产与需求是人类的主要活动之一，并已对环境带来负面影响。人类的生产活动成为影响全球居住环境显而易见的因素。

认清天然能源载体储量的有限性以及通过燃烧它们产生能量造成的生态破坏后果后，人类转而寻求可替代的各类能源，对于这些能源，既能利用它们，又能承受其造成的生态影响。水能是利用河流来发电的可再生能源，但是这种方式所能生产的电力实际上已经达到其自身经济合理性的限值，未必能够在扩展的同时不产生长期性的生态破坏后果。在已知的所有其他生产电能的方法中，只有核能才是人类所需要的可大规模生产能量的一种资源。重元素如铀的核裂变能，可用工业规模方法转换成电能，且不产生二氧化碳。遗憾的是，铀的储量也不能满足人类的长期需求。向环境中排放长寿命放射性物质的事故危险是制约核能发展的因素，因为这将对环境和当地居民产生长期的负面影响。

如果能在工艺上掌握热核聚变，即星际能源，人类对环境生态负面作用很低的永不枯竭的能源梦想就可以变成现实。在数千万度的温度下，物质只能以等离子体态，即自由离子形式存在，这时就会发生热核聚变反应（又称热核反应）。在恒星上体释能速率很小，与人体的体释能速率相当。为了使热核反应成为一种工业能源，与在恒星中发生的反应速率相比，必须显著提高热核反应的速率，如通过将等离子体加热到数以亿计的温度，工业技术上要实现这样高的温度十分复杂。已知的众多热核聚变反应中，对地球上的人类来说，可产生有益能源的反应有限。其中，最能接受的是下列反应：

$$D + D \longrightarrow {}^{3}He + n + 3.3MeV \tag{0-1}$$

$$D + D \longrightarrow T + p + 4.0MeV \tag{0-2}$$

$$D + p \longrightarrow {}^{3}He + \gamma + 5.5MeV \tag{0-3}$$

$$D + D \longrightarrow {}^{4}He + \gamma + 23.8MeV \tag{0-4}$$

$$D + {}^{3}He \longrightarrow {}^{4}He + p + 18.4MeV \tag{0-5}$$

$$D + T \longrightarrow {}^{4}He + n + 17.6MeV \tag{0-6}$$

以上所有反应均以氢的重同位素为燃料。最能让人接受的是最后三个反应，因为其释放能量大。其中最后一个反应具有很高的俘获截面值，具备在最低约 8×10^{8} K 温度下发生反应的概率。因此，这一反应可用来研究并掌握热核聚变技术，尽管它存在许多缺点，如必须使用氢的放射性同位素氚和生成中子。

氢同位素的发现较晚。1910 年出现“同位素”一词，1914 年实验发现第一个元素的不同类型同位素（氖-20 和氖-22）之后，出现了新的研究方法——质谱仪，借助质谱仪，在其后直至 1920 年期间发现了大量不同元素的同位素。在所有同位素中，唯有氢的三种同位素氕（H）、氘（D）、氚（T）拥有各自专用名称与符号。它们先后于 1932 年（氘）和 1934 年（氚）发现。

天然水中存在氘，含量约为 150 ppm①，在地球上的储量可谓无限。在研究设计重水核动力堆时就掌握了工业规模生产重水形式氘的技术。氢的放射性同位素氚主要存在于大气上层，但是量不大，主要靠人工方法生产。氚的最大需求曾一度停留在生产热核武器上。为此，通过用中子辐照锂同位素来生产氚。商业和研究目的的氚的和平利用主要依赖于重水反应堆慢化剂产生，

① 译者注：ppm 是工程上常用的一种浓度单位，代表百万分之一。

在这些反应堆中使用“重”水(D_2O)慢化中子,其中氘在中子作用下生成氚。对于上述目的,氚的年需求量约为 100 g。所有在役 CANDU 型重水反应堆氚的总产量不超过 2 kg/a。自国际含氚等离子体核聚变实验反应堆工作开始,世界对氚的需求量发生质的飞跃。该反应堆是第一个大规模的热核装置,需提供氚等离子体才能工作。按预定,ITER 装置整体同步含氚量将达数千克。进入等离子体室补给 D-T 混合物的氚流约为 0.3 g(T)/100 Pa·m^3/s。各脉冲持续 3 000 s,最大补给量为 200 Pa·m^3/s 时,ITER 预计氚需求约为 800 g。虽然各个这样的脉冲中将燃烧掉总共只有几十克的氚,但 ITER 对氚的需求量很有可能超出现在为了和平目的和军事目的总的氚生产量。对于工业规模的热核反应堆,如评估显示,氚的日需求量可能约为 170 g/MW,这样的需求量不可能靠外部料源予以保障。因此将来的热核动力反应堆应自身保障所需的氚供给。ITER 反应堆中预先设计了验证通过中子辐照锂同位素(^{6}Li,^{7}Li)产氚可行性的专门结构。该元素的天然储藏量足够维持热核动力堆长期运行。为燃料循环研制设计的氚工艺,有益于从锂靶中提取氚以及进行氚的化学净化和同位素净化。

与传统核能相比,热核动力虽使用了放射性燃料氚,但其生态风险极小。原因归结为传统核反应堆要求装载足够它连续工作数年的放射性燃料量,且其在工作时生成一系列放射性核素,发生事故时这些放射性物质可能会散布到环境中,其放射性活度在数百、上千年期间对人类都是危险的。而在热核反应堆中,处于等离子体中的氚量很小,加之氚是短寿命放射性核素(半衰期约为 12.3 a),衰变后变为稳定的核素氦(^{3}He)。氚衰变中放出的粒子能量很小,平均能量为 5.7 keV,最大能量为 18.6 keV。

研究者研究设计了两种主要的热核反应堆:“连续”热等离子体反应堆和脉冲工况反应堆。这两类热核反应堆的主要区别在于等离子体的加热方式以及它在燃烧温度下维持的时间。第一类反应堆中目前研制的是“托卡马克”热核反应堆,它借助于外部磁场以保持等离子体的形状和规格。如果无法保持等离子体恒定,则反应堆不得不在脉冲工况下工作。托卡马克装置重要参数有两个:一个是脉冲延续时间,另一个是能量维持延续时间。脉冲延续时间是等离子体总的存在时间,主要由建立磁场的设备参数决定。能量维持延续时间是其间粒子或能量留在等离子体中的平均时间。当今托卡马克所能工作的脉冲延续时间为几秒,下一代反应堆 ITER 工作脉冲将可达数小时。实现等离子体连续工作是最终目的,托卡马克型热核反应堆拟分三步走实现工业规模。第一步为概念可实现性科学展示阶段，该阶段在一些实验性反应堆，如美国的TFTR、欧共体的JET和日本的JT-60已在运行过程中完成。第二步为反应堆安全稳定运行生产电能的工艺和技术可行性展示阶段，预计这一阶段将在ITER反应堆运行时完成。第三步包括建造原型堆、稳定可靠生产电能及产生商业利益的可行性展示阶段，计划将为此目的建造示范堆。

"仿星器"热核反应堆是托卡马克热核反应堆的最大竞争者。这类反应堆可不使用自身电流而能维持等离子体。因此，与托卡马克反应堆相比，仿星器中达到等离子体的恒定燃烧工况要容易得多。在建造上，仿星器明显更为复杂，因此至今在研究设计上远落后于托卡马克。而今日本和德国在仿星器的等离子体参数上已取得很大进步。

工作于脉冲工况下的反应堆，顾名思义，是使用激光束建立、加热和维持等离子体。把胶囊或片块形的燃料注入等离子体室，由激光束点燃。其核反应维持时间很短，等离子体密度明显高于磁约束聚变反应堆，这类反应堆称为等离子体惯性约束反应堆。近年来激光技术取得了巨大进步，高能高频激光发生器的技术可行性支持了这类反应堆的发展。从涉氚安全的工作视角，将激光引入等离子体室必须用到光学窗，这也是惯性约束等离子体反应堆的明显缺点。

就两种类型反应堆的发展而言，均已到达对建造热核动力堆所必需的工艺技术和工程技术任务决策进行审理的阶段。为了能够在国家长期能源大纲编制过程中有所影响与体现，热核动力反应堆技术可行性及经济适宜性的论证展示工作要比原计划提前进行，这已然形成共识。热核动力反应堆并入国家电网进入商业运行也要求对其可靠性进行确认。

将等离子体惯性约束反应堆脉冲频率提高4个数量级(即由目前的一个每小时到数个每秒)，且保证基本能全年连续工作，才能使它成为对人类而言有吸引力的产电方法。连续工作要求的主要设备系统，如燃料注射系统、激光器、光学玻璃窗等在几亿次脉冲作用期间应能保持有效功能，但当今设备还不具备这样的可靠性。

本书实体项目所介绍的燃料循环对于磁约束反应堆与惯性约束反应堆相同。在工业规模掌握D-T反应后，有可能出现其他热核反应的技术可行性，特别是不产生中子、不使用氚的热核反应。例如，氘和氦的同位素(^3He)之间的反应[式(0-6)]，但是该反应要求的等离子体温度、压力和密度要高得多。该条件下，当今人类工艺技术尚无法维持等离子体能量。此外，自然界中氦的轻同位素(^3He)极为稀少,人工制备又非常昂贵。氘的其他热核反应[式(0-1)和式(0-2)]无法摆脱D-T反应的缺点,且维持等离子体的条件比D-^3He反应更为严苛。

因此,预计热核反应堆燃料循环组织和架构至少在中期前景中不会有基础性的改变。本书正是针对实现该循环所必须进行的氚工艺的专门论述。

第1章
热核反应堆燃料循环的任务

本章将着重描述对热核反应堆燃料循环的要求及其功能、燃料循环系统及其界面、热核反应堆中对氚分布的监督。

1.1 对热核反应堆燃料循环的要求及其功能

过去和现役的所有氚生产和再处理工厂均采用周期性工作模式，典型的如美国的TFTR、欧洲的JET等磁约束热核聚变试验装置。这些热核反应堆进行过含氚等离子体的试验。下一代反应堆ITER将依旧在周期性工况下工作，差别只在于脉冲延续时间从JET的数秒延长到ITER的数千秒。为了从等离子体室中将未反应的燃料提取出来，并为其下一个脉冲做好准备，脉冲间隔时间通常明显大于脉冲本身的延续时间。例如，设想ITER将来工作时脉冲达3 000 s，取脉冲间隔时间为脉冲本身延续时间的3倍，即达9 000 s。磁约束等离子体的工业规模动力堆将更可能在连续热等离子体工况条件下工作。

为了生产能源，等离子体温度应维持在开始聚变反应所必需的温度之上，即等于或高于燃烧温度。但是热核聚变反应中生成的氦会离子化并辐射出能量，这将导致能量的损失和等离子体的冷却。等离子体中除了氦，还存在其他元素的离子：从空气中渗入等离子体室中的杂质；用于制备等离子体室及其组合件材料中诸元素的离子，例如碳和钨是用于制备等离子体室热屏蔽部件的高温材料，在与等离子体接触时伴随进入其中。所有非氢离子都属于等离子体中的杂质，并按不同的机制进入其中。为了达到燃烧温度，等离子体应当加热到明显高于观察到的基于杂质离子辐射的能量损失峰值时的温度。例如即使等离子体中含钨量只有0.1%，它也会辐射过多能量，以致使等离子体无法达到燃烧温度。从等离子体辐射冷却观点来看，预计在工业规模的动力堆中，较高浓度（百分之几）的低原子序数杂质或许是可以接受的。但是杂质将产生很多电子，从而改变等离子体的电子密度和压力，导致燃料离子的置换效应。例如，每个完全电离的碳离子置换 6 个氢离子。在等离子体核心中碳离子浓度约为 10%时，与不含杂质的等离子体能量相比，将损失一半的等离子体能量[1]。为了控制杂质引起的等离子体冷却，可以通过增加杂质进入等离子体时的脉冲电流完成杂质的补偿。例如，ITER 反应堆的预设工作进料流达到 200 Pa・m^3/s。等离子体室及其元件的真空度越高，等离子体室材料中溶解的气体以离子形式释放进入等离子体的量越少，则反应堆可在越小的补给电流下工作。在磁约束等离子体反应堆中，等离子体中燃料离子停留时间短，热核聚变反应速率不高，决定了在给定的脉冲延续期内燃料燃耗低（总共百分之几的水平）。因此，未反应的燃料应予以再生处理，重复利用。

氢的轻同位素氕也是一种杂质，需要应用氢同位素分离技术将其从未反应完的等离子体中去除。进料流中允许的氕残留量取决于它对等离子体参数的负面影响及它在燃料循环部件中的含量，还取决于必须确定进入等离子体中氚的流量。之所以如此考虑的必要性体现在两方面：一是基于对反应堆的安全要求，这将在本章后文和第 6 章中予以讨论；二是国际上对放射性物质利用和传播的监督要求。

为了维持热核反应堆正常运行，其燃料循环应当完成一系列的工艺功能。同时，应保证遵守安全规范。就是说，不论是在正常工作中，还是在事故状态下，泄漏到工作厂房和环境中的氚量不应超过规定的限值。

现代核装置中所遵循的安全要求基于纵深防御原则（defence in depth）。在核装置设计阶段，该原则通过建立多个连续壁垒予以实现，以阻止放射性物质进入周围环境。这样设计处理的结果是增加了固定投资和运行费用，削弱了包括热核能在内的核能的经济竞争力。显然，安全系统需要进行经济性优化。鉴于热核反应堆的燃料循环是放射性污染的主要危险源，其构造和运行是优化相关安全措施经济性的首要考虑因素。

热核反应堆安全经济项目的优化分析针对防氚泄漏尝试了不同等级的屏蔽方案，文献[2]中研究了 5 个等级的屏蔽方案。第一个方案：放射性污染气体除在将其送去净化和排放至环境之前收集到缓冲容器之外，没有别的安全措施；第二个方案：重复再做一套工艺设备；第三个方案：除了方案二所规定的措施之外，设备装双层壁，壁之间的空间抽真空，并且安装于配备通风系统的密闭隔离室内;第四个方案:附加的防护措施是将缓冲容器置于配备通风系统的密闭隔离室内;第五个方案:补充双重通风系统和大气净化系统。

使用“成本效益”法的设备故障概率分析表明,方案四符合最小综合支出,且满足公认的安全标准,即由辐射照射致死率是 $10^{-6} \sim 10^{-5}/a$。方案三和方案五虽相对不太理想,却也满足了这一安全标准。在减少安全系统固定投资及其运行费用上,按“成本效益”法评估,最适合的是方案五。因此很可能出现工业规模热核反应堆的设计不仅基于现代氚装置的运行实践,还将装备双重工作厂房气氛净化系统的场景。ITER 反应堆采取的就是这种处理方案。

安全系统的纵深防御配置水平取决于热核反应堆燃料循环所执行功能的数量和复杂程度。在研究设计工业规模的热核反应堆时会产生安全系统经济性优化的问题。一方面,应保证最大限度降低对工作人员和公众的剂量负荷;另一方面,在建造和运行成本上也应保障核能的经济竞争力。

为了满足上述要求,列入燃料循环的各系统应满足以下功能。

功能 1　对从外部获得的氚和氘的数量和质量进行监测

对于放射性同位素在不同平衡区间的转移、放射性材料的扩散及和平利用的国际监督强制要求必须对其定量。这意味着,对于热核反应堆,不论是纯氚材料还是其化合物,供需双方都应该对氚进行定量,厘清数据差异并予以纠正。从外部获得的氚量数据是计算反应堆中特定时刻氚的物料平衡的重要输入信息。对于反应堆运行,执行该功能可以确定所用同位素是否满足堆燃料要求,否则,需要进行额外的化学净化和(或)同位素净化。

功能 2　将从外部获得的氚和氘送入燃料循环

从外部获得的氚,在转运进入相应的燃料循环系统之前并不能立刻用于反应堆。因此,需将氚的接收系统与燃料储存系统相连。氚的运输和储存工艺以及将在第 2 章探讨的系统设计决定了将氚从一个系统转送至另一个系统的方法。

功能 3　燃料循环中氘和氚的安全储存:保证它们在储存期间的化学纯度和同位素丰度

氚是放射性物质,因此不论是在反应堆正常运行时还是在事故状态下,均不允许其进入周围环境。燃料循环系统的设计和运行,应保证氚无法从燃料循环系统释放到工作厂房内,或者监督并确保此类事件对反应堆工作人员、公众和周围环境的影响和后果最小化。

与气态氢一样,氚与空气混合时也有爆炸危险。因此,燃料循环工作系统中氚的泄漏增加了其爆炸风险,并给其他系统带来负面影响。

对于氚的储存,不论是短期还是长期,都不应当影响其燃料质量,即不应导致其化学纯度和同位素丰度下降。由于会形成具有爆炸危险的混合物,决不能让空气进入氚储存系统,设计时应预防此类事件发生。氚衰变会产生^{3}He,^{3}He是内部的化学杂质源,应予以去除。氚储存工艺和方法的不同会导致氚中出现同位素杂质氕或氘,因此,应当正确选择氚、氘及其混合物的储存工艺和方法,合理设计燃料储存系统和系统运行工况,以保证系统的安全性,并能够维持燃料的化学纯度和同位素丰度。

功能 4　向反应堆补给系统供给氚、氘和(或)其混合物

热核反应堆的补给要求是以必要的速度供给纯的氚、氘和(或)其混合物,这一任务应由燃料储存系统完成。燃料储存系统不仅要保证燃料的储存,还要向反应堆补给系统供料。

功能 5　接收从等离子体室抽出的未反应完的等离子体

反应堆不论是在脉冲工况下工作,还是连续燃烧等离子体,都应当不断地将部分未反应的等离子体从等离子体室抽出。在实验反应堆中,为了达到这一目的使用了低温泵。低温泵的工作基于低温吸收或低温凝结原理。依赖于吸收容量以及抽出流量,低温泵可以在多个脉冲期间内运转,无须再生,如JET反应堆中所设计的;或者像ITER反应堆设计的那样,在每个脉冲期间予以再生处理。选择低温泵是因为等离子体加热时产生的磁场对它们的影响较小,低温泵的使用至少在中期前景中是不可避免的。鉴于必须抽吸氢同位素,预先规定了低温泵在等于或低于液态氢气沸点温度(约为−250℃)下工作,然而某些杂质有可能在液氮温度(−196℃)下已经凝结或被吸收了。含不间断燃烧等离子体的下一代反应堆,在燃烧等离子体时必须进行低温泵的再生处理,再生处理以定期将低温泵释放的气体返回到燃料循环为条件。再生气体的化学成分将有别于吸收气体的成分,因为低温泵再生时观察到解吸气体的离析。由于低温泵的工作温度、工作原理(低温吸收或低温凝结)以及再生温度的差异,再生气体将包含不同的元素。含氚等离子体工作后,JET反应堆低温吸收泵在液氮温度下再生处理后的气体的组分分析[3]表明,再生处理后的气体主要包含氢同位素、核反应生成的氦、空气成分(氮、氧、碳氧化物)和碳氢化物。将在液氮温度下工作的低温凝结泵加热到室温下再生时也观察到了性质类似的组分,此外,这些再生气体还包含水汽。低温吸收泵的充分再生要求将其加热到水的沸点以上,即高于 100℃。此高温下,预计主要的再生气体应是水汽和气态碳氢化物。

低温泵的使用决定了气流和组分随时间的变化,气体将从反应堆真空系统输送到专用于等离子体气体再处理的化学净化系统。

功能 6　氢同位素与化学杂质分离

由反应堆真空系统抽出的氢同位素,应当经过化学纯化以重复利用,化学杂质应当去除至所要求的残存量。等离子体气体的接收速率、再处理速率和质量应当符合反应堆补给速率的要求。化学杂质在反应堆中没有进一步利用的价值,故将排放到大气环境中。化学杂质中不可避免地存在氚残留,因此为满足辐射安全要求,化学杂质排放前必须经过除氚处理,以降低氚从反应堆向大气环境排放的量。

功能 7　氢同位素分离

反应堆真空系统抽出的等离子体气体包含氢同位素的混合物,在对其进行化学净化后,应当再进行同位素分离,以得到所要求的同位素组成的产品。氢的同位素中,轻同位素氕为无用杂质,应分离出来以便之后排至大气中;两个重同位素则返回到燃料循环中。

下一代反应堆应当通过氚的制备实现氚源自身供给的保障。氚源储备的恢复依赖外部,除了参与热核反应外,氚还能用于维持反应堆工作,如利用等离子体放电来净化等离子体室的壁。

功能 8　空气流和气体流在排至大气前的除氚处理

美国、欧洲、日本、俄罗斯、加拿大和其他国家的氚装置,包括热核反应堆 TFTR 和 JET 氚工厂的现代运行经验表明,负责监督和平利用核装置的辐射安全的国家机构规定氚从装置进到大气环境的限值应比再处理后的氚量小若干个数量级[4-8]。公众受照剂量的允许值将氚的大气排放量限制在几克每年的水平,而反应堆(如 ITER)等离子体室氚流量可为数百克每小时。无论是未反应的等离子体的再处理,还是出于满足辐射安全规范的考虑,都要求保证最大限度地去除氚。

热核反应堆正常工作时，氚有可能从氚再处理设备或者其在诸系统间的传输设备进入工作厂房气氛，进而进到大气环境之中。提高工作温度，氢通过结构材料的渗透扩散加强，将增加氚从设备释放的概率。

在设备发生事故失去密封时，气态氚可能进入工作厂房气氛中。为了降低氚对工作人员、公众和环境的辐射作用，国际核安全规范要求维持工作场所压力低于大气压，并形成压力梯度使空气从污染较低的厂房流向污染较重的厂房。从工作厂房排至大气的空气应当经过净化，去除放射性污染。在核工厂，维持压力低于大气压，以及将气体在排至大气环境之前进行净化，均可通过主动通风系统实现。通常意义上的工作厂房内的空气加热、通风和空调系统（HBK）由于没有捕获氚的设备，不能完成热核反应堆主动核通风的功能，在热核反应堆中强制通风系统是大气除氚系统。

气体除氚系统和大气除氚系统可以采用同样的工艺设计，其重要区别在于所实现的功能。气体除氚系统负责监测及降低反应堆正常运行时氚向大气环境的持续排放，仅在燃料循环或含氚等离子体室运行时工作，其他时段没有必要工作。大气除氚系统在发生事故时从工作厂房空气中除氚，以降低其对工作人员和周围环境可能的危害。因此大气除氚系统执行安全功能，属于安全系统。按照现代国际上对核设施安全系统的要求，当存在氚释放到工作厂房气氛中的事故风险时，大气除氚系统应当在所有时间内都能够保持工作效能。

功能 9　氚化水的再处理

氚在大气中的氚化水形式的规定允许限值远远低于气态氚形式的限值，这主要是由于水形式氚的放射性毒性远高于气态氚。此外，国际协议要求在核装置正常工作时，放射性废水的排放不可明显增加天然本底，使其高于历史量值。因此热核反应堆气体除氚系统和大气除氚系统工作时生成的氚化水应当进行再处理，在排至环境之前将氚提取出来。这样处理的目的首先是保护环境，其次是将氚返回到燃料循环之中以便再利用。

功能 10　从等离子体室组合件材料中提取氚

等离子体室组合件主要用于热屏蔽和辐射屏蔽，等离子体与组合件相互作用导致相应结构材料的氚污染。氚可能通过离子注入或气相扩散进入材料，也可能由材料与中子的相互作用而在材料自身生成。JET 反应堆运行经验表明，等离子体室组合件滞留较大比率的燃料造成燃料循环的氚损失。此外，事故状态下，等离子体室密封若失效，氚对于工作人员、公众和环境会构成威胁。

中子流和热作用会导致等离子体室组合件损坏，须定期更换。此时，应将组合件中的氚提取出来返回燃料循环，剩余作为固体放射性废物予以掩埋的废料中的氚残留量应足够低。

功能 11　工作厂房氚监测，氚排放危害最小化及燃料循环调控

在正常条件下，燃料循环稳定工作要求各系统中维持一定的氚量和一定的未反应等离子体再处理速率。燃料循环各个系统中的氚量超过反应堆工作最低需求量，有利于维持燃料循环的稳定工作。但从事故状态下限制氚排放至工作厂房的角度考虑，应将系统氚量维持在最低允许值。这两方面的需求相互矛盾，故需要进行燃料循环系统的参数优化。单个设备最大氚量可由系统结构进行物理限制，这种解决方案最保守可靠。若该方案由于现有工艺无法采用，或者将导致设备过分复杂和昂贵，则氚量可由行政措施予以限制，要求持续监控系统中的氚量。

单个设备允许的最大氚量由氚排放至厂房大气的事故危害分析和对工作人员、公众、环境等的影响评价来确定。分析结果很大程度上依赖于所采用的假定条件，要批判地分析假定条件的适用性。该分析的主要判断标准是工作人员和公众所受的照射剂量，该剂量是反应堆设计的安全标准，应与国家核安全监督机构认可的最大允许剂量相当。安全标准的选择对于设备和氚系统的设计、装备制造以及工艺的复杂性、可靠性和价格都有直接而重大的影响。

国际原子能机构(IAEA)对于限制核设施工作人员和公众受照剂量提出了建议[9]，范围下限是自然辐射源的辐射剂量增加约 1 mSv。核设施正常运行工作人员受照剂量允许值为 1～20 mSv/a，对于不能检测的辐射源，推荐辐射剂量允许值为 20～100 mSv。对接触放射源可能受到的辐射剂量预测非常重要，对于现役核设施，已研究制定出很好的辐射剂量预测解决方案[10-11]。氚的辐射剂量评价通过人们与放射性污染设施接触后尿液或血液中的氚含量测定，人体氚量和受照剂量之间的剂量系数足够可靠，例如，中等平均参数尿液氚量与受照剂量的剂量系数为 1.75×10^{-11} Sv/Bq[11]。如果一年期间内尿液氚浓度处于 1 000 Bq/kg 水平，可推算人体氚辐射剂量为 2×10^{-6} Sv。现存核设施运行引起的公众可能受照剂量通过污染水平测定，对所有核设施污染水平均应进行持续监测。例如在加拿大，氚是大气环境主要放射性污染源之一，可获取准确的历史数值(见表1-1)。拥有涉氚军用核设施和民用核设施的国家,国家核安全监督机构通常基于国家历史数据库、现实经验[11]和对设施特性的分析提出国内核设施工作人员和公众允许受照剂量限值。

表1-1　加拿大核设施氚典型年平均浓度[10]

统计位置	空气/(Bq/m^3)	饮用水/(Bq/kg)	食品水/(Bq/kg)
加拿大平均水平	0.1	5	5
核设施周围	1	30	100
离核设施很近	10	100	1 000～3 000

预测核设施可能的辐射剂量相当复杂。核设施的安全分析应对正常工况和事故状态下放射性物质可能进入环境的数量进行分析评定,要计算因接触这些放射性物质而产生的辐射剂量,需明确环境放射性物质含量与由此产生的工作人员和公众受照剂量之间的相关性,剂量系数的评定存在很多不确定因素,明确以下问题,对于该剂量系数的评定十分必要:

(1) 氚进入大气环境的化学形式。

(2) 进入类型(缓慢连续的或事故的)及其延续时间。

(3) 氚进入大气环境后的自然条件(大气、水库、土壤等)。

(4) 自管道中排出后氚的大气分布参数(考虑排放出口气体流速、管道高度、风向和风速、排放后空气温湿度以及有无沉积等)。

(5) 自然地形。

(6) 区域耕作强度。

(7) 区域居民饮食特性(对地方产物、水、鱼等的需求量)。

显然,只有明确上述问题,才能根据已知自然、地理和历史特点选址建造具体设施。在可获取的信息受限时,完成核设施安全评价、正常及事故工况下放射性物质进入大气的可能性预测、工作人员和居民环境的影响评价是新核设施办理建造许可证时不可或缺的要求。这些评价主要是为了得到进入大气环境的放射性物质含量与工作人员及公众受照剂量之间的剂量系数(以 Sv/Bq 为单位)。

上述安全准则的确定包括编制触发事故的事件目录。确定论评价法是目前分析核设施安全的主要方法,概率安全评价法常常作为补充手段,以改善安全性和优化系统价格。根据国家规定,可能触发事故的事件包括以下几种情形:

(1) 由主电网引起的供电系统故障及柴油发电机故障。

(2) 单一设备(如截止阀)故障。

(3) 控制系统故障。

(4) 含氚系统厂房失火。

(5) 地震。

(6) 产生爆炸性气体,如伴随事故产生的氢气及其生成物。

(7) 操作员失误。

(8) 其他。

系统设计应考虑目录中所包含的可触发事故的所有事件,不在该目录中的事件为非必要考虑因素。核安全监督机构可为目录补充其他事件,并要求评价其对系统安全性的可能影响。

功能 12　反应堆及燃料循环中总氚量及其系统间分布衡算

如前所述,为监测可能的事故状态,系统总氚量及单一设备氚量不应超过其最大限值。对于设计上无法保证最大氚量受控的系统和设备,应预先设计氚量的监测和控制方法。

反应堆所有系统的总氚量也需要监测。氚是放射性物质,可用于非和平目的。氚的特点是 β 辐射很弱(平均能量为 5.6 keV),可携带运输,无须采取专门的辐射屏蔽措施。为避免出现无监督下的氚扩散,IAEA 要求核设施操作员定期衡算设施中的总氚量。多数情况下,为保证核设施中氚物料平衡的准确性,要求明确其在各系统和设备间的分布。为使氚物料平衡计算标准化,将整个反应堆划分为多个平衡区。例如,单独衡算等离子体室、氚工厂、等离子体室组合件储存系统等。

热核反应堆燃料循环系统及设备以及其他含氚系统设计时,应预先确定氚量测量或计算方法。鉴于氚可以不同的化学形式存在,如气态氢同位素混合物、气态含氚混合物、氚化水或固化于等离子体室组合件材料(主要是金属)中的氚,应预先确定一整套分析设备和分析方法,以便对所有形式氚进行定量分析。某些情况下,含 β^- 或 γ 辐射的其他放射性核素会使这类分析变得复杂。

功能 13　将反应堆转为安全状态或停机状态,保证所有系统中的氚都予接收并储存

与其他核设施一样,热核反应堆也应预先设计确定计划停堆或事故状态下及时切换至安全状态的措施。在确定核设施安全状态参数清单及数值的前提下，反应堆向安全状态的切换可能受系统或设备间的物理隔离所限。此时，要限制系统及设备各自的氚量，并转运至储存系统。在设计时限内，储存系统中的氚相对安全，可保障预设事件的执行。

1.2 燃料循环系统和接口

为确保实现上述所列功能，燃料循环应当由多个系统组成。根据工艺设计，燃料循环的每个系统实现一个或几个功能。可能的氚系统及其功能如表 1-2 所列。功能 11、12 和 13 不依赖于燃料循环中氚系统的组合，但氚系统工艺路线将在很大程度上影响功能实现的方式方法。

表 1-2 燃料循环可能系统及功能实现清单

系 统	功 能
燃料储存和供给系统[СХП(D),СХП(T)]	1,2,3,4,12,13
等离子体室后气体化学净化系统(СХО)	3,5,6
同位素分离系统(СРИ)	7
水除氚系统(СДВ)	9
气体除氚系统(СДГ)	8,10
厂房大气除氚系统(СДА)	8
真空室氚提取系统(СИТ)	10,12

热核反应堆燃料循环各个系统及其联系，即燃料循环系统的功能实现原理框图，如图 1-1 所示。

1) 氢同位素储存和供给系统

外源获取反应堆必需的氢同位素氘和氚进入储存系统，测定该系统中氘和氚的化学组分和同位素组分，测量结果与供货方数据比对，当偏差大于可接受限值时，应分析原因并予以消除。若氘和氚的化学及同位素组成不符合技术要求却又不希望返还供货方，则应利用燃料循环系统进行净化。

应定期测量储存系统中氚的总量，校验物料平衡计算的正确性。测量精

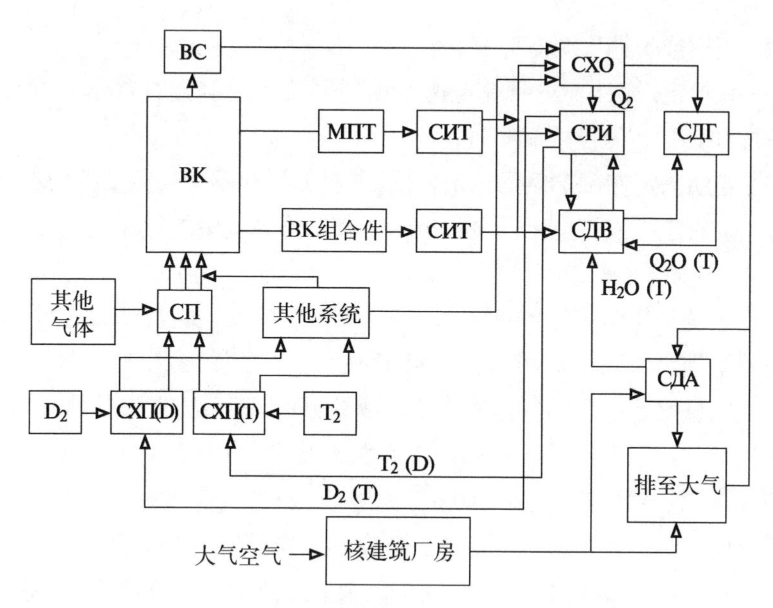

图1-1　热核反应堆燃料循环各个系统及其联系框图

度应符合国际和国家核安全监督机构的要求。氚经天然放射性衰变生成氦(^{3}He),长期储存时,氦(^{3}He)浓度将超出允许水平,向等离子体室补给供料前需将其从氚中去除。

储存系统在给定时限内按照规定速率向反应堆补给系统和其他系统进行供给,例如向等离子体加热系统供给氘和氚。反应堆在脉冲工况工作时,储存系统储备的燃料量应当足够满足整个脉冲期间反应堆的补给需求。连续供料等离子体反应堆工作时,储存系统的燃料储备主要通过接收氢同位素来定期增补,氢同位素由未反应的等离子体在化学净化系统中分离除杂后经同位素分离系统分离获得。消耗的燃料由外源或者热核反应堆氚增殖模块予以补充。消耗的氘只能从外源获得补充。

若反应堆或某个含氚工作系统停机或切换到安全状态,则所有含氚工作系统会将氚转移至储存系统做短期或长期的安全储存。

因此,储存系统有如下功能:

(1) 接收外源燃料,即氚和氘,测定其含量、化学纯度和同位素丰度。

(2) 燃料化学纯度和同位素丰度不足时,调控燃料循环其他系统对燃料进行净化。

(3) 接收从同位素分离系统以纯同位素或其混合物形式补给的氚和氘。

(4) 短期或长期安全储存氚和氘。

(5) 在给定时限内,按照规定速率以纯同位素或其混合物形式向反应堆补给系统和其他系统供给氚和氘。

(6) 定期测定储罐中氚的总量,计算燃料循环和整个反应堆的物料平衡。

(7) 接收停机或切换至安全状态时含氚工作系统中的氚和氘。

2) 化学净化系统

真空系统从等离子体室抽出未反应的等离子体。如必要,真空系统还将从其他系统抽出氢同位素,例如,从用于加热等离子体的、生产中性原子的系统抽出氢同位素。抽出的气体进入化学净化系统,该系统去除其他气体,分离出氢同位素。鉴于等离子体室周围存在强磁场,以及磁场对电力设备和机械设备的影响,低温泵(低温凝结型和低温吸收型)最适合该抽取工况。低温泵循环工况的四个主要工作阶段如下:制冷到工作温度、抽吸气体、泵加热和释放气体。在脉冲工况下,低温泵释放的气体按照泵的数量和工作调度情况进入化学净化系统。

目前正在研制无须定期再生处理的真空泵,例如水银扩散泵和螺旋泵。

化学净化系统应当分离出氢同位素而去除其他气体。氢同位素中化学杂质含量应当降低到同位素分离系统中安全再处理的水平。气态化学杂质可排空,由于氚排放的监管,需将杂质经过气体除氚系统预先除氚,所排放气体中氚的残留放射性应当低于反应堆用氚大气排放规定标准(规范)所确定的限值。

氢同位素分离系统。未反应等离子体经过化学除杂后释放的氢同位素进入同位素分离系统进行再处理。同位素分离系统将氚和氘返回到燃料循环,补给等离子体室。因此分离系统可产生纯净的氚和氘,若需要,也可以产生给定组分的混合物。若反应堆不需要获得氚和氘的产品,而只需要从未反应的等离子体中去除氕,则同位素分离任务可大大简化。分离产品中残存氕含量应当满足燃料同位素丰度的要求。等离子体中分离出的氕在燃料循环中没有用处,是一种气体废物。进入大气环境的氚含量存在限值,因此要求在氕排空前完成除氚处理。因而,氢同位素分离系统能够获得高同位素丰度的三种氢同位素。此外,氚和氘从分离系统返回燃料循环的速率应当符合燃料向等离子体室供给速率的要求。

同位素分离系统的进料流量和组分取决于等离子体室的补给工况、脉冲延续时间、等离子体和气态化学杂质组分、化学净化系统工况等,这些参数会随时间波动。

热核反应堆氢同位素分离系统工作有如下特殊性：

(1) 包含三种同位素的补给混合物的再处理。

(2) 进料流量和组分处于变化状态。

(3) 同时获得高同位素丰度的三种氢同位素。

(4) 氚和氘的获取速率符合燃料向等离子体室供给的速率要求。

目前，还没有设计出上述同位素分离系统，不能同时完成以上所列任务。热核反应堆燃料循环中氢同位素分离系统的设计和运行是轻元素同位素分离理论和实践的要求。

低温泵在周期性工况下运行时，一些时间段内可以不向氢同位素分离装置补给气体，脉冲工况下工作的反应堆，当脉冲间隔时间长时(低负荷)，这一脉冲间隔时间段可能大于短脉冲持续时间，例如 ITER 反应堆的 25%，此时同位素分离系统能有效地再处理流量大于额定等离子体室进料流量的进料流。

气体除氚系统。化学净化系统和燃料循环的其他系统产生氚污染气体废料。为保护公众和环境免受氚危害，废料排空前应当除氚，使其净化到很低的氚残余量，通常将氚转化为水后对气体进行深度干燥。但此时氚的放射毒性大幅度提高，产生的废水要进行掩埋或除氚再处理。由于氕也能转化为水，氢同位素分离系统产生的氕不能通过转化为水的方式去除。转化为水的方式除氚会增加氚化水形式的放射性废物量，其放射毒性高于气体废料。

气体除氚系统的另一个功能是检测手套箱内的气态氚含量。氚作为氢同位素，对不同结构材料具有很高的渗透性，特别是在高温下，因此含氚气体再处理时，氚可能从设备渗透到手套箱气氛中。手套箱气氛除氚通常也会产生氚化水。

厂房大气除氚系统。用于氚再处理且未安放于手套箱内的设备可能是工作厂房气氛中氚的缓性释放源头。某些事故情况下，例如地震时，手套箱会失去屏蔽功能。厂房大气中的氚对工作人员具有巨大威胁。当氚从厂房迁移到其他地方时，又会对公众和环境造成威胁，可以使用大气除氚系统保护工作人员、公众和环境，执行核设施中主动(强制)通风系统的类似功能。大气除氚系统主要功能有两种：

(1) 维持厂房负压，使空气从污染较小厂房向污染较大厂房流动。

(2) 厂房空气排放至大气前进行去除放射性污染的净化。

主动通风系统是核反应堆安全系统的主要单元，通常由国际标准规定其结构和运行要求，但是还没有制定出针对空气除氚系统的标准。

水除氚系统。大气除氚系统、气体除氚系统和氚提取系统的运行均会产生氚化水，若没有氚化水的放射性废料再处理系统或掩埋方法，热核反应堆就不能正常运行。液态高活性放射性废料的掩埋处理需要专用储罐和极高的运行费用。技术经济评价表明，相比于放射性废料掩埋，氚化水的再处理经济上耗费小且生态上更具吸引力。气体和大气除氚系统生成的氚化水再处理系统是保护公众和环境不受氚危害的最后一道屏障。从这一角度而言，氚化水再处理系统也可列入安全系统。与气体和大气除氚系统一样，水除氚系统也是氚进入环境的潜在慢性源头。遗憾的是，水除氚系统还没有在当今氚装置中广泛应用。加拿大 CANDU 型反应堆重水氚提取系统是唯一使用水除氚系统的案例。因此，热核反应堆中水除氚系统的设计研发和运行是氚工艺的新任务。

水除氚系统进行水的再处理时，在氚放射性衰变作用下发生的水的自身分解（自离解），以及装置维护人员可能受到的放射性照射剂量限制了氚在水中浓度的提高，这些限制不允许氚浓度达到燃料循环可使用的浓度。因此从水中提取氚继而生产适合燃料循环的产品，要求水除氚系统与同位素分离系统共同运行。

接口。现行反应堆 JET 和设计反应堆 ITER 的燃料循环中，氚循环系统与图 1-1 大致相同。JET 反应堆没有厂房大气除氚系统和水除氚系统，这是因为 JET 反应堆使用的氚量相对很少，大气除氚系统不是保证反应堆安全的必要条件。此外，这两个实验性反应堆都没有氚生产系统，而依靠外部供给燃料（氚和氘）维持运行。但应注意，如前面提到的，ITER 反应堆会发生氚短缺。

热核反应堆燃料循环系统接口矩阵如表 1-3 所列。

表 1-3　热核反应堆燃料循环系统接口

	СХП	СП 等	ВС	СИТ	СХО	СРИ	СДГ	СДА	СДВ	核建筑
СХП		+				+				
СП	+									

（续表）

	СХП	СП等	ВС	СИТ	СХО	СРИ	СДГ	СДА	СДВ	核建筑
ВС					+					
СИТ					+				+	
СХО		+	+	+		+	+			
СРИ	+	+							+	
СДГ						+		+	+	
СДА							+		+	+
СДВ						+	+	+		
核建筑								+		

系统的整套接口和操作功能以及对系统的其他要求，例如生产率、产品质量等，决定了可能的工艺清单，后续章节将详细说明。

1.3　热核反应堆中氚的分布监督

保护工作人员、公众和环境免受辐射活性物质和电离辐射的危害是核装置的基本安全要求。鉴于氚在反应堆中基本以易迁移形式（气态和水）存在，且数量上比其他放射性核素高许多倍，因而是热核反应堆安全系统的主要工作对象。热核反应堆的设计、建造和运行应符合国际规范（标准）要求和国际核安全监督要求。

20世纪中叶，热核武器的研发产生了第一批氚装置，其设计和运行原理后来应用于俄罗斯国内装置。该装置是将除氚系统置于真空罩中，其后空气通过专门管道排入大气环境。这样，设备中逸出的氚没有从空气流捕获，而是分散到大气中。这种解决方案（回顾早先经济分析中的方案一）价格低廉，有效解决了氚对工作人员的不良影响。为减少不可避免的环境污染和对公众的不良影响，氚装置通常安装在人口稀少的区域。20世纪下叶开始，监测氚迁移的解决方案更为普遍，该方案设置一系列包容系统阻止氚通过工作设备进入工作厂房空气和进一步进入大气环境。现今，这类方案得到普遍认可。通常根据核装置类别设计 2 级或 3 级包容系统，为简化分析，本书讨论含有 2 级包容系统的核装置。第一级包容系统包括主要的工作设备及其隔离柜。隔离柜作为物理和动力学屏障，阻止氚从工作设备向工作厂房空气迁移。手套箱作为一种隔离柜广泛应用于氚装置。也可以是无手套柜子，如 JET 反应堆所用的柜子。第二级包容系统包括建筑物墙壁和大气除氚系统。每个屏障系统可以包含几个物理(静态)和动力学屏蔽。热核反应堆-热室是例外，因为热室本身就是单一静态屏障。

目前人们普遍认为，应该将氚的扩散限制在尽可能靠近发射源的范围内。这类解决方案能够降低氚泄漏对其他未被污染工作系统的影响，减少需要进行除氚处理的气体量，从而减少所需设备和缩小系统规模。这样避免了氚进入空气后增加大幅度稀释的工艺，最终降低了氚进入大气环境的概率。

第一级包容系统用于阻止氚进入工作厂房。事故状态危害分析通常假设包容系统中的一个系统失效。通常假定第一级包容系统发生故障或受到损坏，第二级包容系统用于监测和减少氚进入工作厂房气氛产生的危害。

加拿大核监管机构通过的现代涉氚工作装置设计和运行实践专著[10]表明，所有现代装置都基于一级设备，即与氚直接接触、加工质量高、真空密实度高且用氚稳定材料制造的设备。针对大流量氚或氚大概率从一级包容系统泄漏出的情况使用二级物理屏障，例如真空罩。JET 和 ITER 反应堆均采用这种方案。

隔离柜/工作区通常使用类似的机械结构设计方案，但动力学屏蔽原理明显不同。通常考虑以下因素：

(1) 工作区中所允许的气体环境(空气、氮气或惰性气体)。

(2) 气压。通常维持工作区气压低于工作厂房气压，从而迫使氚进入工作区，但这同时增加了空气进入工作区的概率。因此，对于有无氧要求的工作区，需预先充满惰性气体，维持其气压高于工作厂房气压。

(3) 工作区气体环境中允许的氚、氧和水汽含量水平。

(4) 工作区气体环境净化方法(一次通过气体除氚系统的连续净化或周期性净化，或者经专用净化系统再循环净化)。经专用净化系统再循环净化工作区气体环境能够降低惰性气体需求、降低气体除氚系统的负荷，并很大程度上弱化第一和第二级包容系统之间的联系。

(5) 工作区气体环境中提取氚的方法。例如氧化成水后干燥、金属吸气剂吸收氢、气体过滤净化法去除固体颗粒等。

第二级包容系统对应经济分析中的方案五，目前并不通用，原因之一是能够快速可靠检测氢进入厂房空气的方法已较为完善，因此能够快速疏散工作人员，将污染厂房与大气环境隔断，并使用个人防护工具进行设备维修。但此时厂房空气中的氚不可避免地进入大气环境。是否采用第二级包容系统应由一级设备氚泄漏对公众和大气环境可能影响的可接受性分析确定，该分析要求对短期和长期情况下工作人员和公众所接触的可能剂量进行定量评价。分析评价表明，接触风险显著低于允许限值。因此，第二级包容系统经济上不合理。但是，更严苛的辐射安全标准和热核反应堆中大流量氚的使用，要求实际工况必须使用第二级包容系统。

热核反应堆中氚进入大气环境的检测和预防系统如图 1-2 所示。

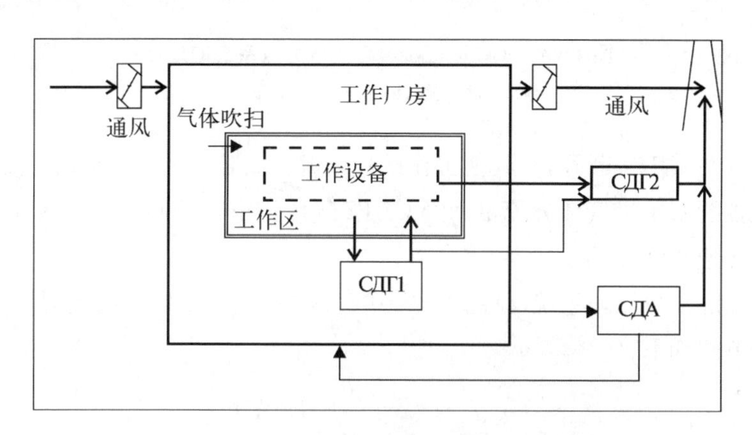

图 1-2　氚进入大气环境的检测和预防系统

工作设备安装于隔离工作区。工作区按照所需气体(纯空气、氮气或惰性气体)送风并经 СДГ1(СДГ—气体除氚系统)循环予以控制。工作区气压经 СДГ2 排放部分气体予以控制。工作区安装于厂房，正常工况下厂房连接到通风系统，当发生氚事故造成氚排放至厂房空气时，厂房与通风系统断开并连接到大气除氚系统。根据大气除氚系统(СДА)的设计目的，确定大气除氚系统一次通过工况或循环工况。大气除氚系统和气体除氚系统对设备正常工作和事故状态下氚进入大气环境进行监测，可将气体除氚系统和大气除氚系统结合起来进行氚排放监测。

气体除氚系统作用于单一或几个厂房/工作区。正常工况或发生氚事故造成氚排放至某一工作区时，工作区与气体除氚系统的连接如图 1-3 所示。

正常工况时，所有工作区的气体经 СДГ1 循环。通过控制气体流入量和经 СДГ2 气体排空量控制各个工作区气压。当氚排放到某一工作区(工作区 1)，

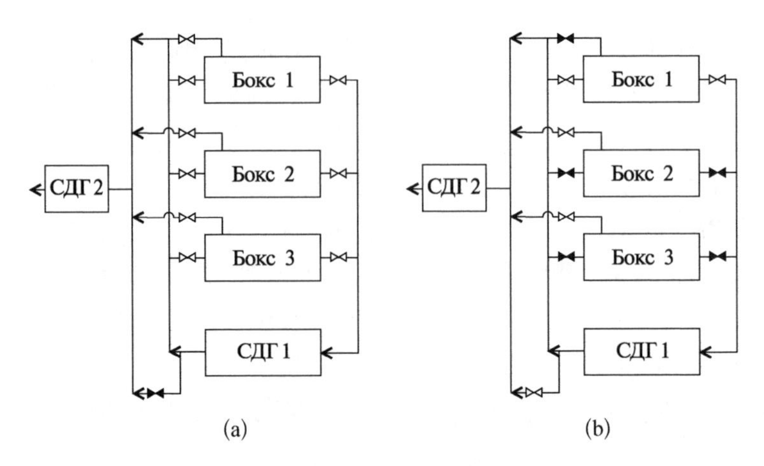

图 1-3　工作区(Бокс)与气体除氚系统的连接

(a) 正常工况;(b) 氚排放至工作区 1

该工作区与 СДГ2 断开,与其他工作区也断开。СДГ1 只作用于污染工作区,并通过控制 СДГ1 气体分流量和经 СДГ2 气体排空量控制该工作区气压。其他工作区连接到 СДГ2。

连接除氚再循环系统(见图 1-2 中 СДА)的气体中氚浓度随时间变化规律实验方程如下:

$$C(t)=C_0\exp(-GFt/V) \tag{1-1}$$

式中,C_0 和 $C(t)$ 分别为 СДА(大气除氚系统)开始工作时和工作 t 时间后的厂房氚浓度;V 为厂房空气体积;G 为经 СДА 的空气体积流量;F 为气体一次通过 СДА 时的氚捕获率。

该规律常用于手套箱和厂房除氚净化效果预测,高 F 因子系统实验验证了该实验方程的正确性。G/V 值和 F 值对净化速率的影响如图 1-4 所示。

可见,相比于增加 F 值,增加 G/V 值能更有效地提高净化速率。当 $G/V>6$ 时,G/V 值对氚净化速率的影响减弱。通常建议手套箱和厂房空气交换速率(G/V 值)控制在 2～10 范围内。

应当指出,循环工况的氢氧化和干燥空气中大气除氚系统对于气态氢形式氚污染工作区和厂房作用效果相反。对于热核反应堆来说,最大概率发生的事故是气态氢形式的氚排放。气体除氚系统和大气除氚系统的任务是降低厂房空气中氚对工作人员和公众的辐射作用。从氚的放射性活度的角度来说,待处理气体中气态氢形式的氚浓度下降而转化为水,氚的放射性毒性增

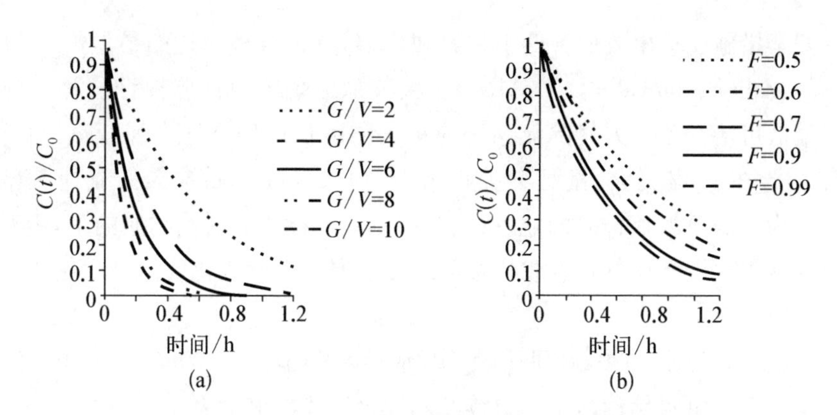

图1-4 СДА气体循环对厂房大气净化速率的影响

(a) $F=0.9$ 时的 G/V 比值;(b) $G/V=2h^{-1}$ 时的 F 值

强,水形式的氚比气态氢形式的氚毒性要高几个数量级。

待处理气体中氚化水蒸气浓度随时间变化规律的微分方程如下:

$$V(dC_W/dt)=GF_0(1-F_A)C_{H0}\exp(-GF_0t/V)-GF_AC_W \quad (1-2)$$

方程解的形式为

$$C_W=\{\varepsilon[\exp(t(\gamma-\beta)-1)]\exp(-\gamma t)\}/(\gamma-\beta) \quad (1-3)$$

式中,C_H 和 C_W 分别为待处理气体中氢和水蒸气的浓度;F_0 为气体一次通过催化反应器时氢气的氧化程度;F_A 为气体一次通过干燥器时水蒸气吸附的吸收程度;$\varepsilon=GF_0(1-F_A)C_{H0}/V$;$\beta=GF_0/V$;$\gamma=GF_A/V$。

氚进入工作厂房时,除氚系统应阻止其进一步扩散。为此,应维持该厂房相对于相邻未被污染厂房为负压,当气流由未被污染厂房进入污染厂房时,大气除氚系统能阻止氚扩散。为确保公众和环境安全,除氚系统必须在厂房气流排空前除氚。因此,大气除氚系统能够阻止氚扩散,减少事故厂房的氚进入环境。大气除氚系统隶属于安全系统,是在发生事故状态下阻止氚向环境扩散的最后一道屏障。针对安全系统的有效性、可及性、可靠性等问题,国际上已经制定了较为完备的技术文件,要求安全系统在任何需预期工况下都能够有效发挥作用。安全系统可及性会受环境因素(1.1节功能描述中所列举因素)影响而降低,系统设计应予以补偿。

为分析事故危害,假设事故设备中所有游离氚全部进入厂房空气,其中大部分由大气除氚系统捕获,残余部分进入环境。国际上根据实践研究编制的系统安全措施要求事故危害低于临界允许值，且为合理可达的最低值(as low as reasonably achievable, ALARA)。大气除氚系统设计应保证所捕获氚量高于最低可接受率。大气除氚系统应最大限度从厂房空气中捕获氚。目前，正常工况(非厂房失火、氚污染等复杂工况)大气除氚系统最低氚捕获率为99%。为控制事故氚排放的危害，通常限制单个设备放射性物质的量，绝对限定值通常根据设备运行和事故状态下的安全要求进行优化确定。示例1.1给出了解决方案。

示例1.1说明：本书给出两种类型反应堆燃料循环示例，功率均为1 000 MW，需氚量约7 g/h(见绪论)，氘和氚等摩尔混合气体需求量为2.3 mol/h。

针对书中示例，假设以下条件：不依赖于反应堆类型，燃料是氘和氚等摩尔混合气体，燃耗深度为2%(ITER反应堆预期燃耗深度为0.3%)。燃耗深度和反应堆功率决定进料流量。对于功率为1 000 MW的反应堆，燃耗深度为2%时，要求进料流量为120 mol/h。

对于脉冲等离子体反应堆，反应堆在脉冲工况下运行。脉冲时长为3 000 s，间隔为3 000 s，仅在脉冲期间向等离子体室进行补给。

连续等离子体反应堆向等离子体室连续补给。

对于以上两种类型反应堆，等离子体燃烧期间连续补给(磁约束等离子体反应堆)和大速率脉冲(惯性约束等离子体反应堆)的脉冲式补给没有差别。

大气除氚系统运行产生氚污染水，大气除氚系统所捕获全部氚转化为氚化水后应返回燃料循环，或者作为放射性废料予以掩埋。目前，大量掩埋氚化水经济上不可取，而以提取氚为目的的氚化水再处理有环境污染的危险。

示例1.1 确定单一设备最大允许氚量，确保事故中工作人员和公众辐射照射剂量不超过限值。

任务：评价燃料储存和供给系统中单一设备最大允许氚量(T_2)。

假设：(1) 针对JET反应堆[12-13]，按照所有系统排放总量，公众受照剂量和氚大气排放量相关系数保守估计为1.2×10^{-19} Sv/Bq(HTO形式)或4.3×10^{-5} Sv/a(T_2)。

(2) 上述因子计算时限为氚进入环境时刻起的1年。

(3) 大气氚在自身衰变射线作用下氧化为水。

(4) 允许个人最大剂量取5×10^{-3} Sv/a。(1.1节最小限值为25%)

(5) 事故设备氚全部进入工作厂房。

(6) 空气除氚系统收集的氚不予考虑。

评价：单一设备氚最大环境排放量应低于个人最大剂量 5×10^{-3} Sv/a，即 (5×10^{-3} Sv/a)/[4.3×10^{-5} Sv/a(T_2)]=116 g(T_2)　或　4.2×10^{16} Bq。

水除氚系统是大气除氚系统和气体除氚系统所收集的氚与环境间的屏障，因此水除氚系统在除氚效率、可靠性和有效性等方面有很高的要求。水除氚系统的除氚工艺应将氚浓缩至同位素纯产品或可利用形式的氚。

水除氚系统对大气除氚系统和气体除氚系统收集的氚进行再处理，再处理后水中残余氚含量应低于大气除氚系统规定的最小值，水除氚系统运行不良将降低大气除氚系统和气体除氚系统的环保效率。因此，水除氚系统可视为氚与环境间的最后屏障，若水除氚系统设置为参数异常时立即停机，则该系统可不必满足针对安全系统的可靠性要求。

参考文献

[1] McCracken G., Stott P. Fusion. The energy of the universe. Second Edition, Elsevier, 2005. 228 p.

[2] Курбатов Д. К., Субботин М. Л., Петрова Л. И., Крутий В. П. К вопросу о безопасности термоядерной энергетической станции (экономические аспекты безопасности и экологии)//Вопросы Атомной Науки и Техники. 1991. № 2. С. 16-24.

[3] Perevezentsev A. et al. Operational experience with the JET Impurity Processing System during and after DTE1//Fusion Engineering and Design. 1999. Vol. 47. P. 355-360.

[4] DOE Handbook, Tritium handling and safe storage//DOE-HD-BK-1129-2008. 2008.

[5] Evaluation of facilities handling tritium, INFO-0796. Canada's Nuclear Regulator. February 2010. 49 p.

[6] Беловодский Л. Ф., Гаевой В. К., Гришманский В. И. Тритий. —М.: Энергоатомиздат, 1985. 246 с.

[7] Bell A. C. et al. The safety case for JET D—T operation//Fusion Engineering and Design. 1999. Vol. 47. P. 115-130.

[8] Bell A. C. et al. Routine tritium release from JET//Fusion Technology. 1992. Vol. 21. P. 506-510.

[9] IAEA Safety Standards. Radiation Protection and Safety of Radiation Sources: International Basis Safety Standards, General Safety Requirements Part 3, No. GSR Part 3 (Interim Edition).

[10] Tritium in the Canadian Environment: Questions and Answers, Canadian Nuclear Safety Commission, Ottawa, Canada, Contract No. 87055-01-0184. June 2002.

[11] Review of Risks from Tritium. Report of the independent Advisory Group on

Ionising Radiation, Radiation, Chemical and Environmental Hazards series, The Health Protection Agency of the UK government. November 2007.

[12] Campling D. D. et al. Tritium-in-Air "Bubbler" Samplers and Internal Radiation Doses at JET//Report EFDA - JET - CP(01)09/01.

[13] Campling, D. et al. Environmental monitoring for tritium on and around JET site, Proceedings. 6th International Symposium of Society of Radiological Protection. , — Southport, United Kingdom. 14 - 18 June 1999. ISBN 0 - 7058 - 1784 - 9.

第 2 章

燃料储存和供给系统

本章着重描述氢同位素的储存方法、氢化物金属的性质、氢化物的储存容器装置、氢同位素储存和供给系统。

2.1 氢同位素储存方法

如同任何其他工艺任务方案一样，在投资和运行费用合理的情况下应当为热核反应堆燃料循环中氢同位素储存选择最有效的工艺方法。因此必须考虑热核反应堆中氢同位素气体短期、中长期和长期储存的问题。

长期储存是为了获得外部来源的氚和氘以补充燃烧掉的燃料。氚和氘在从外部来源获得供给之后，它们可以在储罐中储存好几个月。在氚长期储存时，特别要关注的是它们的放射性衰变，衰变时生成惰性气体氦(^{3}He)，并释放出热(每克氚热功率为 0.324 W)。

中长期储存是为了满足反应堆维修期间的需要，在此期间(从几天到几个月)将暂不使用的氢同位素气体储存。对这种储存的要求和对长期储存的要求相同。

短期储存氚和氘是为了满足反应堆正常工作的燃料需求，燃料处理循环通常能在几小时到几天的时间周期内完成。现阶段，在氚装置的实际运行过程中主要使用两种方法储存氚：以气态形式和以金属氢化物形式。

气态形式的氚通常在低于大气压的压力下储存，或者以压缩气体的形式储存。需要指出的是，在高压下以气态形式储存氢是经过广泛研究并已实际应用的工业化方法。在一个高压储存容器中储存的氚量可达到几立方米(或几百克)。该方法适用于任何量值的氢同位素，不论是短期还是长期储存。

金属氢化物方法是利用一些金属和合金在室温和相对较低的压力下吸收

氢，温度提高后可在一定压力下释放氢的特性将氢储存的方法。单位体积金属氢化物的储氢量很大，因此金属氢化物储存容器广泛应用于氚装置中少量和中等量氚的储存。许多金属和合金与氢结合后生成的金属氢化物具备相对稳定的氢平衡压，该平衡压可通过改变温度来调节。通常氢化物储存容器的储存容量可达几十克氚/千克金属。氢化物储存容器用于JET反应堆中，也将在ITER反应堆中使用。

还有其他的氢同位素气体储存方法。例如，固体吸附剂在低温下吸附。但是，由于吸附容量较低且必须维持极低的使用温度，这种方法未得到广泛应用。分子筛在−196℃温度下只可吸附5倍于自身体积的氢，这大大低于以高压气态形式或金属氢化物形式的储氢密度。

热核反应堆中氚和氘总量可能足够大。为了储存氘和低含量氚的氘氚混合物，技术可行、经济性较好的方法是将气体转化为水来储存。利用现代化的电解装置从这样的水中快速、安全地获取高纯度气体氘已经成为现实。在第4章中将探讨包括氚污染水电解方法在内的氚化水再处理方法。

液化方法也是一种适用于大量氘和氚储存的方法，它的使用温度约为−250℃，该方法通常是为了低温精馏氢的同位素，尚未找到在其他领域的广泛应用。低温方法的缺点在于，在制冷剂流失时储存容器中的压力存在不受控制地升高的危险。

高压下以气态形式储存氢是广泛应用的工业化方法，这一点毋庸置疑。近十年电解水和低温氢吸附方法也获得了工业应用。它们用于储存氚的唯一特殊性在于与氚直接接触的仪器设备、储存容器、阀门和密封材料应当由长时间内可耐弱放射性的材料来制作。

现阶段以金属氢化物的形式储存氢同位素更多地应用于氚实验室、氚装置和实验热核反应堆中。尽管氢化物生成材料在热核反应堆燃料循环中应用时优势明显，但缺点是它的易自燃性及使用过程中合金晶体结构与储氢性能会发生变化。

为了适合于热核反应堆中储存大量氚，储存容器和储存与供给系统反应器应当满足三个基本要求：

(1) 在正常运行、维修和事故状态期间是安全的。

(2) 无须维修，能保证长时间地工作。

(3) 保证快速地供给氢和接收氢。

专门针对氢化物储存容器的额外要求如下：

(1) 在室温下生成金属氢化物时的吸氢平衡压较低。

(2) 在放氢压力接近大气压力时具有相对不高的氢解吸温度。

尽管人们在氢能源领域对金属氢化物储氢做过长期研究，但以金属氢化物的形式储存大量的氢到目前为止还没有实现工业规模的应用。虽然在氚装置中氢化物容器储氚的使用历史已有数十年，但该方法在热核反应堆燃料循环中使用的有效性有待分析，也并非唯一选择。

2.2　氢化物金属的性质

近十年来，人们积累和分析了大量有关氢化物生成金属和合金的电子结构与晶体结构、金属氢化物生成和分解的热力学和动力学等方面的信息。这些研究主要针对氢能源发展方向，而有关氘、氚与储氚金属及合金相互作用的研究信息十分有限。本书仅对热核反应堆燃料循环中有潜力的金属氢化物的主要性能做系统性描述。

氢化物生成金属(Pd、Ti、Zr、V、U等)及其合金易吸收氢，并生成氢化物。其组成恒定、元素均匀分布的合金通常称为金属间化合物(ИМС)。当气态氢[在方程式(2-1)中Q代表任何一种氢的同位素]和储氢金属及合金直接接触时，金属氢化物按下列可逆反应生成和分解：

$$Me+\frac{m}{2}Q_2\Leftrightarrow MeQ_m \tag{2-1}$$

氢化物生成金属能否作为氢同位素储存介质不仅取决于单位质量的金属所吸收的氢量，还取决于氢化物是否容易生成和分解，是否可满足储存系统对吸收和释放氢的速率要求，是否具备防止气态氢中杂质毒化的特点以及其他性能。长期运行期间应当具有稳定的热力学性能和动力学性能且危险性不高于其他的储氢方法。作为储存氚及其氢同位素混合物介质的金属氢化物的优点是高的储氢密度(高压气态储氢时需要在10 MPa以上压力下才能达到的储氢密度)、室温下储氢平衡压较低、合适的温度下放氢平衡压接近大气压。

生成氢化物的反应[式(2-1)的正向反应]通常是放热反应，即反应进行时伴随热的释放。氢化物分解反应[式(2-1)的逆向反应]通常是吸热反应，即进行反应需要热量。氢-金属氢化物热力学平衡可用固定温度下的等温吸附曲线图(即PCT曲线)来表征，大多数氢可逆吸收情况下吸收和解吸等温线具有三个特征区段，这在测量得到的不同金属或合金吸放氢的 PCT 曲线中可以证实。合金氢化物的可逆吸放氢 PCT 曲线如图 2-1 所示。

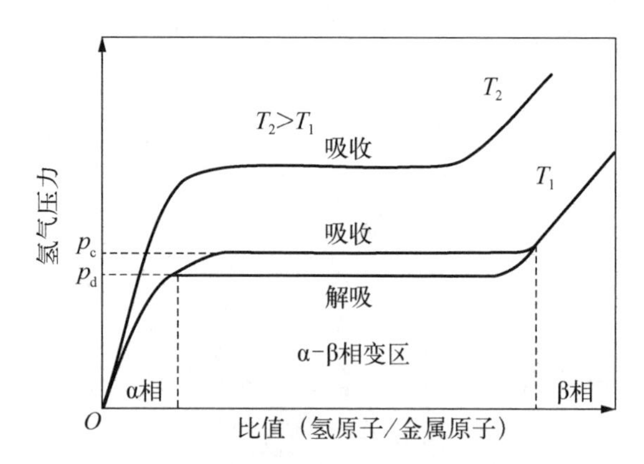

图 2-1　在不同温度下储氢合金可逆吸氢(p_c—吸氢平衡压)和解吸(p_d—放氢平衡压)等温线示例

在初始阶段金属中生成氢的固溶体称为 α 相。在此阶段发生氢的溶解，而没有显著增大金属晶格的体积。溶解于金属中氢的数量与压力的关系由西维茨(Sievert's)定律描述：

$$M = K_c(p_{H_2})^{1/2} \tag{2-2}$$

式中，K_c 为西维茨常数；M 为金属中氢含量。西维茨常数量值对不同的氢同位素可能不同。

α 相饱和之后，开始生成氢化物(β 相)，这一过程的特征是随着 β 相数量的增加晶格尺寸急剧增大。这一等温线区域称为 α-β 混合相变区域，在这一区段吸氢过程基本在恒定的氢压力下进行，各个相中氢含量基本保持恒定，但相的量发生改变。在该区段氢化物上的氢平衡压力是温度的函数：

$$\ln(p_{H_2}) = \Delta H/(RT) - \Delta S/R \tag{2-3}$$

式中，p_{H_2} 为氢化物上氢的吸附和解吸压力；ΔH 和 ΔS 分别为在氢化物生成和分解时对应的焓变和熵变，对于不同的氢同位素 ΔH 值和 ΔS 值会不同；R 为理想气体常数。

在第三区段上只存在 β 相，氢气的压力随着氢化物中氢量的增长而急剧增加。

实验测得的吸附和解吸等温线常常不是水平的，即 α－β 相变段是倾斜的。许多氢-金属体系表现出滞后现象，即在同样的温度和氢含量情况下，氢化物的解吸平衡压比吸氢平衡压更低。对于大部分金属和金属间化合物氢化物而言，氢的重同位素的平衡压力相比轻同位素的要更小一些。

如果合金（或金属间化合物）的诸金属中至少有一个易于生成稳定的氢化物，则其合金就能生成稳定的氢化物。ΔH 值表示氢化物的生成热，它可衡量氢化物的稳定性。其值越高，氢化物越稳定。在图 2－2 和图 2－3 中列举了铀和 ZrCo 合金的氢同位素吸附和解吸等温线。

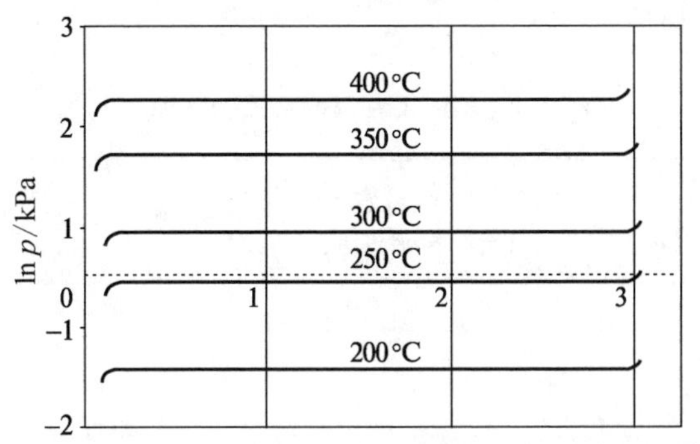

图 2－2　铀的氢吸附等温线

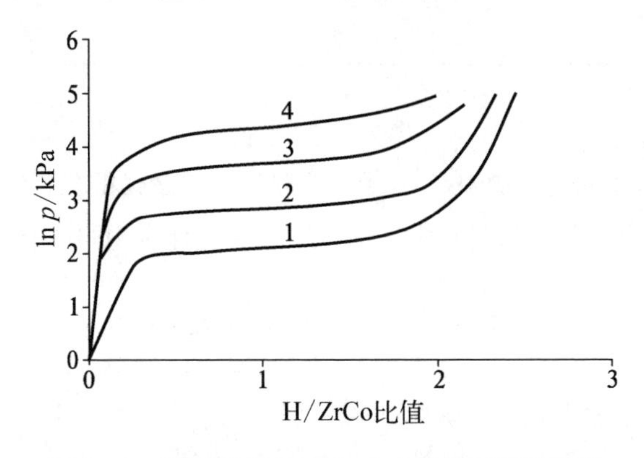

图 2－3　不同温度下 ZrCo 合金的氢吸附等温线

生成氢化物的金属间化合物分三种主要类型：AB、AB_2 和 AB_5（A 为生成氢化物的金属，B 为不生成氢化物的金属）。金属间化合物的优点是通过全部或部分地置换金属 A 和 B 为另外的金属可使其性能在很大的范围内改变；缺点是它们具有氢致歧化效应倾向，即具有生成纯金属的氢化物和其他的金属间化合物的倾向。因为金属氢化物通常比初始的金属间化合物更为稳定，所以歧化作用的结果是金属间化合物的热力学性能改变，并有可能全部或部分地失去可逆吸放氢的能力。

AB 类： 在氚工艺中基于锆的合金取得了实际应用，其中最熟知的是 ZrCo。

AB_2 类： 该类化合物通常生成很高氢容量的氢化物，并且具有很高的稳定性，为达到接近大气压的氢解吸压力需要很高的温度。AB_2 类的一些化合物的性能列于表 2-1。

表 2-1　AB_2 类金属间化合物性能

金属间化合物	吸收容量（氢与合金原子比(H/M)）	在 α-β 相变区的平衡压力①/MPa
ZrV_2	1.8	$<10^{-9}$
$Zr(V_{0.5}Fe_{0.5})_2$	1.1	0.025
$Zr(V_{0.5}Co_{0.5})_2$	1.2	2.3×10^{-4}
$Zr(Mn_{0.75}Co_{0.25})_2$	1.1	0.000 8
$Zr(Mn_{0.6}Co_{0.4})_2$	1.0	0.005

① 表示在室温下。

AB_5 类： 金属间化合物中，AB_5 类合金是研究最透彻的。其中，研究最为充分的是 $LaNi_5$。一些室温下低氢吸附平衡压的 AB_5 类化合物的性能列于表 2-2 中。

表 2-2　AB_5 类金属间化合物的性能

金属间化合物	吸附容量（氢原子/金属原子）	在 α-β 相变区的平衡压力①/MPa
$LaNi_5$	1.39	0.22
$LaNi_4Al$	1	0.000 7(50℃时)
$LaNi_{4.6}Al_{0.4}$	—	0.018

（续表）

金属间化合物	吸附容量 （氢原子/金属原子）	在 α－β 相变区的 平衡压力①/MPa
$LaNi_{4.6}I_{0.4}$	0.83	0.005 4
$LaNi_{4.6}Sn_{0.4}$	0.95	0.007 6
$LaCo_5$	1.5	0.004

① 未注明时，测试温度均为室温。

从实际应用角度，表 2－3 列出了不同类型的金属间化合物的性能对比。氢化物的稳定性通常按 AB_2、AB、AB_5 的序列依次下降。

表 2－3　不同类型金属间化合物的性能比较

金属间化合物类型	氢含量/%（质量分数）	吸收速率	氢化物稳定性	循环下的衰减	对毒化的稳定性
AB_5	0.6～1.9	快速吸收（数秒），由导出热控制，通常不需要活化	相对稳定	几百次循环后恶化	稳定性很好
AB	≤1.8	中等，可通过导出热控制	不同化合物间稳定性差异较大	对于 FeB 化合物很大	对于 FeB 化合物很大
AB_2	0.3～2.0	快速吸收，通常需要活化	通常稳定	通常不衰减	通常稳定

氢的吸附和解吸动力学。大多数氢化物生成金属和金属间化合物活化后，吸附和解吸循环中氢化物生成和分解速率很快，以致使这些反应无法由氢化物储存容器充填和卸载速率来控制。氢化物容器中氢的吸收和释放过程包含以下几个阶段：在储存容器装载氢时氢扩散到金属表面与金属反应，在金属表面生成氢化物，再从金属表面向金属本体扩散。这些阶段既依次发生，也可能平行进行。这一过程的速率依赖于氢化物生成金属-氢系统的热力学特性、氢气的压力和材料的温度。在生成氢化物的快速化学反应中，金属表面的氢压应当接近平衡吸附时的压力。经简化，氢进入金属的速率可以用下面的准一次方程式来表达：

$$R_{r}=K_{r}(p_{H_2}-p_{c}) \tag{2-4}$$

式中，R_r 为氢从气相进入氢化物生成金属中的速率；K_r 为氢向氢化物粉层的迁移速率；p_{H_2} 为金属粉层之上氢气的压力；p_c 为在给定温度和氢化物的氢饱和度下氢的平衡吸收压力(译注：下标 c 表示吸收)。

生成氢化物的化学反应速率为

$$R_{gid}=K_{dis}p_{pov} \tag{2-5}$$

式中，K_{gid} 为氢化物生成反应速率常数(氢分子分解成氢原子)；p_{pov} 为金属表面上的氢气压力，该压力对于快速氢化物生成反应可能会接近 p_c(译注：下标 dis 表示离解，gid 表示氢化物，pov 表示表面，c 表示吸收)。

氢从金属表面向金属本体迁移的速率为

$$R_{m}=K_{m}(C_{pov}-C_{m}) \tag{2-6}$$

式中，K_m 为氢从金属表面向金属本体的迁移速率，其量值由迁移机理决定(原子扩散、沿晶界迁移等)；C_{pov} 和 C_m 分别为金属表面和金属本体的氢浓度(译注：下标 m 表示金属)。

储存容器释放氢的过程以相反的顺序进行。氢从氢化物内部扩散到表面，在金属表面进行着由氢原子缔合成分子的反应以及氢的解吸反应，其后氢从氢化物表面迁移至气相。过程速率可用以下式子表示：

$$R_{m}=K_{m}(C_{m}-C_{pov}) \tag{2-7}$$

$$R_{degid}=K_{as}C_{pov} \tag{2-8}$$

$$R_{r}=K_{r}(p_{c}-p_{H_2}) \tag{2-9}$$

式中，R_{degid} 为氢化物分解速率；K_{as} 为在金属表面原子氢缔合成分子的反应速率常数(译注：下标 degid 表示氢化物分解，as 表示缔合)。

常数 K_{dis}、K_m 和 K_{as} 对温度的关系通常用阿伦尼乌斯公式描述：

$$K=K_{0}\exp(-\Delta E/RT) \tag{2-10}$$

式中，K_0 为指前因子；ΔE 为活化能量。

氢化物的生成伴随着晶格尺寸的增大。氢解吸时，晶格尺寸又返回到初始状态，这将在金属中引发机械应力。因此氢的吸附-解吸重复循环导致整块氢化物材料破坏成很细小的块，并且最终生成极细的分散性粉末。粉末颗粒尺寸越小，金属的比表面积越大。导致材料发生粉化所要求的循环吸放氢次数取决于材料种类，重复吸放氢后通常金属比合金更易粉化，粉化后的颗粒大小不一。平均尺寸为 0.3～100 μm，颗粒尺寸依赖于氢化物生成材料的性能。

氢化物储存容器中金属以细分散性粉末形式存在，细分散性粉末层堆积密实度高，降低了气体至未反应金属的渗透速率，气体总的吸收速率是由气体经粉末层的扩散速率和气体与金属本身的化学反应速率决定的。反应释放的热量和速率决定金属材料的温度，也同样影响化学反应速度。依照阿伦尼乌斯公式，吸氢平衡压 p_c 随温度升高呈指数式增长[见式(2-10)]。温度的增加对 K_r 的影响较弱，但会急剧地提高 p_c 值，这样一来就降低了氢在气相中的迁移速率。因此，对于氢化物生成速率高的金属和金属间化合物储存容器，氢化物生成速率可由气相中氢的迁移速率来控制，后者由粉末层中氢的迁移速率和生成氢化物时释放热量的导出速度所决定。

不同研究者确定的氢化物生成速率常数会相差 2～3 个数量级，这是由于粉末状材料层中受限的质量迁移速率和热迁移速率会影响吸氢速率的测量结果。氢的快速吸附过程会释放热量，导致氢化物温度上升。温度增长使热力学平衡压力与氢化物之上氢的压力相等，吸附速率由氢化物释放热量的速率决定。此外，粉末层的流体阻力也会降低吸附速率。对没有质量迁移和热迁移影响限制的氢吸附速率的研究工作还很少。不同研究者在处于平面的、连续冷却的金属表面之上的(厚度约为 0.5 mm)粉末薄层上测量了金属间化合物 ZrCo 的准等温和准等压动力学曲线(见图 2-4)，图中展示了压力对氢化物生成速率的影响。连接到反应器的容器作为氢气源，容器中所含氢量远大于

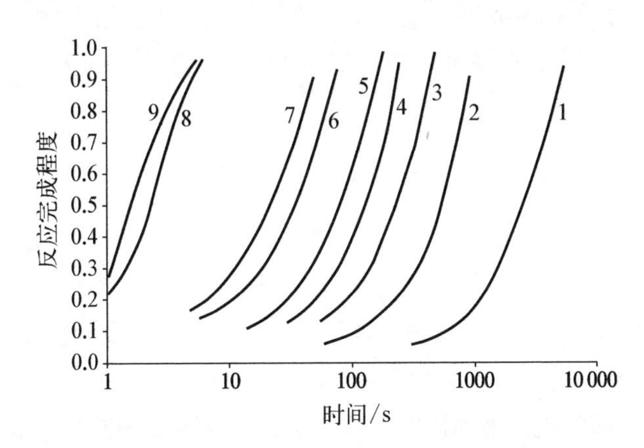

1—0.2 kPa；2—0.4 kPa；3—0.6 kPa；4—0.8 kPa；5—1.0 kPa；6—2.5 kPa；7—5.0 kPa；8—7.0 kPa；9—10 kPa。

图 2-4　在温度 25℃，不同氢气压力下金属间化合物 ZrCo 氢吸收准等温动力学曲线和准等压力动力学曲线

金属氢化物的最大吸氢量。将金属间化合物上的压力从 10 kPa 降至 0.2 kPa,达到氢化物 50%饱和吸氢量时所需的反应时间减小了约 3 个数量级。当压力大于或等于 10 kPa 时,此时间约为 1 s。

金属间化合物 $Zr_{0.7}Ti_{0.3}Mn_2$ 粉末层厚度对吸氢动力学的影响如图 2-5 所示。实验反应器外壁表面温度恒定,控制精度为±1℃。

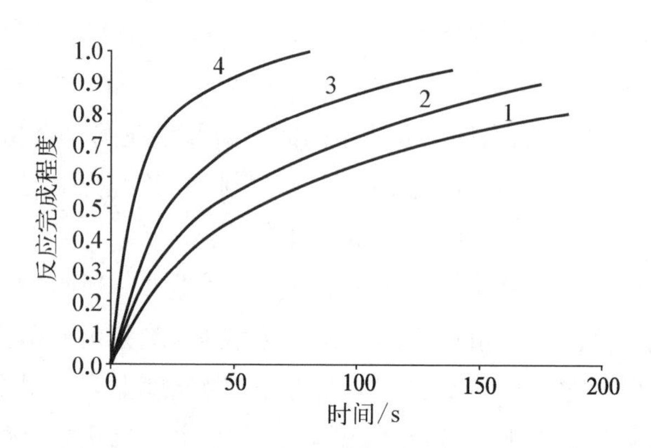

对应粉末层厚度：1—80 mm;2—60 mm;3—10 mm;4—2 mm。

图 2-5　$Zr_{0.7}Ti_{0.3}Mn_2$ 在温度 20℃、初始压力 0.3 MPa 下的吸氢动力学曲线

由图 2-5 可见,随着粉末层厚度的增加,氢吸收速率明显降低。

金属间化合物氢化物内部不稳定,有明显的氢致分解现象,即分解为更为稳定的氢化物和其他金属间化合物。例如,在氚工艺应用中研究最多的金属间化合物 ZrCo 按下式分解并生成更稳定的锆的氢化物和新的 AB_2 类的金属间化合物 $ZrCo_2$：

$$2ZrCoH_x + H_2 \longrightarrow ZrCo_2H_x + ZrH_x + (1-2x)H_2 \qquad (2-11)$$

按照式(2-11)进行反应的负面影响可以从图 2-6 中看出,由于歧化作用,氢吸收等温曲线变化明显,氢化物氢容量和 α—β 相变区段等温线的平台宽度和倾斜度都在变化。金属间化合物的热力学性能会得到恢复,但不能完全恢复。在真空和高温条件下长时间加热金属间化合物可恢复元素组成和相结构,进而恢复金属间化合物的性能。这一点需要在氢化物储存容器结构设计中预先考虑,性能恢复过程应当不影响储存及供给系统在热核反应堆的工作。

由于锆氢化物的分解温度约为 700℃,明显高于氚储存及供给系统中储存容器的正常工作温度,氚不可能从锆氚化物中分解出来,并不可逆地滞留在储

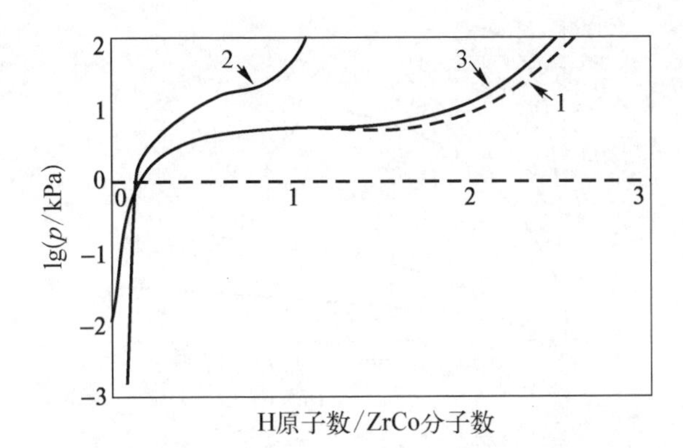

1—初始的金属间化合物；2—歧化的金属间化合物(400℃温度，氢气压力 100 kPa 下加热)；3—重新配比结构(700℃，真空下加热)。

图 2-6　在 240℃温度下，初始的、歧化的和重新配比的金属间化合物 ZrCo 氢吸附等温线

存容器中，因此这部分氚未参与燃料循环。需要将温度升高才可进行有明显速率的歧化反应，负面影响的大小取决于歧化过程动力学特性和氢化物储存容器的工作参数。

研究者曾经对几个熟知的金属间化合物的歧化机理和动力学进行了实验研究。图 2-7 和图 2-8 中的等温动力学曲线和准等压动力学曲线展示了温度对不同类型金属间化合物歧化速率的影响，金属间化合物歧化的比例是根据连接到反应堆的校准体积的容器中的压降值来计算的。

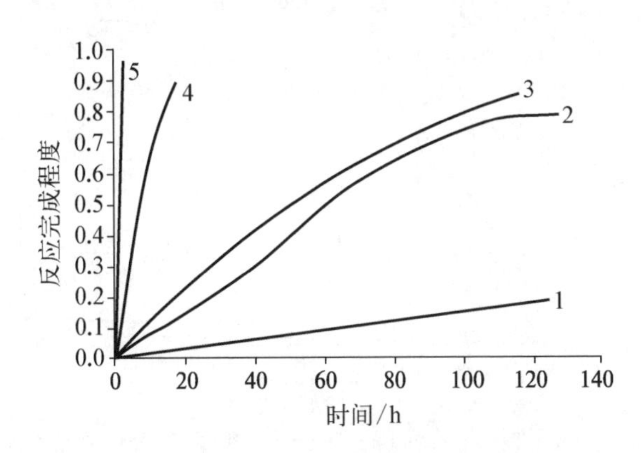

1—350℃；2—400℃；3—450℃；4—500℃。

图 2-7　在氢气压力 0.1 MPa 和不同的温度下，ZrCo 恒压歧化动力学曲线

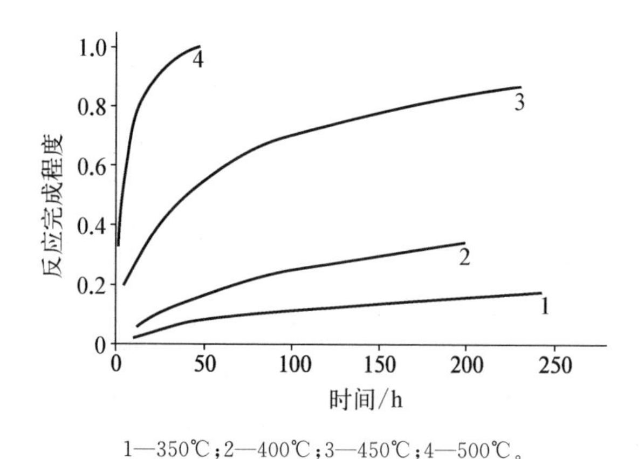

1—350℃；2—400℃；3—450℃；4—500℃。

图 2-8　在氢气压力 0.1 MPa 和不同的温度下，$LaNi_3Mn_2$ 恒压歧化动力学曲线

几毫巴(mbar)到大气压范围内的氢压力对金属间化合物 ZrCo 的歧化反应速度没有明显的影响，升高温度则明显加速歧化效应。氢化物储存容器正常工作时的最高温度是在给定氢压力下分解氢化物必需的温度，因此在储存容器供给氢工况工作时，可加装过热保护系统来避免金属间化合物加速歧化。

歧化不是 ZrCo 金属间化合物专有的特点，对其他类型的金属间化合物也能观察到歧化。研究者对一些金属间化合物在它们的氢化物分解温度下的歧化速率做了比较(见图 2-9)，可以看出，金属间化合物的类别和它的化学组成

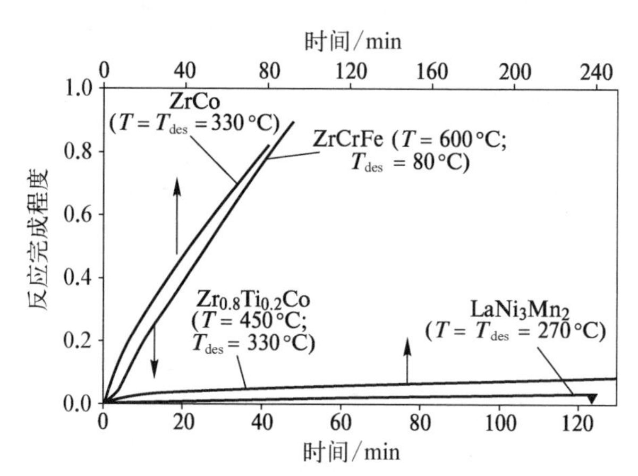

注：ZrCo 与 $Zr_{0.8}Ti_{0.2}Co$ 对应上横坐标轴；ZrCrFe 与 $LaNi_3Mn_2$ 对应下横坐标轴；T_{des} 表示分解温度。

图 2-9　不同的金属间化合物在它们的氢化物分解温度和 0.1 MPa 压力下的恒压歧化动力学曲线

对其歧化稳定性产生重大影响。

氢化物储存容器在正常工况下长期运行，其吸放氢性能也会发生变化，这是因为在吸放氢循环中，材料歧化会引发金属间化合物吸附性能的变化，即使储存容器在适中的加热情况下，金属间化合物的歧化动力学速率也会明显增长。举个例子，$ZrCo_{0.5}Ni_{0.5}$ 在吸放氢循环中的歧化效应如图 2-10 所示，吸放氢循环次数达到某一数值后，性能发生明显变化。这一循环次数比推测的热核反应堆中氚储存及供给系统工作所必需的循环数低 1 个数量级。图 2-10 还表明，提高氢解吸温度导致歧化加速，进而引发重新配比效应(参见 650℃下容量变化曲线)。

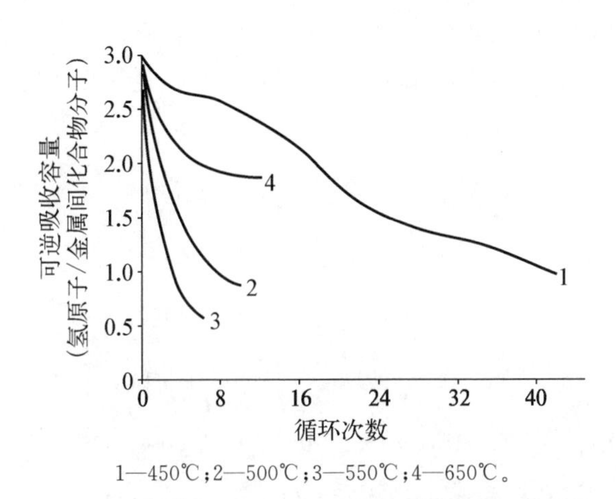

1—450℃；2—500℃；3—550℃；4—650℃。

图 2-10　$ZrCo_{0.5}Ni_{0.5}$ 在 25℃ 吸收温度和不同的解吸温度下循环吸放过程中由歧化引发的可逆吸收容量变化

金属和合金吸收氢的能力通常因氢中气体杂质相互作用产生的表面离析和污染现象而弱化，全部或部分地丧失吸附能力会使热核反应堆燃料循环中氢同位素储存及供给系统的工作大大复杂化。氢化物生成的金属和金属间化合物很容易被氧气、水蒸气、碳氧化物这样的含氧气体氧化，金属间化合物被气体氧化时的表现取决于其成分和气体类型。例如，$LaNi_5$ 互化物在它与含氧或水蒸气的氢接触时首先降低自己的吸收能力，但是之后几乎完全恢复。一氧化碳对这一金属间化合物表现出更显著的氧化作用，即使很低的浓度(≤0.01%体积浓度)也将导致在氢吸收-解吸几个循环之后损失大部分的吸收容量，但不含氧的杂质即使在百分之几的浓度水平上也未显示出明显的毒化作用。

金属氢化物的一个优点是在氚放射性衰变作用下对辐射分解的稳定性。因此,氢化物生成金属和金属间化合物可用作纯氚的储存和从氢同位素混合物中分离提纯氚。

在氢同位素分离方面,氢化物生成金属和金属间化合物的另一优点是它们在氢的同分子同位素交换反应方面具有催化活性(参见第 4 章)。

利用这一优点可以在一个设备中进行较大范围丰度的氢同位素分离,这与需要使用诸多平衡器的低温精馏氢同位素分离技术相比,将明显地简化工艺流程和设备单元的数量。

氢化物生成金属和金属间化合物的自燃性(发火性)。众所周知,某些金属的细分散性粉末,对气体而言是呈化学活性的。它们在较高温度甚至是中等温度下容易和含氧气体及其他气体反应,生成金属氧化物、碳化物或氮化物。

$$\mathrm{Me} + (x/2)\mathrm{O_2} \longrightarrow \mathrm{MeO}_x \tag{2-12}$$

$$\mathrm{Me} + (x/2)\mathrm{N_2} \longrightarrow \mathrm{MeN}_x \tag{2-13}$$

$$2\mathrm{Me} + x\mathrm{CO} \longrightarrow \mathrm{MeC}_x + \mathrm{MeO}_x \tag{2-14}$$

$$\mathrm{Me} + x\mathrm{H_2O} \longrightarrow \mathrm{MeO}_x + x\mathrm{H_2} \tag{2-15}$$

$$n\mathrm{Me} + x\mathrm{C}_n\mathrm{H}_{n-y} \longrightarrow n\mathrm{MeC}_x + [x(n-y)/2]\mathrm{H_2} \tag{2-16}$$

氢化物生成的金属常称为热金属(利用以上所列反应),可用于氚装置中氢同位素化学净化。氢化物在自燃性方面,即与空气反应能力方面的信息仍极为有限。

氢化物生成金属的自燃性可以用不同的方法定性地予以评价,但是氢化物生成金属/金属间化合物与空气反应动力学并未被系统地研究过。反应的放热效应使得动力学定量测量过程很难维持恒温条件,后期的数据处理也十分困难,因此诸多实验方法基本上只能使用热重分析法。图 2 - 11 展示了铀和其他部分金属间化合物与气体的反应速率,比较 ZrCo 与空气、氮气及氧气的反应动力学曲线表明,后者决定空气与金属发生反应的速率,同时 ZrCo 氮化物与氧的反应行为不同:在金属间化合物中氮含量增加,反应速率下降,其后会急剧上升(见图 2 - 12)。

以金属间化合物 ZrCo 材料为例,温度对反应速率的影响如图 2 - 13 所示。

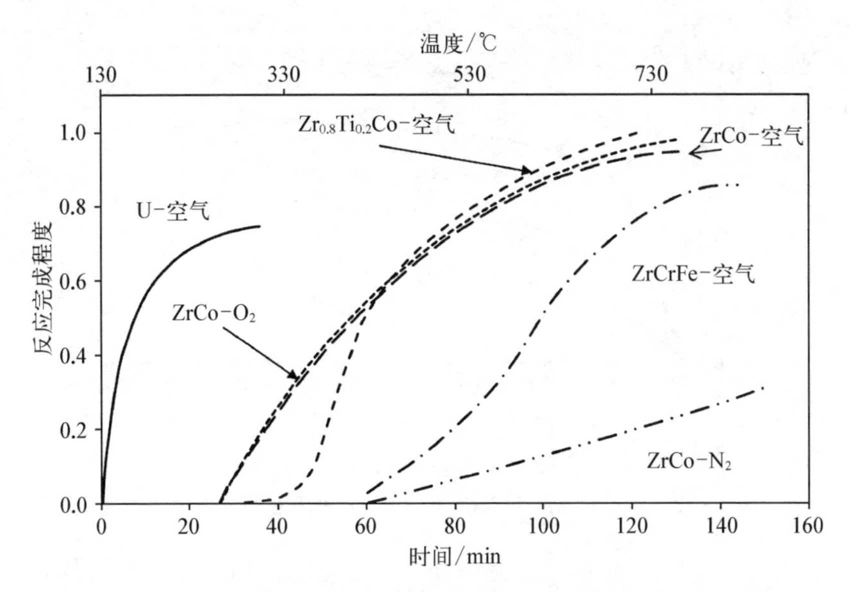

图 2-11　化合物形式的金属转化率与气体接触时间的关系(指在加热速率 5℃/min 下,用热重分析方法测定金属温度与加热延续时间之间的线性关系)

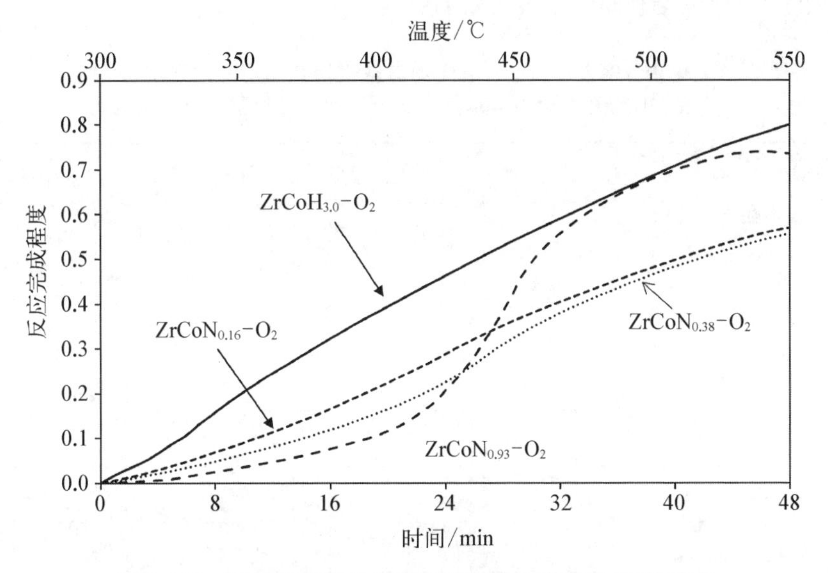

图 2-12　ZrCo 氮化物和氧相互作用动力学曲线(加热速率 5℃/min,用热重分析方法获得)

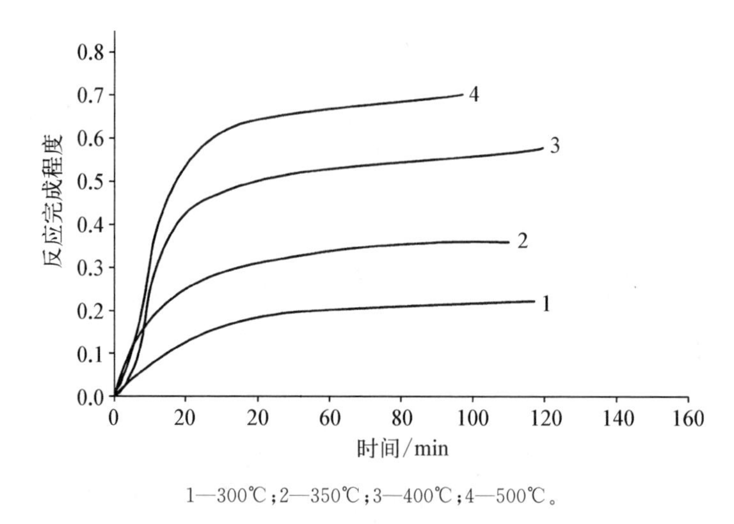

1—300℃；2—350℃；3—400℃；4—500℃。

图 2-13　在不同温度下 ZrCo 与空气相互作用的恒温动力学曲线

在表 2-4 中对氢化物分解温度和它们与空气开始相互作用的温度进行了对比。除了个别材料以外，氢化物分解所必需的温度均高于它们开始与空气相互作用的温度。鉴于金属与空气的反应都是放热反应，会同时释放大量的热，并且具有高活化能的特点，即使它们开始时很慢地与空气反应，反应也会很快加速并变换到自加速工况。因此，一旦空气进入储存容器，容器内的温度可能会高于使结构材料强度失效的温度。

表 2-4　氢化物分解温度(T_{dis})，氢化物与空气相互作用开始温度(T_A)和相关参数(加热速率 5℃/min，热分析方法和差分热重分析方法测定)

氢化物	T_{dis}/℃	与空气相互作用参数			
		T_A/℃	$(dT/dt)_{max}$（相对单位）	T[在$(dT/dt)_{max}$时]/℃	ΔH_{max}/(kJ/mol)
UH_3	440	25	7.2	180	1 100
$LaNi_3Mn_2H_5$	270	80	1.0	350	1 480
$ZrCoH_3$	420	170	4.3	320	1 600
$Zr_{0.8}Ti_{0.2}CoH_{2.8}$	330	210	5.5	410	640
$ZrCrFeH_{2.8}$	290	330	3.5	700	1 780

注：$(dT/dt)_{max}$：由于与空气相互作用观察到的最大材料温度增长速率；T 在$(dT/dt)_{max}$时：在观察到$(dT/dt)_{max}$时材料的温度；ΔH_{max}：与空气反应的最大热效应。

图 2-11 确证了已知的事实，即与其他金属间化合物和其他材料相比，铀是更易自燃的材料：它与空气反应的初始温度最低，并且反应得最快。与之相反，钯需要很高的温度才开始与空气反应，而且氧化反应进行得很慢。其他的金属（钛、锆等）的自燃性处在铀和钯之间。在温度高于 500℃时，铀和其他金属间化合物与空气反应的活性差别不大。表 2-4 中以金属间化合物 ZrCo 为例，表明改变金属间化合物成分对自燃性会有很大的影响。

在已知的一系列氢化物生成金属和金属间化合物中，只对一小部分进行过充分的研究，目的是为了评价它们在热核反应堆中使用的可能性。在表 2-5 中列出了它们中一些金属和合金性能的比较。

表 2-5　氢化物生成金属和金属间化合物性能比较

金属/金属间化合物	参数					
	p_C/kPa	容量/($molH_2$/kg)	T_{des}/℃	T_A/℃	反应（当 $T=T_{des}$ 时）	
					歧化	与空气反应
Ti	$\approx 10^{-3}$	20.5	≈930	—	无	中等速率
U	$\approx 10^{-7}$	6.7	≈400	30	无	很快
Pd	3	2.7	150	170	无	无
Zr	4×10^{-6}	8.9	420	170	快	快
$Zr_{0.8}Ti_{0.2}Co$	4×10^{-3}	8.0	330	210	很慢	很慢
$LaNi_3Mn_2$	4×10^{-3}	4.5	270	80	很慢	中等速率
$LaNi_{4.25}Al_{0.75}$	16	4.0	90	—	慢	很慢

注：p_C 指温度为 30℃时氢化物生成压力；T_{des} 指氢气压力为 100 kPa 时氢化物分解温度；T_A 为与空气开始反应的温度。

钛通常用于氚的长期储存，它唯一的缺点是氚化物分解温度太高。钯在室温下具有较高的平衡氢压和较低的氢储存容量。尽管铀的自燃性很高，但将铀应用于氚装置中是受欢迎的。与铀相比，金属间化合物的主要缺点是在长期运行、多次吸放氢情况下，歧化作用会引发氢化物性能变化。

氦-3 的影响。氦-3 是在金属/金属间化合物的氚化物中氚放射性衰变时生成的：

$$^{3}H \longrightarrow {^{3}He^{+}} + \beta^{-} \tag{2-17}$$

低的扩散速率使氦-3聚集在氚化物的晶格中。由于氦在金属中的溶解度很低，扩散速率也低，氦-3聚集在氚化物的晶格中的累积会引起氚化物在晶体结构、机械性能和外观形态上的变化。这些变化使氚化物的物理性能依赖于氚时效（氚在金属或金属间化合物中的存留时间），这样的效应在一些金属和金属间化合物中都观察到了。氦-3影响的负面后果是改变氚的吸附和解吸等温线。因此，在设计热核反应堆储存及供给系统时，应当使氦-3的累积不能明显影响用于长期储存氚的容器的性能。

氢吸附/解吸的同位素效应。金属和金属间化合物可逆吸放氢的热力学参数和动力学参数对于不同的氢同位素会有所差别，在氢同位素混合物吸附和解吸时通常观察到同位素效应。在存在同位素效应的情况下，解吸时由氢化物储存容器提供的气体成分将随时间而变化，且与其初始成分不符。因此，应当对氢化物容器供应的气体同位素成分提出严格的要求。

同位素效应基于氢原子在金属/金属间化合物晶格中占据的位置，即在四面体或八面体晶格点阵中氢化物在不同占位时稳定性是不同的。对于四面体结构，重同位素趋于留在固相中，使金属的氚化物比氘化物和氕化物更为稳定；对于八面体结构，重同位素趋于留在气相中。这导致相反的氢同位素效应，后者仅在某些氢化物生成金属（如钯和钛等）中观察到。

金属和合金吸氢时热力学同位素效应的特征参数是分离系数 α：

$$\alpha = [x(1-y)]/[y(1-x)] \tag{2-18}$$

式中，x 和 y 为重同位素在该同位素富集相和贫化相中的原子份额。α 相分离系数可通过西维茨常数表达，例如，对于氕(H)和氚(T)的混合物，有

$$\alpha_{H-T} = K_{H}/K_{T} \tag{2-19}$$

式中，K_{H} 和 K_{T} 分别为氕和氚的西维茨常数。

对于 α 和 β 相变过渡区，氢同位素形成的氢压比值不大，分离系数可通过相同温度和相同氢-金属比值下氢化物和氚化物之上氕和氚的平衡压力表达：

$$\alpha_{H-T} = (p_{H_2/}p_{T_2})^{0.5} \tag{2-20}$$

某些金属和金属间化合物对氢同位素混合物的分离系数如表2-6所示。

表 2-6　某些金属和金属间化合物对氢同位素混合物的分离系数

金属或金属间化合物	氢含量（氢原子数/金属原子数）	α[1]	
		H-D	H-T
Pd[2]	0.4	2.0(20℃)	2.6(20℃)
Ti[2]	2.0	—	1.5(250℃)
U	3.0	1.36(330℃)	—
$LaNi_5$	5.4	1.1	2.0(−77℃)
$TiCr_2$	1.5	—	2.0(0℃)
$TiCr_2$	1.7	—	2.0(−20℃)
$TiCr_2$	2.4	—	1.5(40℃)

① 温度在括号中给出；② 重同位素在气相中富集。

2.3　氢化物储存容器装置

对氢同位素储存和供给系统的集成要求如下：

(1) 保证在储存及供给系统正常工作、维修和事故状态下大量氢同位素的安全储存。

(2) 保证以必需的速率向热核反应堆补给系统供给氢同位素。

(3) 保证以必需的速率接收氢同位素并储存。

(4) 保证在多次氢装载和卸载循环中储存容器的储氢容量、氢吸附和释放速率等工艺参数恒定。

(5) 保证能准确测量处于单一设备和整体储存及供给系统中的氚量。

氢化物生成材料应具有以下性能：

(1) 吸附和解吸等温线上含单一 α-β 相变区且具有很高的氢含量。

(2) 在 α-β 相变区范围内的吸附和解吸等温线倾斜度低。

(3) 在接近室温的温度下具有足够低的 α-β 相变平台氢压。

(4) 氢化物在足够低的分解温度下就能获得接近大气压的氢气压力。

(5) 在恒温条件下，氢化物具有很高的生成速率和分解速率。

(6) 在接近大气压的压力下,氢化物的分解温度低于开始与空气反应时的温度。

(7) 氢化物生成和分解时的热力学和动力学参数稳定:在氢化物储存容器长期运行时,氢的可逆吸收和解吸等温线以及氢化物生成和分解的动力学特性不应有明显的变化。

从氢化物生成材料的上述性能来看,氢化物储存罐结构和内部填充的氢化物生成材料性能的集成要求就显而易见了,储存容器的结构应当满足以下要求:

(1) 防止氢化物可能发生的过热现象。

(2) 防止细分散性粉末被气流带走,否则将造成放射性污染迁移或者成为与空气接触时可能的着火源。

(3) 保证为储存容器快速地导出热量。

(4) 保证在储存容器卸载氢时为其快速供给热量。

(5) 防止氢化物生成时,由于氢化物生成材料体积增大引发的储存罐壁的损坏。

(6) 容器内的氚量可测,且测量精度和速度均可接受。

(7) 若将储存容器作为放射性废物掩埋,必须保证氢化物生成材料处于化学惰性状态。

考虑到上述所列大部分要求,JET 反应堆储存及供给系统中的氢化物储存容器结构如图 2-14 所示。储存容器由两个不锈钢制作的同轴圆柱筒组成,外圆柱筒用于填装氢化物生成材料,内圆柱筒中放置电加热器、冷却气供给管和测量温度用的热电偶。内圆柱筒装入外圆柱筒中,每个圆柱筒都有自己的筒底和上盖,各自焊接起来,使得内圆柱筒内部气体不会进入外圆柱筒

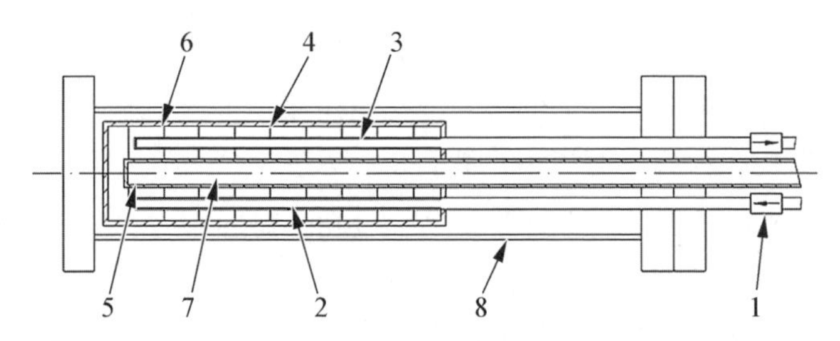

1—阀门;2—入口过滤器;3—出口过滤器;4—外圆柱筒;5—内圆柱筒;6—圆盘;7—含加热器和气体冷却的金属单元;8—真空罩。

图 2-14 JET 反应堆所用的氢化物储存容器示意图[1]

中。在内圆柱筒外圆柱表面焊上片状板,它垂直于圆柱筒轴向安放,片与片之间的空间形成小室,其中放有氢化物生成材料的粉末,片与粉末接触有助于将热传导到粉末或从粉末中导出热。储存容器放置于水平位置上运行,有利于将氢化物生成的材料粉末沿储存容器均匀分布并且避免因晶格肿胀、粉末体积增大导致的圆柱筒壁变形。

氢气流经金属烧结过滤管后与粉末接触,进气管在外圆柱筒下部,并沿外圆柱筒纵向安装。氢通过相同的金属烧结过滤管从储存容器中导出,出气管在外圆柱筒上部并沿外圆柱筒纵向放置。圆柱形过滤器用于增加过滤面积,并降低经过它的气体速率。入口过滤器材料的孔径比导出口过滤器材料大,这可以提高过滤效果,并降低过滤器的流体阻力。

粉末层的导热性能通常明显低于金属本身,这限制了氢化物生成时的释放热量的导出速度,因而也就减慢了氢的吸收。粉末层的导热性也可通过向氢化物供给热量予以控制,这样也限制了氢化物储存容器的放氢速率。

为了改善从加热器向粉末层以及从粉末层向冷却气体的热传导性能,在内圆柱筒中,紧贴着圆柱筒壁安放铜模块,在该模块中焊上加热器和冷却气体用的管子。在氢化物分解温度下,氢解吸进程中氢将通过内圆柱筒壁扩散,并经壁和铜模块之间的微间隙向外释放。为了防止氚从外圆柱筒泄漏和降低热损耗,将圆柱筒装入外罩中,后者维持在尽可能低的负压环境。外圆柱筒和外罩针对氚形成两个静态防护层,防止氢扩散进入工作厂房环境的大气中,两者之间的真空用作动态屏蔽,在工作过程中渗透进入两者之间的氢可借助吸气泵抽出。

ITER 堆[2]燃料循环研发了类似的容器,该容器对传热和传质特性均做了改善,内部还安装了盘管用于气体循环和氚量测量。

氢化物储存容器运行的主要安全标准是有关它在空气进入这一事故状态下的表现,通常建议将储氢容器安装于惰性气体手套箱中来避免此类事故发生。必须指出,尽管在涉氚场所使用的氢化物储存容器在设计过程中遵循多级包容屏蔽原则,并且采取了相关的安全措施,使得空气进入容器的事故概率非常低(见第 7 章),但对于下一代热核反应堆燃料循环系统的要求还包含氢化物储存容器内部的安全。

人们曾经针对装有铀或 ZrCo 的氢化物储存容器中进入空气和氮气的后果进行过评估,空气进入储存容器这一事故状态可能会引发如下情况:容器的工作温度足以引发空气与氢化物生成材料的反应,反应放出的热使氢化物储存容器温度上升，并可能会达到足以维持自加速反应的温度（T_X）。实验表明，在储存容器温度高于500℃时，氧在粉末层中的扩散供给速率（Q）是铀和ZrCo与金属粉末层上方空气反应速率的控制因素，后者与温度呈幂次方规律变化[1]：

$$Q = 1.4 \times 10^{-3} (T/273)^{1.5} \tag{2-21}$$

式中，Q 的单位为 $\mathrm{mol/(m^2 \cdot s)}$。

现阶段，带有真空外罩的氚吸放氢化物容器中，通过辐射和热传导方式的热导出速率比金属与气体发生化学反应时的热释放速率低很多。因此，在内容器未配备强制冷却组件的氢化物储存容器中，气体吸收过程将在接近绝热的条件下进行。然而，氢化物储存容器运行的实践表明，强制冷却的热导出速率仍比吸氢时热释放速率小很多，因此在评价空气进入氢化物储存容器事故后果时所发生的反应可看作是绝热过程。以下热平衡方程曾用来评价最低自加速反应温度 T_X 值：

$$C(\mathrm{d}T/\mathrm{d}t) = \Delta H \mathrm{A}(\mathrm{d}F/\mathrm{d}t) \tag{2-22}$$

式中，C 为氢化物储存容器的比热容；T 为氢化物储存容器的温度；ΔH 为反应的热焓值；A 为最大吸气量；F 为已与气体反应的材料份额；$\mathrm{d}F/\mathrm{d}t$ 为气体吸收过程的速率。

表2-7表明，与氧和空气最低的自加速反应温度 T_X 是在以下假设情况下评定的：一是全部氢化物生成材料反应结束；二是与氧反应5 min后的温度接近开始反应所必需的温度，即与氧的反应导致快速地将氢化物生成材料加热到足以与氮进行自加速反应的温度。

表2-7　最低的自加速反应温度[1]

反　　应	T_A/℃	T_x/℃
$U + O_2 \longrightarrow UO_2$	30	130
$U + N_2 \longrightarrow UN_2$	280	500
$ZrCo + 3/2O_2 \longrightarrow ZrCoO_3$	170	230
$ZrCo + N_2 \longrightarrow ZrN_2 + Co$	450	730

氚的量和它在诸系统之间的分布是核装置安全运行和核材料不扩散监督要求的强制监管对象，确定储存及供给系统中的氚量是明确热核反应堆各系统中总氚量的关键工作，当今研制了两种主要的氢化物储存容器中氚量的测量方法：

容积法。该方法的原理是将储存容器解吸的氢引入已标定容量的容器内，并测量气体压力、温度和组分，通过这些参数的测量结果能计算出从储存容器中解吸的氚量。

量热方法。每摩尔氚的衰变热功率约为 1.95 W，该方法基于测量氚放射性衰变产生的热量，其实现形式包括测量在绝热工况下氢化物生成材料温度升高速率，或者测量氢化物生成材料达到稳定状态后的温度，或者测量气体在经过氢化物生成材料粉末层换热器后温度的增加值。

多年实践表明，容积法简单、可靠、准确，但是单次测量需要足够长的时间，包含以下几个步骤：放氢至标定的容器中，测量气体的化学组成和同位素组成，再将气体从标定容器返回到氢化物容器中。该方法不适用于多设备单元的系统。

所有量热方法要求预先利用已知氚量或标准热源进行标定。为确定 JET 反应堆氚工厂实际运行条件下氚储存及供给系统氢化物储存容器中的氚量，研究者开展了量热法可行性测试，结果表明：采用已知氚量标定的测量误差为 1%～40%，这比用标准热源标定同一储存容器测得的误差(±3%)高很多。测量准确度低是 JET 反应堆氚储存及供给系统中不使用量热法的原因。

2.4　氢同位素储存和供给系统

为提供所需组分的燃料，纯氚、纯氘和其他已知组分的混合物应当分开储存于储存系统及供给系统中。为简化设计，只储存纯的氚和氘，所需组分的混合物在热核反应堆补给系统中通过氚和氘的混合很容易获得，氚和氘以及它们的含所需同位素量很高的混合物通过氢同位素分离方法从未反应的氢同位素等离子体中获得。通常，氘产品中氚的含量越高，在氢同位素分离系统中积累的氚量就越大，并且同位素分离系统发生氚泄漏进入环境事故的放射性后果将越严重。可根据事故状态的分析对同位素分离系统中允许的氚量予以限制，在处理未燃烧的等离子体料流时设定同位素分离系统生产率，可控制氘产品中氚浓度的最高限值。

无论采取哪种储存方法(高压气体储存还是氢化物容器储存)，专用于纯氚、纯氘和各个混合物的储存及供给系统的各部分应当至少有一个入口集流器和一个出口集流器，使得集流器能同时进行两种操作：从储存及供给系统供给氢同位素和将氢同位素气体接收进入储存及供给系统。任何其他的操作，例如容积法测定同位素的量、同位素的化学净化，或者将氢从一个设备单元转移至另一个之中，则需要额外的入口集流器和出口集流器。

在JET反应堆中，在储存及供给系统内氢同位素及其混合物的储存、将氢同位素供给到热核反应堆补给系统、氢同位素从容器和管道中抽出，以及氢同位素杂质的净化去除均使用铀储存容器。储存及供给系统分三个部分：用于纯氚的储存；用于纯氘的储存；用于不同组分的氚和氘的混合物的储存。JET反应堆氚储存及供给系统和氘储存及供给系统的原理如图2-15所示。储存及供给系统包含4个铀储存容器，一个作为进入口集流器和出口集流器，一个容器作为氢供给储存容器，并用容积法测定储氢量。氚和氘的储存及供给系统的两个部分都与抽吸系统相连接，并且它们自身之间也可相互连接，抽吸系统可从储存容器中除去气体或者通过化学净化而使储存容器中的气体进行循环。

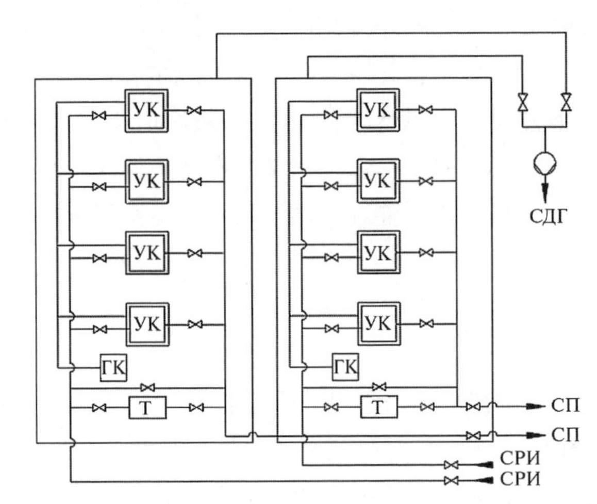

УК—铀储存容器；ГК—氢气吸气剂容器；Т—标定过的容器。

图2-15　JET反应堆氚储存及供给系统和氘储存及供给系统方框图

氚和氘从同位素分离系统或外部来源供给储存及系统相对应的部分，每个部分都能在使用一个储存容器供给氢同位素的同时使用另一个储存容器接收同位素。在氢中存在氦时，由于氦无法被吸收而在储存容器中积累，导致氢化物储存容器接收和供给氢的速度减慢，可通过经储存容器的气体循环去除氦的闭锁效应，但是循环需要同时使用入口集流器和出口集流器，因此一个储存容器在供给氢工况下不可能进行气体循环；可通过经储存容器的气体循环方式把氚氦分离后再将氦压缩到真空系统出口的专用容器内，随后进入化学净化系统，在彻底除氚后排入大气。

上述同位素储存和供给系统满足 JET 反应堆的要求，后者工作的脉冲频率不高，并且进料流不大。JET 反应堆与热核反应堆负荷相差很大，因此，JET 反应堆中氢同位素储存及供给系统并不能照搬到热核反应堆上。

氢化物储存容器供给氢时，应当将其加热到氢化物的分解温度后获得给定的压力。结束该工况之后，储存容器只有在它冷却至使氢平衡压低于供气系统中氢压力的温度时才开始接收氢。带有外部真空绝热容器的储存容器冷却时间特别长，因此，在热核反应堆储存及供给系统中，氢化物的储存容器从供氢工况变换到氢接收工况需要对氢化物生成材料强制冷却，用气体流冷却氢化物储存容器所必需的时间如图 2－16 所示。含类似于图 2－14 所示冷却系统的储存容器填充了 1 kg 粉末状铀，用流量为 7 m^3/h 的氮气流冷却，将储存容器从 400℃冷却至约 50℃大约需要 4 h，在此期间储存容器不能用于接收氢。因此，热核反应堆在连续工作或长脉冲工况下，储存及供给系统中应当具有备用氢化物储存容器以补偿从氢供给工况向氢接收工况变换时储存容器的不足。

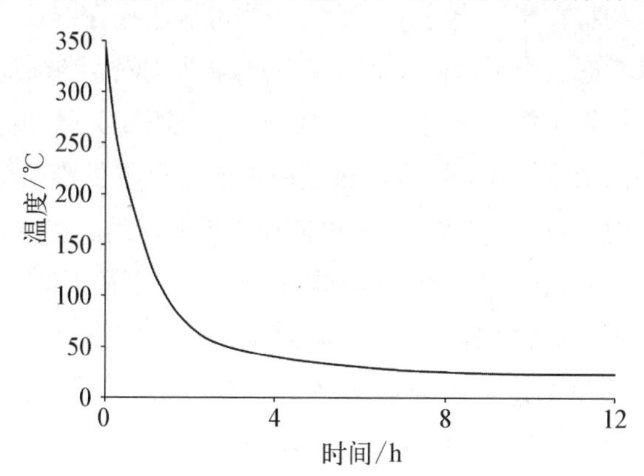

图 2－16　7 m^3/h 氮气流冷却的储存容器中氢化物材料的温度变化

实践表明，即使对于氢化物生成压力低和生成速率高的材料（如铀或 ZrCo），氢化物生成反应放热也能明显降低氢化物吸气泵容器的效率。上述类似氢化物储存容器吸收 0.1 m^3 容积容器内氢气的压力结果如图 2－17 所示。

氢的快速吸收发生在前 1/4 h，这时氢化物材料温度上升 70℃，即每吸收 1 mol 的氢温度上升约 17℃。残留氢的吸收速率取决于从氢化物材料层中导

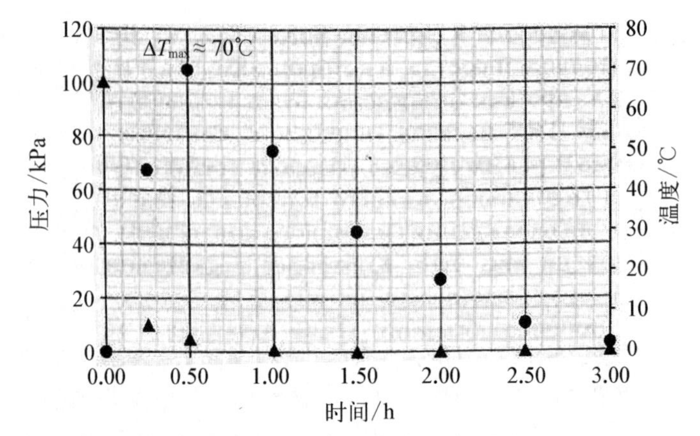

● ——通过热效应抽吸 0.1 m^3 容器时氢化形成过程中产生的氢化容器温度差(图中右标度,氢化容器指铀容器)。

▲ ——0.1 m^3 容器中氢气的压力(图中左标度)。

图 2-17　0.1 m^3 容器中氢的压力和铀容器中铀的温度(0.1 m^3 容器用铀容器抽吸,铀容器中填充了 1 kg 铀)

出热的速率,图 2-17 所示的储存容器温度增加绝对值依赖于氢化物生成材料质量与结构材料质量的比值。

提高从氢化物材料层导出热速率的大多数可能途径在图 2-14 中所呈现的结构中均已予以考虑。为了保障快速恒定的氢吸收速率,必须通过导出氢化物生成时释放的热将氢化物生成材料维持在恒定的温度,安全可行的导热性能提升技术方案几乎都用过了,因此,在热核反应堆的储存及供给系统中氢化物储存容器将不会有效地吸收氢气,或许还不可避免地需要借助真空泵和气体压缩机将氢化物储存容器中残余的氢抽取至尽可能低的压力并泵送至储存容器,这在很大程度上降低了氢化物储存容器在热核反应堆储存及供给系统中应用的吸引力。

依据氢同位素供给速率可确定储存及供给系统所需氢化物储存容器的数量。例如,ITER 堆规定进入供料系统的氢同位素流量为 0.05 mol/s 或以上,填充金属间化合物 ZrCo[2] 的原型储存容器的氢供给速率设计为 0.1 mol/s。高温是为了保证高压和氢化物的分解速率,低温可防止金属间化合物快速歧化,因此折中选择 350℃作为储存容器供给氢的工作温度。ITER 堆还规定了储存容器供氢工作时氢对金属(H/ZrCo)的比值范围为 0.5～1.5,储存容器中氢的最大量由安全标准限值确定,鉴于氢化物储存容器的饱和吸附容量高于允许值,为保证储存容器中的最大氢量不超过限值,需要控制标定容积容器内的氢气压力为一定值。在选定的工作条件下,峰值供氢速度约为

13×10^{-3} mol/s,平均供氢速率约为 5×10^{-3} mol/s。这意味着,为了保证必需的补给速率,补给系统供给氢的工况下应当有几个氢化物储存容器同时工作。

在确定氢化物储存容器数量和储存及供给系统设计时应当注意以下系统集成要求:

(1) 保证储存及供给系统的容量,足以能在整个脉冲期间或连续运行期间给反应堆供氢。

(2) 保证以必需的速率向热核反应堆补给系统供给氢同位素。

(3) 在事故状态期间储存容器丧失密封性时,保证泄漏出的氚量不超过预先规定的临界值。

(4) 保证热核反应堆不停堆维修或更换储存容器。

(5) 保证在线工况下能快速测定储存容器中的氚量。

作为示例,下面给出了热核反应堆储存及供给系统中在使用铀或 ZrCo 时所必需的氢化物储存容器的数量评价。必须保证储存 1 kg 氚,供氢速率为 0.04 mol/s,同时假定不限制氚化物解吸氚的速率。

示例 2.1　为了降低金属间化合物的歧化速率,假定铀和 ZrCo 储存容器的工作温度分别设定为 450℃和 300℃。

450℃下氚化铀的离解平衡压约为 200 kPa,在使用一组安装在储存容器出口的真空泵和气体压缩机后,氚化物之上的氚气压力可维持得很低。例如,氚气压力约为 1 kPa 时,氢解吸推动力为 199 kPa。不使用压缩泵时氚的压力应当为氚化铀本身所维持的压力,若储存容器出口氚气的压力为 120 kPa,则解吸过程的推动力将为 80 kPa。

对于金属间化合物 ZrCo,在 300℃下氚化物离解平衡压为 20 kPa,则在使用 ZrCo 供给氚时应当借助压缩泵维持至所需的压力,氚的解吸推动力为 19 kPa。该储存容器供给氚气的平均速率取值为 0.009 mol/s(参照前述原型储存容器[2]),通过计算可以得到:为保证 0.04 mol/s 的氚气供给速度,氚储存及供给系统一个区段中储存容器的数目应当为 5 个。为了保证氚储存及供给系统能连续工作,最好有以下 6 个区段在不同工况下工作:① 供氚工况下的区段;② 供料准备工况下的区段;③ 废空储存容器冷却工况下的区段;④ 氚接收工况下的区段;⑤ 进行金属间化合物恢复元素配比结构区段;⑥ 为供给或接收氚待机工况下的备用区段。

为保证氚储存及供给系统正常工作所必需的总的 ZrCo 储存容器数量为 30 个,为储存同样 1 kg 氚只需要 9 个储存容器,每个容量为 116 g 氚(见第 1

章示例 1.1)。

对于铀储存容器,由于使用了压缩泵,解吸过程中具有更高的推动力,供氚速率可达到约 0.09 mol/s,这比 ZrCo 储存容器高得多。单一的铀储存容器就能保证所需的供给速率,为保证氚储存及供给系统正常工作所必需的铀储存容器数量为 5 个(对于铀储存容器不需要再配比区段),为储存同样 1 kg 氚气,储存及供给系统也需要 9 个 ZrCo 储存容器。

以上比较表明,与使用金属间化合物 ZrCo 储存容器的系统相比,基于铀储存容器的储存及供给系统有明显的优越性。另一方面,金属间化合物 ZrCo 的可燃性比铀小,并且不与氮气发生反应,空气进入静态工况下的容器中(无强制气流)不可能导致容器破坏,但从事故状态分析结果来看,较铀而言 ZrCo 未表现出明显优越性。

高压储氚系统比氢化物储存容器系统简单得多,在 10 MPa 压力下储存 1 kg 氚气只需要 1 个容量为 0.04 m^3 的容器,对于包括氢气在内的工作介质的压力容器,其结构设计和制造工艺在现阶段已能达到高可靠性的要求。铀氢化物储存容器和压力容器氚储存供给系统的方框图比较如图 2-18 和图 2-19 所示。

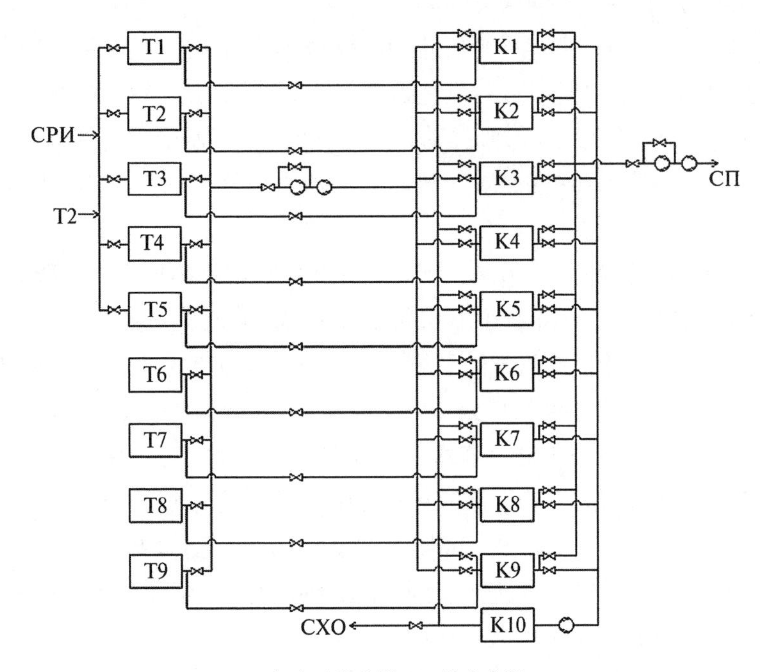

T—标定过的容器;K—储存容器。

图 2-18 基于铀储存容器的氚储存及供给系统方框图

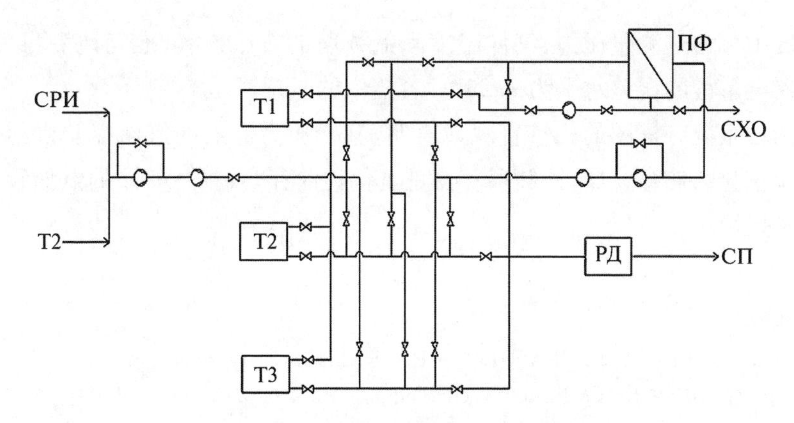

ПФ—钯膜反应器；РД—压力调节器。

图2-19　基于压力容器的氚储存及供给系统

基于铀储存容器的氚气储存和供给系统应当包含以下部分：

(1) 每个储存容器都要配备标定容积的容器，即使储存容器能够吸收超出极限值的氚量，标定容积的容器也可保证储存容器中的氚量不超过安全要求所规定的临界限值。

(2) 真空泵和气体压缩机组成的系统，用于快速从容器和管道中抽取氚和其后将它压缩至储存容器。

(3) 必要数量的储存容器。

(4) 6个或数量更多的集流器。

(5) 可以分离储存容器内氚中氦-3，并可采用容积法测量氚量的容器。

(6) 氦-3净化用气体循环泵。

(7) 每个铀储存容器应当配备温度和压力监测控制器。

基于压力容器的氚储存和供给系统应当包括以下部分：

(1) 3个或更多的压力容器，每个压力容器的容积应当不小于氚储存及供给系统中允许的最大量值的一半。

(2) 可快速从容器和管道中抽取氚并将它压缩至储存容器中的真空泵和压缩机组成的系统。

(3) 5个或更多的气体集流器。

(4) 可将氚从一个容器转移到另一个容器中的真空泵和气体压缩机组成的系统。

(5) 净化去除氚中氦-3的钯过滤器和气体循环泵。

图2-19所示系统能实现图2-18所示系统同样的流程和功能，在压力容

器系统中可通过测量压力、气体温度和氚浓度的方法连续、准确地测量(压力传感器全量程的误差水平为0.25%)容器中的氚量。

两种系统方框图的比较直观地表明,基于压力容器的氚储存及供给系统比基于氢化物储存容器(铀储存容器是氢化物储存容器的一种)的氚储存及供给系统更简单。

参考文献

[1] Perevezentsev A., Bell A., Lasser R., Rivkis L. Safty aspects of tritium storage in metal hydride form//Fusion Technology. 1995. No. 2. P. 1404 - 1409.

[2] Beloglazov S., Glugla M., Fanghanel E., Perevezentsev A., Wagner R. Performance of a full-seale ITER metal hydride bed in comparison with requirements//Fusino Science and Technology, 2008, No. 54. P. 22 - 26.

第3章
未反应等离子体再处理系统

未反应等离子体再处理的目的：一个是进行杂质与燃料的分离，使氘和氚得以回收并返回燃料循环系统；另一个是在已经回收了燃料的尾气排放到环境之前，将尾气中的残留氚处理到可以接受的水平。本章着重介绍等离子体室内未反应的等离子体排出后的再处理方法，如催化氧化法、杂质分解法和同位素交换法等，以及欧洲联合环状反应堆(JET)的未燃烧等离子体的再处理系统。

3.1 未反应的等离子体

脉冲期间从等离子体室溢出的气体和等离子体室残留的气体，在等离子体燃烧结束之后将由热核反应堆真空系统抽出，并送去再处理。这些气体包含未燃烧的氚和氘以及气体杂质化合物，后者从外部渗漏进来或由小室本身组成成分气化后进入等离子体室。用于防止与等离子体接触和防止热流的真空室材料的性能在很大程度上会影响气体杂质的成分。这种气体的成分曾在含氚等离子体JET反应堆工作时间内评定过。反应堆等离子体室壁和收集器曾涂覆过热传导能力高的碳化物薄膜。在温度为−268～−196℃下等离子体室低温泵壁板再生时分解出的氢中杂质的体积分数为1.2%～2.3%。气体杂质的主要成分是氦和氮(两者体积分数共约为80%)，以及不同的碳氢化合物。在−196℃到室温下，等离子体低温泵壁板再生时分解出的气体主要成分是氢的同位素(体积分数约为65%)，氮气(体积分数约为30%)和碳氧化物(体积分数约为2.5%)。在泵板加热到300℃再生时，分离出的主要成分是水。所有含氢杂质中的氢主要是氘和氚[1]。如果作为防护等离子体室内包壳材料的碳用其他材料代替的话，碳氢化合物作为在新一代反应堆未反应等离子体中杂质的存在可能有明显变化。引发用其他材料代替碳的原因在于，尽管碳板材有极好的热物理性能，但在热核反应堆中氢等离子体工作时，它们的应用对于氢有很高的吸收能力。这一能力导致氚在等离子体室中有大量的滞留。在事故状态下等离子体室丧失气密性时氚就有可能进入环境介质中。

在未反应的等离子体再处理时应解决两项任务。在第一项任务中，氘和氚应当净化去除杂质，并返回到燃料循环中。对这一净化的要求取决于对补给的化学组分和同位素组分的要求。在从等离子体中分离出氢同位素之后，残留的气体将包含残余的氚。后者既有氢分子的形式，也有化合物的形式。在第二项任务中，这些气体在其排放至环境介质之前应当去除氚。第一项任务的解决方案要求从杂质量不大的混合物中分离出氢，这时以分子氢的形式从等离子体中分离出氢同位素的程度由将氚和氘返回到燃料循环的经济效益所决定。评价表明，气体混合物中分子氢残余含量降低至几个百分比时，需要不合理的高投资耗费和运行费用。在解决第一项任务时，从等离子体中分离出氢的程度不高，并且可用普通的技术方法予以解决。在解决第二项任务时，必须从杂质气体混合物中去除残留的氢，而它的初始含量就不高。氚的环保要求规定排放至大气气体中仅有很低的残留氚含量。因此从杂质气体中分离出氚的程度应当很高。与第一项任务相比，解决这一任务技术上有很大的复杂性，而在当今采用综合工艺。

示例 3.1 未燃烧的同位素混合物去除杂质净化程度和杂质除氚程度评价。

等离子体室的氢同位素供料流和对它的同位素丰度的要求，以及未反应的等离子体中杂质气体含量和向环境准许排放的氚决定所需的净化程度。

假定：

(1) 氢同位素供料混合物中杂质体积含量为 0.1%；

(2) 供料混合物流量为 4×10^{-2} mol/s，氚量和氘量之比为 50∶50；

(3) 热核反应堆带有连续燃烧等离子体；

(4) 在未反应等离子体中气体杂质的体积含量为 5%；

(5) 准许含等离子体杂质气体的氚的排放量中，以水形式存在的氚为 37×10^{9} Bq/d(1Ci/d)。

所要求的氢同位素化学净化程度为

$$K_1 = [99.9 \times (100 - 95)]/[95 \times (100 - 99.9)] = 52.6$$

在杂质气体排向环境介质之前，从未反应的等离子体中分离氚的程度为

$$K_2 = 4 \times 10^{-2} \times 0.5 \times 2.146 \times 10^{15} \times 24 \times 3\,600/(37 \times 10^9) = 1.0 \times 10^8$$

式中，2.146×10^{15} Bq/mol 为 1 mol 氚的放射性活度。

比较 K_1 和 K_2 因子可以看出，从未反应的等离子体中分离出氚的任务要求的净化程度比氢同位素混合物去除杂质的净化任务要求高好几个数量级。

为了解决第一项任务可以使用选择性分离或半选择性分离方法，或者采用从氢中选择性吸收或化学吸收杂质的方法。为了解决第二项任务可以使用基于将包含气体的氢转换为水及其后的除水方法，或者使用基于氢的同位素交换方法。

在解决第一个任务时，最好保证对以分子氢形式存在的氚有很高的提取率。在所有已知的氢净化方法之中，经钯膜(由钯或其合金制成的无泡膜)渗透的方法在生产率足够的情况下展示了最高的选择性。对分子氢的选择性基于氢在金属钯及其合金中具有很高的溶解度和很快的扩散速率，对于其他气体这些参数的值则很低。在钯膜单位表面能以很高的选择性通过大量的氢。这一方法的特点是简单、投资低、运行费用低以及放射性废物很少。因此，它在氚和氢的工艺中获得广泛的应用，并且成为获取纯氢和超纯氢的无可争议的选择。膜不同侧的钯中氢浓度的差别是氢流通过膜的推动力。这样的推动力通常通过在膜的两侧维持不同的氢的分压来建立。

透过膜的氢气通量由下式确定：

$$J = (\mathrm{PR}s/\sigma)(\Delta P)^{1/2} \tag{3-1}$$

式中，PR 为透过膜的渗透率；s 为膜表面面积；σ 为膜厚度；ΔP 为膜两侧氢的压力差。

氢的渗透率依赖于膜材料和温度。人们曾研究过不同的金属(镍、钯)和合金作为膜材料的情况。氢的渗透率依赖于膜材料，它们在同样的温度下可以相差几个数量级。在 350～600℃温度范围内气透过钯膜渗透示例中与温度的依赖关系如下式[2]：

$$\mathrm{PR} = 8.5 \times 10^{-5} \exp(-18\,000/RT) \tag{3-2}$$

式中，PR 的单位为$(\mathrm{mol \cdot m})/(\mathrm{m^2 \cdot s \cdot kPa^{1/2}})$

氢同位素以不同的渗透速率通过膜。当今，用于渗透膜最通行的材料是

含银和其他金属的钯合金。有研究者曾对不同的金属和合金就氢的渗透性、同位素效应和其他一些性能做过研究[2]。氕的渗透速率通常为氚的 1.5～2 倍。

示例 3.2 在稳定的 100 kPa 压降下分离 3.8×10^{-2} mol/s 氢。

假定：

(1) 膜材料为钯和 15% 银的合金。该合金的氢渗透率为 $5.5\times10^{-6}(\mathrm{mol\cdot m})/(\mathrm{m^2\cdot s\cdot kPa^{1/2}})$[2]；

(2) 膜工作温度为 400℃；

(3) 膜厚度为 0.1 mm。

膜表面面积应为

$$(3.8\times10^{-2}\times0.1)/(5.5\times10^{-6}\times100^{1/2})=0.07(\mathrm{m^2})。$$

3.2 再处理方法

为了解决第二项任务——含氢气体中化学结合态的氚的分离，主要使用三组方法。第一组方法基于含氢气体的氧化，使氢转化为水，再将生成的水用吸收的方法从气体混合物中有选择性地捕获出来。第二组方法中含氢气体化学分解而释放出分子氢。第三组方法中氚通过与气态氢同位素交换，从含氢气体中分离出来。

所有的含氢气体在使用催化剂和升温条件下足以被空气氧化。甲烷是较为抗氧化的。可靠的实验和工业规模装置运行经验证明，在温度高于 400℃并存在铂金或钯催化剂时，甲烷的氧化进行得足够快。气体通过充填催化剂的催化反应器，在 400℃或更高温度时可以将甲烷的浓度值降低几个数量级，这时生成的水将从气体流中除去，通常采用吸附水的方法可获得深度干燥的气体。基于氧化和干燥更详细的除氚方法将在 6.2 节中探讨。

基于杂质的催化氧化以及其后的用高温电解分解生成水是令人感兴趣的一种方法。电解槽中电极之一由包覆铂的钇稳定化的氧化锆基陶瓷做成，陶瓷体可选择性地传导氧离子。为了保证电解槽的高效能，应当在 500～800℃温度范围工作。电解时生成的氧通过锆陶瓷体氧离子选择性迁移的途径从气体混合物中排除掉。陶瓷电解槽类似于工业气体电化学除湿器中使用的电解槽。这样的除湿器足以干燥含水量达2%(体积分数)的气体，并且在通过电解槽的一次进程中水蒸气的含量降低到0.01 ppm。可以将水的电解和杂质的电化学氧化结合起来。水分解时获取的氧在杂质氧化阶段重新加以利用。该方法能达到非常高的除氚因子。该方法有如下几个不足：电化学电解槽的结构复杂；工作温度高造成氢从水中扩散泄漏；长时间在干燥气体中使用，以及铂向陶瓷中扩散，导致电解槽电极的工作效率下降。由于上述原因，该方法在氚工艺中的使用限于实验室试验。

在第二组方法对于气体的处理中，已经开发出众所周知的方法，利用化学工业中的反应，即以下诸反应：

$$H_2O + CO = H_2 + CO_2 \tag{3-3}$$

甲烷蒸气重整：

$$CH_4 + 2H_2O = CO_2 + 4H_2 \tag{3-4}$$

碳氢化合物分解反应以生产炭黑：

$$CH_4 = C + 2H_2 \tag{3-5}$$

以上三个反应均需要高温，当存在催化剂时，可以在适中的温度下进行，但是反应完成程度受限于热力学平衡。例如，反应式(3-5)的平衡常数在420℃和气体压力总和为100 kPa时仅为0.12。因此若要反应向生成氢的方向进行，必须将它从混合物中除去，反应才得以继续。

对于氚化气体的再处理，基于上述反应开展了三种工艺研究：催化纯化试验(catalytic purification experiment, CAPRICE)、钯膜反应器(PMR)以及JET反应堆氚工厂使用过的方法。在CAPRICE方法中使用了分开的催化反应器：一个用于分解碳氢化合物，而另一个用于反应式(3-3)分解水。为了有效地分解水，必须添加CO，并且控制它与水蒸气之比。为了达到高的除氚(即分解碳氢化合物杂质)程度，该过程采用经两个反应器的气体混合物的循环，并且通过钯膜反应器排除生成的氢。在德国卡尔斯鲁厄研究中心研究的CAPRICE方法，利用氚化气体进行过强化试验，特别对催化剂的选取给予了关注。对于碳氢化合物的蒸汽重整，有效的催化剂种类繁多，对于碳氢化合物的催化裂解，有人曾建议使用工业镍催化剂。碳氢化合物分解用镍催化剂的特点是伴随这些反应生成的碳在催化剂上的沉积和镍向碳中的渗透。镍从初始催化剂到在生成碳中的分配，后者本身在碳氢化合物分解方面也具有催化活性。引入了镍的碳对水的直接分解反应也具有催化活性，并支持一氧化碳的产生，以维持反应(3－3)：

$$C(Ni) + 2H_2O = CO_2 + 2H_2 \quad (3-6)$$

$$C(Ni) + CO_2 = 2CO \quad (3-7)$$

在美国洛斯阿拉莫斯国家实验室研制的钯膜反应器(PMR)拟在单程工况下单一反应器中分解所有的杂质。为了达到高的除氚因子，必须通过沿催化剂层安装的钯膜扩散的方法不断地排除生成的氢。方法拟使用反应式(3－3)和反应式(3－4)，并要求分析初始气体混合物的化学成分和所控制的一氧化碳或水蒸气的添加量。为了推进反应，拟使用铂催化剂或镍催化剂。对于铂催化剂观察到被称为焦化的效应引起的催化剂效率的降低，即由于沉积在催化剂表面的碳而减慢了反应过程。同时，随催化活性的降低催化剂的容积增大，引起反应器通过能力降低。镍催化剂的容积随沉积碳量的增长而增加得很快。因此为防止用作分解碳氢化合物的反应器阻塞，反应器应当一开始就具有大的自由容量。

美国萨瓦纳河公司为分解氚工厂生成的氚化水，曾对 PMR 进行过试验[3]。连续工作时处理量大约为每天 0.2 kg 水。反应器直径为 0.09 m，长度为 1.1 m。试验表明改善过程和提高钯膜可靠性的必要性。为了使 PMR 有效地工作，要求在反应器的入口处对气体混合物的组分进行在线的和实时的分析和修正。必须防止与 CO 反应生成氚化甲烷，在 PMR 的试验期间就发现过这一现象。这一效应也限制了在热核反应堆的化学净化系统(CXO)中使用 PMR 时杂质除氚因子。还必须提高分解氚的程度，该参数在萨瓦纳河公司试验中约为 80%。

在 JET 反应堆的化学净化系统中碳化沉积的利用是预先计划好的。在该方法中也如同在 CAPRICE 中的碳氢化合物分解反应器一样使用镍催化剂，因为镍催化剂在碳氢化合物分解生产炭黑过程中效率高是已知的。但是，初始的催化剂曾通过预先在其上利用反应式(3－5)涂上碳，对其进行了改进。正如图 3－1 展示的，对于分解甲烷和其他碳氢化合物，在涂覆碳的质量分数达 1 400%时催化剂仍保留催化活性。碳的涂覆并不导致反应器中气体运动的流体阻力的增大。这样制备的催化剂用作催化反应器的初始装载。不论是反应式(3－5)，还是水的分解反应，在所有碳含量的范围内催化剂都是具备活性的。

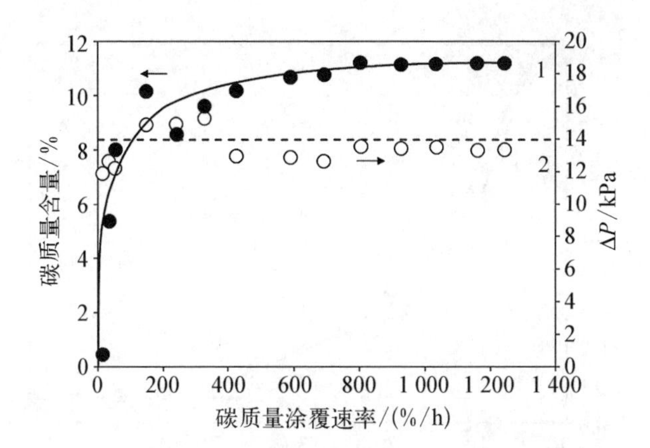

图3-1　当 CH_4 : He=1 : 1、温度为500℃、气体混合物压力为100 kPa(线1)和反应器进出口压差为 ΔP(线2)时,JET氚工厂再处理系统原型堆中所获得的含氦混合物中甲烷的分解速率

在反应式(3-6)和式(3-7)中消耗碳之后,催化剂中的碳含量可以通过反应式(3-5)涂覆碳予以恢复。研究表明,催化剂在很宽的碳含量范围内经受好几次的碳的涂覆和碳的去除而不失去催化活性。改进催化剂的本质特征是在涂覆碳时,它的体积增加很小,每涂覆1%碳,体积大约增加1%。

从未反应的等离子体中分离出的杂质,通常不再进行连续处理,而是先收集到容器中,而后定期进行再处理。再处理可以组织成重复循环工况或一次通过工况。循环工况下缓冲容器中的气体混合物中去除杂质的速率可用以下方程式描述:

$$V(dC_{in}/dt)=G(C_{in}-C_{out})=GC_{in}F \tag{3-8}$$

式中,V 为容器中气体体积;G 为流经反应器的气体流量;C_{in} 和 C_{out} 分别为反应器入口和出口的杂质浓度;F 为经反应器单程杂质的分解程度;t 为气体经反应器的循环时间。可以期待,F 不仅依赖于催化反应器工作效率,还依赖于生产的氢从气体混合物中去除的效率。实验表明,F 值对于水、碳氢化合物的分解和经钯膜反应器去除氢均依赖于气体的温度和速度。对于反应式(3-3)和式(3-6),水的分解 F 的量值很少依赖 CO/H_2O 比值(在1.0~3.3范围内)和 CO_2/H_2O 比值(在0~1范围内)。从图3-2可得出,当利用反应式(3-3)和充填镍催化剂的反应器时,除水的速度和利用反应式(3-6)以及充填大致相同量的催化剂C(Ni)的反应器时的除水速度相一致。

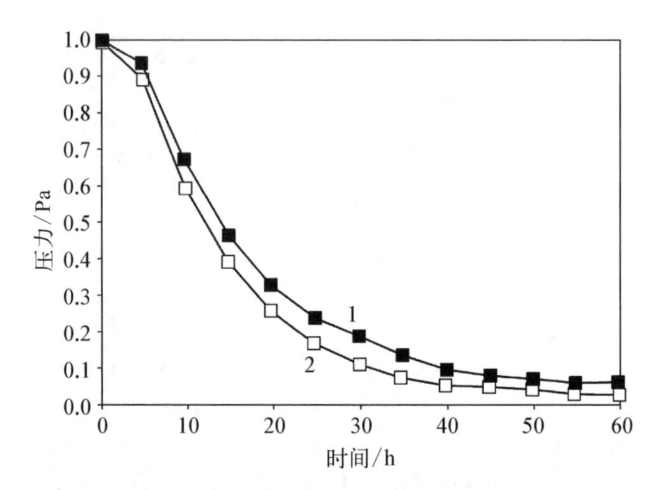

1—在反应器温度为250℃、CO和水蒸气浓度比值为1.5时的反应式(3-3)；2—在反应器温度为500℃和气体[含氦(99 kPa)、水蒸气(1 kPa)的混合物，气体速率为3 m/s]经工作于350℃下的反应器循环时的反应式(3-6)。

图3-2 利用反应式(3-3)和式(3-6)水从缓冲容器中去除的动力学曲线

模拟等离子体室排气的杂质再处理表明，使用充填C(Ni)催化剂的催化反应器和钯膜反应器可以有效地去除碳氢化合物和水(见图3-3)。

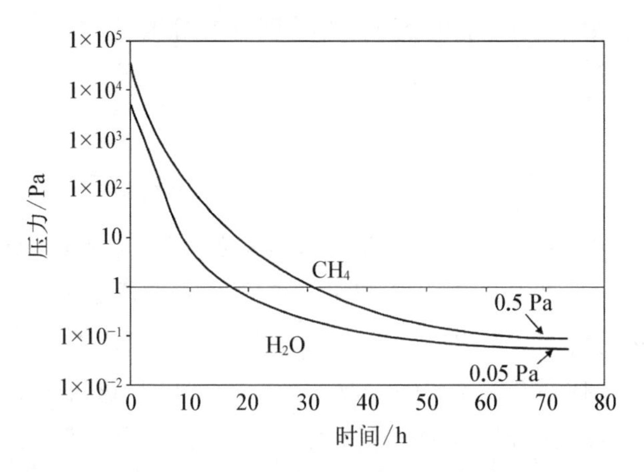

图3-3 缓冲容器中甲烷和水[气体初始组分—氦中5.5 kPa水和50 kPa甲烷，容器体积20 L]的压力对经充填C(Ni)催化剂，并在500℃温度下工作的催化反应器和工作于250℃的钯膜反应器的气体(气体速率为2.5 m/s)循环时间的依赖关系

在以上提出的所有方法中，钯膜反应器都是不可或缺的。容易观察到，再处理气流中氢同位素的最终残留含量取决于钯膜-氢侧的氢剩余压力。因此，使用有相应抽取能力和剩余压力的真空泵以及不限制抽取速率的管道是等离子体杂质有效除氚过程的必要条件。由于在再处理过程中反应器中催化剂体积的增大，将钯膜反应器引入催化剂层是不合理的，因为催化剂体积的增大可导致膜的机械损坏。可以说，这一效应限制了PMR的应用。

另一种方法称为"热金属法"，在氚工艺中已有多年应用历史。该方法基于利用实际上不可逆的反应式(2－12)～式(2－16)导致气态杂质的分解和金属氧化物、碳化物、氮化物的生成，并将化合物中的氢转化为分子氢。在美国萨瓦纳河公司的氚工厂中，该方法长时间用于氚化水的再处理[3]。使用镁作为"热去气剂"，如所预料的那样，最难以除去的是甲烷。在参考文献中，没有找到"适于氚化学净化的热金属法"的系统研究的相关信息(资料)。根据用于氦净化的结果，可以给出有关该方法效率的表述。在表3－1中比较了在不同的金属间化合物细分散性粉末层中对从氦中吸收甲烷的质量迁移区的长度。所谓质量迁移区长度可理解为粉末层的长度，其中气体中杂质的相对浓度在初始值的95%到5%之间变化。

表3－1　不同金属间化合物粉末层中从氦中吸收甲烷的质量迁移区长度(粉末层中气体速率约为1 m/s，温度为670℃，氦气压力为300 kPa，甲烷初始体积浓度为0.05%)

金属间化合物	质量迁移区长度/m	动力学容积/按甲烷 mol/kg
$Zr(Co_{0.2},V_{0.8})_2$	1.2×10^{-2}	12.0
TiFe	2.4×10^{-2}	6.0
$Zr_{0.7}Ti_{0.3}Mn_2$	0.7×10^{-2}	16.1
ZrCrFe	0.5×10^{-2}	10.3

图3－4典型的浓度曲线显示：吸收甲烷的反应进行得越快，质量迁移区长度就越短，输出曲线就越陡。使用ZrCrFe时，观察到最大的甲烷吸收速率。但是在相近的甲烷吸收速率下$Zr_{0.7}Ti_{0.3}Mn_2$展示了高得多的吸收能力。

由图3－5中的甲烷浓度曲线可以看出，粉末层出口处的甲烷浓度可比入口处的甲烷浓度低几个数量级。

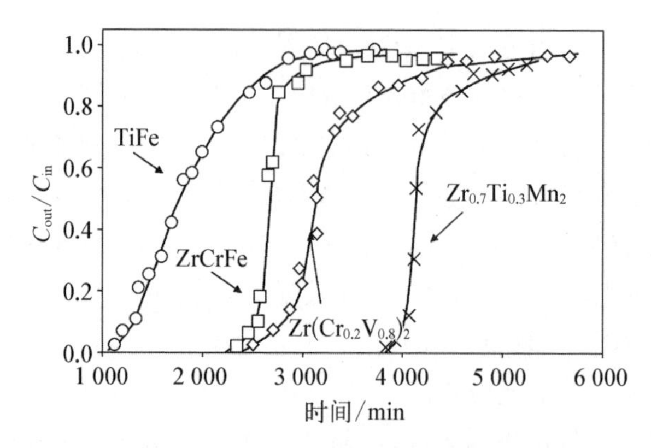

图 3-4　不同的金属间化合物从氦气中吸收甲烷的出口浓度曲线

注：温度为 700℃，气体压力为 3.0 MPa，初始甲烷体积浓度 $C_0=5.0\times10^{-2}\%$。

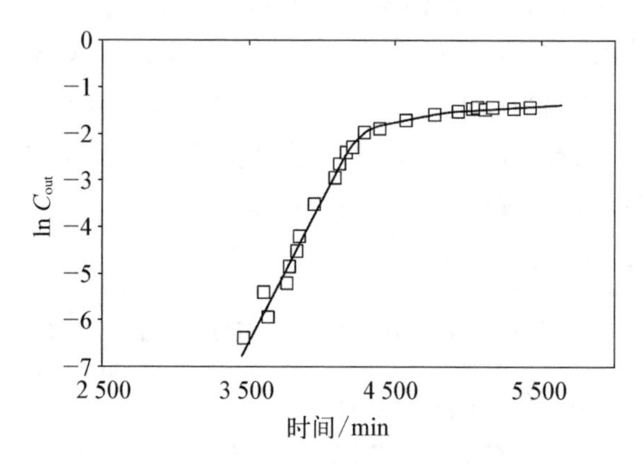

图 3-5　在金属间化合物 $Zr_{0.7}Ti_{0.3}Mn_2$ 粉末层中从氦气流中吸收甲烷的出口浓度曲线

注：温度为 700℃，气体压力为 3.0 MPa，甲烷初始体积浓度 $C_0=5.0\times10^{-2}\%$，反应器中气体速率为 1.0 m/s，粉末层长度为 0.04 m。

热金属方法能有效地吸收不含氢的诸多气体（惰性气体除外）和分解含氢气体，并分离出氢分子。该方法还能用于低温泵再生时（温度达−196℃）所析出的气体的除氚，这些气体主要包含氦、氮以及碳氢化合物。氮将被吸收，而碳氢化合物被分解，并释放出分子氢。其后，在将氢排至大气之前先将其从氦气中分离出来。除惰性气体和氢之外的所有气体的吸收将在热金属上同时进行。这一过程在图 3-6、图 3-7 和图 3-8 上进行了展示，给出了不同温度下从金属间化合物 $Zr_{0.7}Ti_{0.3}Mn_2$ 粉末层流出至氦气中的杂质相对浓度曲线。

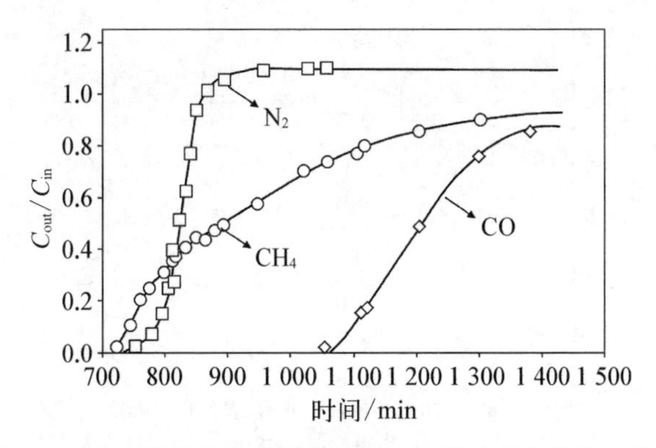

图 3-6　在金属间化合物 $Zr_{0.7}Ti_{0.3}Mn_2$ 粉末层中从氦气流中吸收氮气、甲烷、CO 的出口曲线

注：温度为 700℃，气体压力为 3 MPa，各个杂质初始体积浓度 $C_0=4.5\times10^{-2}\%$，反应器中气体速率为 1.2 m/s，金属间化合物层长度为 0.071 m。

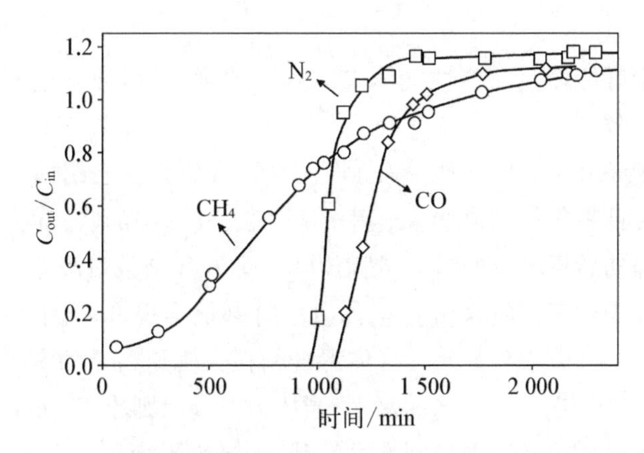

图 3-7　在金属间化合物 $Zr_{0.7}Ti_{0.3}Mn_2$ 粉末层中从氦气流中氮气、甲烷、CO 出口吸收曲线

注：温度为 500℃，气体压力为 3.0 MPa，各个杂质初始体积浓度 $C_0=4.5\times10^{-2}\%$，反应器中气体速率为 0.3 m/s，金属间化合物层长度为 0.029 m。

我们要指出的是，热金属与上述气体及氧的相互作用都具有活性。但在所列图中没有氧，这是因为它的浓度低于检测下限。

未燃烧的等离子体在使用热金属再处理之后，剩下的只有惰性气体和分子氢。使用钯膜反应器和生成金属氢化物/金属间化合物能有效地将分子氢与惰性气体分离。在后一种情况下过程包含三个阶段：从惰性气体的混合物中吸收氢，从含吸收剂的反应器中排除惰性气体以及从吸收剂中分解出氢。

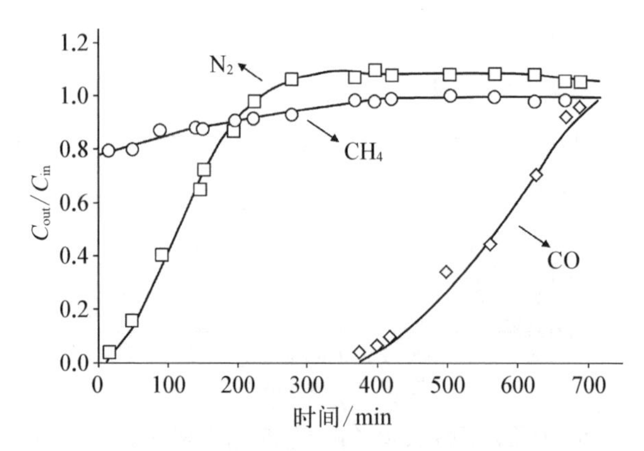

图 3-8　在金属间化合物 $Zr_{0.7}Ti_{0.3}Mn_2$ 粉末层氢气流中氮气、甲烷、CO 出口吸收曲线

注：温度为 300℃，气体压力为 1.5 MPa，各种杂质初始体积浓度 $C_0=4.5\times10^{-2}\%$，反应器中气体速率为 0.4 m/s，金属间化合物层长度为 0.029 m。

在第一阶段最好能使氢在惰性气体中的残留浓度很低，通常这要靠混合物通过足够长的吸收剂层的吹扫来达到。在这样的动力学条件下残留氢含量将取决于过程温度条件下氢吸收平衡压力。例如，有研究曾表明惰性气体和氢气的混合物经过低平衡压和高吸氢速率的氢气去气剂层的吹扫时，出口惰性气体的氢含量与初始混合物的氢含量相比降低了好几个数量级。从去气剂层出来的惰性气体中残留的氢含量直至其逸出时刻仍会很低，低于分析仪能发现的临界值[$10^{-6}\%$(体积分数)]。气体混合物在大气压力下的实验予以确定的质量迁移区长度处在几个厘米的水平，当压力升高时则小于 1 cm(见图 3-9)。氢气吸收时释放的热导致去气剂的温度升高，吸收平衡压力增大，进而降低过程的效率。在去气剂层中进行着氢的非恒温吸收过程，该过程特点为氢浓度剖面和温度剖面沿着吸收层迁移。即使在相对较短的去气剂层中，长度较小的质量迁移区(传质区)也可以实现吸附剂吸附容量的高度利用，但吸附剂的主要部分为氢所饱和。第一阶段完成的标志是达到吸收剂层出口截面的温度或浓度剖面的正面区段。

在第二阶段惰性气体应当从反应器中排除，通常这要靠抽真空实现。但是这时吸气剂所吸收的部分氢将解吸，并和惰性气体一并抽出。图 3-10 展示了反应器在不同温度和抽取时间，在反应器抽吸到残余压力为 10 Pa 时从吸收剂中排出氢的份额，降低吸气剂的温度和缩短抽取时间能控制“所损失的”氢的份额。很有趣的是，排除掉“弱连接”氢之后，在吸气剂给定温度下增加抽

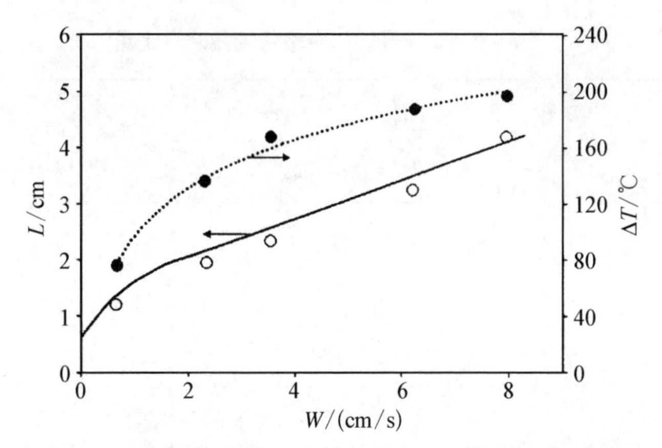

图 3-9　金属间化合物 $Zr_{0.7}Ti_{0.3}Mn_2$-Ni 质量迁移区长度(L)和吸收剂最大温度增加(ΔT)在氢从与氦气的混合物中吸收时对气体速率的依赖关系

注：吸收剂初始温度为 20℃，气体压力为 0.1 MPa，反应器入口氦中氢气体积浓度为 97%。

取时间已经不再影响解吸氢的份额。由图 3-10 可见，这样的"弱连接的"氢在−20℃温度下约占 8%，在−30℃温度下约占 2%。

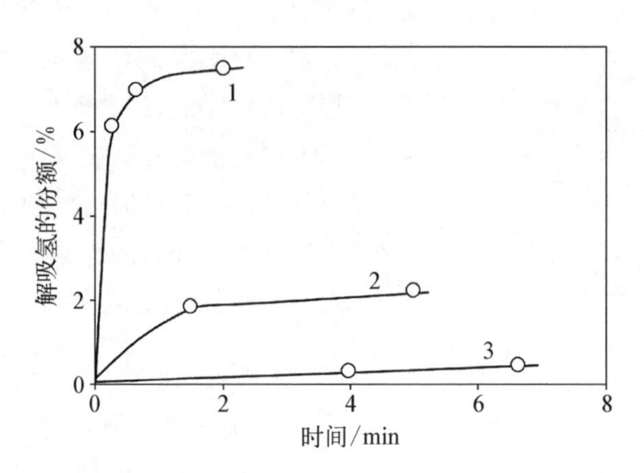

图 3-10　反应器真空抽取解吸之氢的份额对抽取时间的依赖关系

注：反应器温度：1—20℃；2—30℃；3—−196℃。

过程的最后阶段，在升高的温度下氢因氢化物的分解而分离出来。表 3-2 给出了分解出的氢的纯度与氢解吸之前反应器抽取时间和吸收剂温度的依赖关系。

增加除气时间从 10 s 到 120 s，导致解吸的氢中惰性气体的浓度下降 1 个数量级，同时吸气剂温度的降低对所获得的氢的纯度影响很小。

表 3-2 在解吸的氢中惰性气体杂质含量

解吸之前除气条件		氢中惰性气体杂质体积含量/%
T/℃	抽取时间/s	
20	10	2.0×10^{-3}
	30	8.5×10^{-4}
	120	3.0×10^{-4}
−30	120	2.5×10^{-4}
	300	1.5×10^{-4}

在第三组同位素交换除氚方法中需选择后续能用作同位素分离装置供料的物质作为试剂，以期获取氚产品。

对于所有熟知的获取氚的现代氢同位素分离方法中，参与同位素分离的物质只能是氢分子。原因在于在氚放射性衰变作用下氢分子不会发生自辐射分解。众多氢同位素中，混合物中氚的最佳伙伴是氕，因为氚-氕混合物通常比其他同位素混合物表现出最大的热力学同位素效应。氚通过同位素交换方法从含氢气体中分离的现象表现在以氢和甲烷同位素交换的示例中。

$$CQ_4 + 2H_2 = CH_4 + 2Q_2 \quad (3-9)$$

式中，Q 是氢的重同位素（氚或氘）。

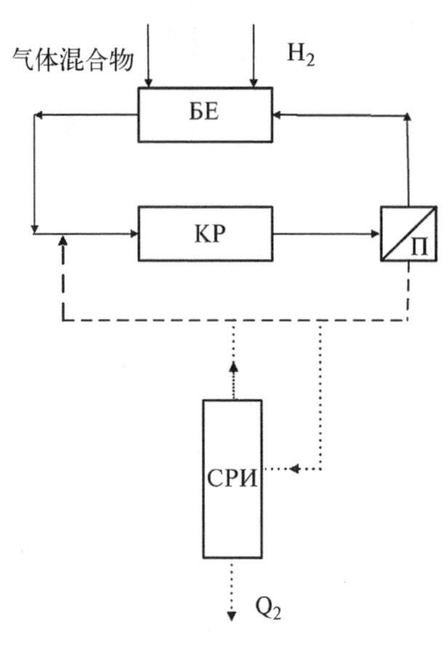

БЕ—含气体的缓冲罐；КР—催化反应器；П—钯膜反应器；СРИ—同位素分离装置。

图 3-11 气态氢化合物通过与分子氢的直流同位素交换除氚组织示例

为了进行氢同位素交换反应，通常需要催化剂和较高的温度，该工艺过程发生在沿一个方向运动的气体流（并流）中，但可以将这个过程组织成类逆流模式。在并流反应器出口处流体的氢同位素浓度通常足够接近热力学平衡浓度。实现大的除氚因子，需要多次使流体中的同位素组分偏离平衡。而在并流模式下这要通过将含平衡同位素组分的分子氢部分地或全部置换成非平衡组分的氢的方法才能实现。为此,要求从气体混合物中分离出氢,比如采用钯膜反应器。从气体混合物中分离出来分子氢,然后将它输送到氢同位素分离装置以富集氚。为替换被去除的氚,应当在工艺过程的给定温度下补充氢,且补充氢的氚浓度应低于平衡浓度。图 3-11 展示了这种工艺过程。

氚化气体和分子氢的混合物循环经过缓冲罐和催化反应器,部分分子氢借助于钯膜反应器从这一气流中分离出来,并返回到催化反应器入口。这里,将该循环气流的一部分在返回催化反应器之前引导至氢同位素分离装置。氚贫化的同位素分离产品也返回到催化反应器入口。因此,催化反应器入口处分子氢的同位素组分不断偏离平衡,这样就能持续地从化合态的氢中提取出氚。用该方法除氚的动力学可用下式描述:

$$V(\mathrm{d}Y_i/\mathrm{d}t) = -L(Y_\mathrm{i} - Y_\mathrm{f}) \tag{3-10}$$

式中,V 为在缓冲罐中化合态的氢的量;Y_i 和 Y_f 为催化反应器入口和出口化合态的氢中氚的同位素浓度;L 为经催化反应器的化学键氢化物气体(H_2O、NH_3、CH_4 等,译者注);t 为气体经化学反应器的循环开始延续的时间。

将式(3-10)积分,并注意到

$$L(Y_\mathrm{i} - Y_\mathrm{f}) = G(X_\mathrm{f} - X_\mathrm{i}),\quad X_\mathrm{i} = (1-q)X_\mathrm{f} + qX_0,$$
$$X_\mathrm{f} = \theta Y_\mathrm{f}/\alpha,\quad Y_0 \gg X_0$$

式中,X_i 和 X_f 分别为催化反应器入口和出口分子氢中氚的同位素浓度;G 为经催化反应器分子氢流量;q 为导向氢同位素分离装置气流 G 的份额;Y_0 为除氚过程开始之前化合态的氢中氚的同位素浓度;X_0 为氢(氕)同位素氚贫化的并返回到催化反应器入口的分离产品中氚的同位素浓度;α 为在氚-氕混合物中热力学同位素分离系数;$\theta = \alpha X_\mathrm{f}/Y_\mathrm{f}$ 为催化反应器出口化合态的氢和分子氢之间的接近同位素平衡的程度。

除氚因子(ДФ)的时间依赖关系 $ДФ = У_0/У_\mathrm{i}$ 用以下方程式表述:

$$(ДФ)^{-1} = (\alpha X_0)/(Y_0\theta) + \exp\{-(Gqt\theta)/[V(\alpha + \lambda q\theta)]\} \tag{3-11}$$

式中,$\lambda = G/L$。

随着循环时间的增加,除氚因子接近自身的最大值:

$$ДФ_{\max} = (Y\theta)/(X_0\alpha) \tag{3-12}$$

表 3-3 和图 3-12 展示了总的分子氢量向同位素分离系统的供料流量以及为除氚因子达到 1×10^5 所必需的时间,后者曾利用式(3-11)计算出来过。该式表明,除氚因子是时间和分子氢流量与化合态的氚(更准确地说是重同位素氚和氘)的初始数量之比的指数函数。应当指出,计算应当针对两个重同位素进行,因为氚和氘都将参与同氕的同位素交换。为了计算引入的参数曾做以下假定: $V=9.5$ mol, $X_0=5\times10^{-7}$%(mol),化合态的氢由氚和氘按 1∶1 混合而成。在催化反应器工作温度下没有同位素效应(即分离平衡因子等于 1)。

表 3-3 化合态的氢和分子氢在循环工况下直流同位素交换除氚系统参数

№	G/(mol/h)	q	λ	θ	T/h	V_{H_2}/mol	F_{ISS}/(mol/h)	R①
1	10	1	3	1	88	880	10	93
2	8	1	3	1	110	880	8	93
3	8	1	2	1	82	656	8	69
4	8	1	1	1	55	440	8	46
5	8	1	2	1	89	712	8	75
6	8	0.75	2	1	92	552	6	58
7	8	0.75	2	1	110	440	4	46
8	8	0.75	2	0.5	127	762	6	80
9	8	0.75	2	0.75	103	618	6	65
10	8	0.75	2	1	92	552	6	58

① 这是总和的比值,分母是氚和氘的总和。

表 3-3 中,V_{H_2} 为供给系统总的分子氢量;F_{ISS} 为供同位素分离系统补给的分子氢流量;$R=V_{H_2}/V$ 为供给系统的分子氢量与化合态的氢量的比值。

高温同位素交换(HITEX)方法的同位素交换试验验证了理论分析所得到的规律性,还表明了基于铂和钯的催化剂在氢同位素交换反应中呈现很高的催化活性。在催化反应器的工作温度高于 350℃时,所有的含氢气体在不长的催化剂层中均很大程度地接近了同位素平衡。有人曾发现[4]除氚因子的对

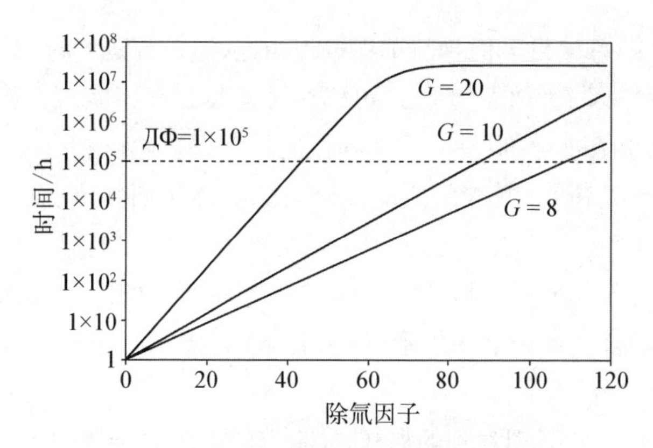

图 3-12　除氚因子(ДФ)对混合物经直流型反应器再循环时间的关系

注：$q=1$，$\theta=1$，$\lambda=3$，G 以 mol/h 为单位给出。

数与气体混合物中分子氢的含量和化学键合氚、氘含量之比的对数成正比。当分子氢与化合态的氢之比大于 10 时，要想使除氚因子高于 10^4 则需要几个小时。增加氢气量就提高了钯膜的工作效率。将送至同位素分离系统的氢气减少一半会导致再处理时间增加约 25%，但减少了进入同位素分离系统的氢的流量，也就削减了同位素分离系统中需要处理的气体总量的 36%。这一示例表明存在过程参数优化的可能性。并且显而易见，对每一摩尔的化合态的氢使用大量的分子氢是这一方法的特征。

因为杂质除氚所需的时间很长，所以很难在热核反应堆中使用周期性运行工况的方法，因为热核反应堆工作于连续热等离子体或很高频率脉冲的工况；周期性工况下 HITEX 过程的另一个相当重要的特征是在缓冲罐中氚的量可能很大。在缓冲罐中积累了所有的需要除氚的杂质。使用多阶段过程可使为达到所需要的除氚因子所需的氢量、再处理时间和仪器设备中初始的氚量均大大地缩减[5]。为了大大缩减仪器设备中的初始氚量，把第一阶段设计成单程工况，在这一阶段去除主要的氚量和氘量。直流型单程工况不能达到很高的除氚因子，其后阶段既可以设计成单程工况，也可以设计成再循环工况。若在所有阶段上均使用单程工况，为达到 6×10^5 的除氚因子，需要 4 个阶段。各个阶段上添加的氕的摩尔数与化合态的氘氚初始摩尔数之比应约为 60，总的比值约为 240。采用再循环过程只要有一个第二阶段就足够了，这时在第二阶段，化合态的氚的初始数量已经不是除氚的主要问题，因为氚的主要量值在第一阶段已去除掉了。另外，再循环过程能大大削减为达到所需除氚因子而添加到过程中的总气量。但是与单程过程相比，需要的延续时间则长得多。

达成高除氚因子的单程工况还可以在类逆流工况下实现。在该方法中管状钯膜反应器引入催化剂层中，应用除氚的气体混合物吹扫催化剂，用氢气吹扫钯膜反应器(PMR)。氢气的流动方向与流经催化剂气体的运动方向相反。为了获得高的除氚效率，必须保证钯膜反应器和催化反应器外壁之间的距离很短(不超过几个毫米)。因此，为大流量气体混合物的除氚要求使用并行工作的几个反应器，或者一个多管道反应器。这就要求必须知晓这一工况下反应器结构设计的知识。

正如PMR试验时观察到的那样，在未燃烧的等离子体中碳氢化合物的存在可导致它们与氢的反应，并生成甲烷和水：

$$CO + 3H_2 \longrightarrow CH_4 + H_2O \tag{3-13}$$

$$CO_2 + H_2 \longrightarrow CO + H_2O \tag{3-14}$$

这些反应将与氢和所有含氢气体同位素交换反应同时进行。

对于含高频率脉冲或者含连续热等离子体的热核反应堆，使用同位素交换的方法要求额外添加分子氢，其量比化合态的氢的量高许多倍。添加的氢气之后需在氢同位素分离系统中进行再处理。因此，与氚化气体化学分解法相比，同位素交换除氚法对氢同位素分离系统的负荷大得多。

3.3　再处理系统

至今详细描述过的只有一个未燃烧等离子体化学净化系统——JET反应器系统，该系统展示于图3-13。

周期性过程分几个阶段完成。气体从等离子体室中抽出，分离成分子氢和杂质，杂质积累在缓冲罐中。其后向其补充氧，并通过混合物经催化反应器的循环进行氧化。在容器中气体混合物压力低的情况下往其中补充氦，以增加循环气体的流量。所生成水的水汽被捕集在冷阱之中，后者维持－196℃温度条件。缓冲罐容器中电离室达到恒定低的信号意味着含氢气体氧化过程的结束，并收集生成的氚化水。净化过的气体从容器中抽出，并经气体除氚系统(СДГ)排放至环境介质中。残存的氚含量由－196℃温度下的水蒸气分压确定。但是实际上残存水蒸气含量总是高于热力学量值，其原因是一次通过冷阱时不可能百分之百地捕捉水蒸气，同时气体混合物中含氢气体和水蒸气的

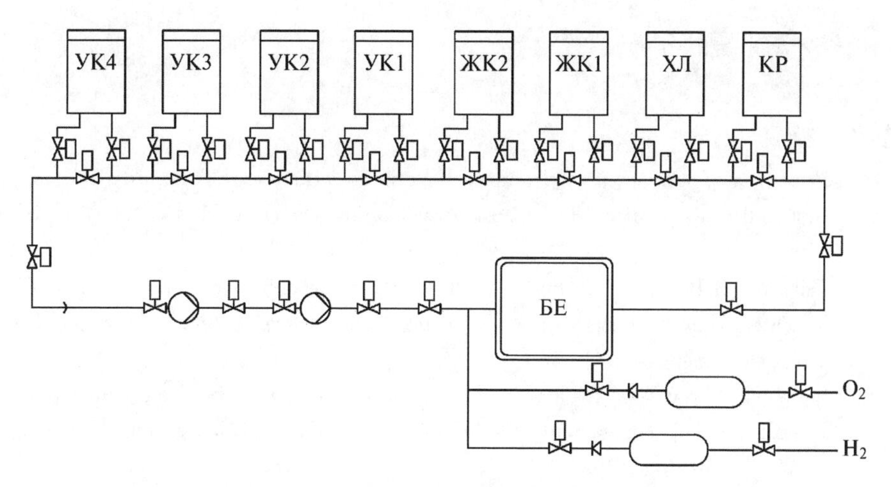

УК—铀储存容器；ЖК—铁储存容器；ХЛ—冷阱；КР—催化反应器；БЕ—缓冲罐。

图 3-13　JET 反应堆化学净化系统方框图

剩余含量低、流量也不高。因此，在未达到冷阱温度对应的水蒸气剩余含量值时，除氚过程已停止。

冷阱中积累的水通过受控蒸发以及与热金属接触进行分解。使用铁粉(在储存容器 ЖК1 或 ЖК2 中)或者铀(在储存容器 УК1 与 УК2 中)作为“热除湿剂”与水反应，生成的氢储存于铀储存容器(УК3～УК4)中。水和铁可逆反应的产物氧化铁可在高温下与氢接触予以还原。曾发现记忆效应导致氧化铁还原时生成的水和初始水相比含的氚共要小 2 个数量级。这种记忆效应限制了对除氚因子的有效获取，并导致 JET 反应堆化学净化系统(CXO)中为分解氚化水只能使用铀储存容器，铀储存容器中实际上进行的是水和铀不可逆的相互作用，当然铀的消耗是持续的。废的铀储存容器应当更换为新的。

为提高除氚因子和降低固体放射性废物量，JET 反应堆化学净化系统曾通过将含铁粉末的储存容器更换为充填 C/Ni 试剂的反应器，并配以钯膜反应器的途径予以改进。冷阱中捕集的水在含碳(镍)试剂的反应器中，在它受控蒸发之后按反应式(3-6)和式(3-7)分解。生成的分子氢被吸收在某个连接至钯膜反应器的氢气一侧的铀储存容器中。铀对氢的吸附能在钯膜低氚侧维持低的氢分压，以保证膜两侧的氢气压差。

对于含连续热等离子体的热核反应堆，综合考虑以上所探讨的方法，应当从以下几点出发予以优化：在化学净化系统中未燃烧等离子体的除氚时间、气体流化学组分在线和实时分析的必要性、生成的固体放射性废物量和补给同位素分离系统的分子氢数量。

参考文献

[1] Perevezentsv. A. и др. Operational aeperience with the JET Inpurity Processing System during and afer DTE1//Fusion Engineering and Design. 1999. No. 47. P. 355 - 360.

[2] Латышев В. В.， Быстрицкий В. М.， Взаимодействие изотопов водорода с диффузионными мембрынами из палладиевых сплавов//Физика металлов и металловедение. 1991. № 6. С. 5 - 24.

[3] Session K. Processing tritiated water ant the Savannah River Site：a production-scale demostration of a palladium membrane reactor//Fusion Science and Technology. 2005. No. 48 P. 91 - 96.

[4] Miller J. M. et al. Experimental demonstration of the Tokamak process for fusion fuell clean-up//Fusion Technology. 1995. No. 28 P. 700 - 704.

[5] Morrison H. D.， Woodall K. B. Demonstration of HITEX：A High Temperature Isotopic Exchange Fusion Fuel Process Loop//Canadian Fusion Fuels Technology Report，CFFTP G - 9328 (1993).

第 4 章
氢同位素的分离

本章探讨两项氢同位素的分离任务：以将氚和氘返回到燃料循环为目的的氢同位素混合物分离，以组分分析为目的的氢同位素分离。

4.1 氢同位素分离过程动力学和热力学特性

氢同位素混合物单元分离过程不同，其分离方法分为不可逆的（不平衡的）和可逆的（平衡的）两种。分离系数是过程的热力学特性。

4.1.1 同位素分离方法和同位素分离效率

鉴于同位素质量上的差异是发生分离效应的主要原因。由于氢同位素间质量差异最大，可以想到，在氢同位素分离过程中将观察到最大的分离效应。

分离系数值 α 是单级分离效应量值的定量特性。对于某二元混合物分离过程分离系数的确定可以利用以下原理图（见图 4 - 1）予以说明。

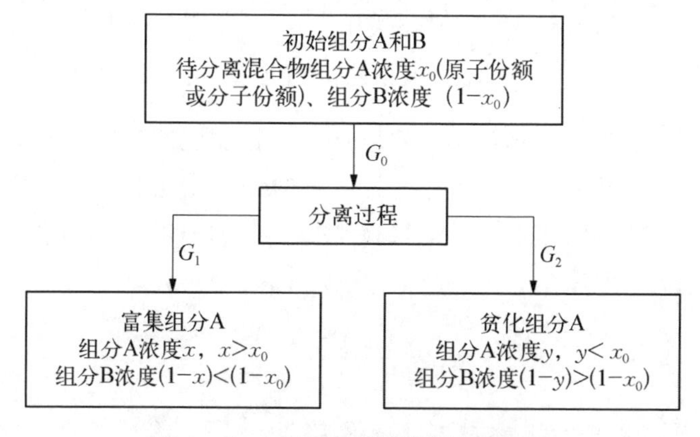

图 4 - 1 二元混合物分离过程原理图

无量纲值 $x_0/(1-x_0)$、$x/(1-x)$、$y/(1-y)$ 称为相对浓度。对于二元同位素混合物分离过程，在富集产品中和贫化产品中目标组分相对浓度之比值称为分离系数，即

$$\alpha=\frac{x/(1-x)}{y/(1-y)}=\frac{x(1-y)}{y(1-x)} \tag{4-1}$$

能够实现图 4-1 所示的工艺系统过程，并且目标组分(系统图上组分 A)的富集产品和贫化产品相对浓度之比符合式(4-1)的结构设备称为分离单元(理论分离级或理论塔板，TCP)。

按照同位素的物理性质或物理化学性质，它们的分离方法可分成两大组：不可逆的(不平衡的)和可逆的(平衡的)。

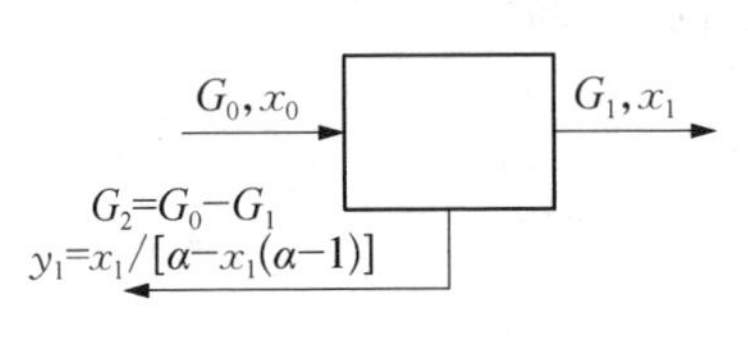

G—待分离混合物流量。

图 4-2 第一分离单元(实现不可逆分离过程)

离心法、气体扩散法、热扩散法、光化学法、激光法、质量-分离及其他属于不可逆的过程。图 4-2 给出参与上述过程的分离单元(第一种分离单元)：

这种方法的特性在于在分离过程的每个下一级中单级分离效应倍增时必须耗费能量，而目标组分浓缩液流量值逐渐减小。在这些过程中发生同位素效应的原因是同位素质量上的差异。扩散系数、离心力量值、负电粒子与电场和磁场相互作用力等均依赖于其质量的差异。

示例 4.1 现在我们针对两个同位素混合物 H_2-HD 和 ^{235}UF-^{238}UF 来比较扩散分离过程中的同位素效应。鉴于在一级近似中，扩散系数与分子量的平方根成反比，所以这两个体系的分离系数值如下：

$$\alpha(H_2-HD)=(M_{HD}/M_{H_2})^{1/2}=(3/2)^{1/2}=1.225$$

$$\alpha(^{235}UF_6-^{238}UF_6)=(M_{^{238}UF_6}/M_{^{235}UF_6})^{1/2}=(352/349)^{1/2}=1.0043$$

我们要指出的是，分离过程的效应在很大程度上特征值不是 α，而是它与 1 之差，即富集系数 $\varepsilon=\alpha-1$。以上探讨的例子中，对 H_2-HD 体系：$\varepsilon=0.225$ 而对 ^{235}UF-^{238}UF 体系 $\varepsilon=0.0043$。在给定的级，同位素从摩尔分数 x_A 到 x_B 的分离度 K 为

$$K=\frac{x_B(1-x_A)}{x_A(1-x_B)} \tag{4-2}$$

式中，下标 A 表示起始，下标 B 表示终了。

在无进料工况下最少必需的分离理论塔板数 N 可以按芬斯克方程式确定：

$$K=\alpha^N,\ N=\ln K/\ln\alpha \tag{4-3}$$

当 $K=10$ 时，在所探讨的示例中，对于 H_2 - HD 系统，必需的理论塔板数共 11.3 块，而对于 ^{235}UF - ^{238}UF 系统，则需有 535 块理论塔板。可见对于氢的同位素，质量差异大导致它们的分离任务相对简单。

但是实际上并未找到不可逆过程在氢同位素分离方面的广泛应用。作为例外可列举两个例子：20 世纪 30 年代中期，挪威尔佑康市的氢工厂曾用多级电解水的方法获得数吨重水。虽然电解水的分离系数值很大[对于氕-氘同位素混合物，电解槽的类型不同，$\alpha_{H\text{-}D}$ 可在很宽的范围(从 0.25～13)内变化][1]，但是运行价格很高，大规模生产重水时放弃了该方法。用于分离氢同位素的另一个不可逆方法示例是热扩散方法。

精馏是最简单的可逆分离过程。同位素交换在液体(L)和蒸气(G)之间进行。实现这种过程的分离单元示于图 4-3。这种单元属于第二类分离单元。

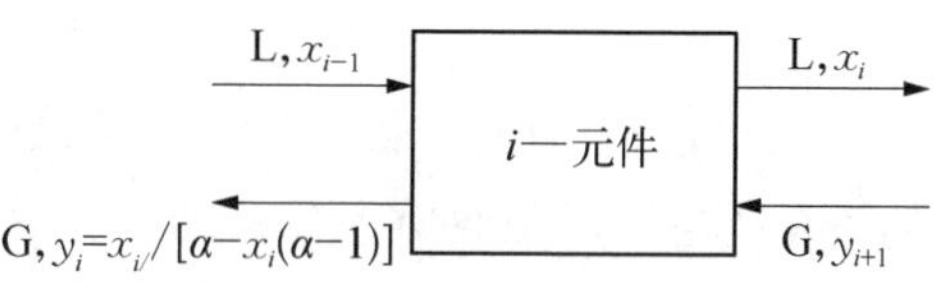

图 4-3　第二类分离单元
(实现可逆分离过程)

第二类分离单元很容易形成能保证给定分离程度的级联形式。由于在绝热条件下物质的蒸发热和冷凝热相等，一次分离效应的倍增不需要耗费额外的能量。而沿分离单元的级联流量值保持恒定，仅在级联末端才必须耗费能量：在再沸器中是为了获取蒸汽流，在冷凝器中是为了获取液体流。这时可以有不同的热流节省方案。

在所探讨的示例中参与过程是处于两种物态(液体和蒸气)的同一物质。也可以使用其他的不同相态，如液体-固体、气体-固体物质组合的方案，此类过程属于相同位素交换。就氢同位素分离而言，曾建造过一些大型的基于液体-蒸气系统的相同位素交换的装置，装置的工作物质为水、氨和氢。

另一种可逆方法是两种不同物质之间的反应。在其进程中初始物质与它们相互作用的产物的元素组分不变，但是，在这些物质之间进行着伴随分子中键的断裂的化学同位素交换反应。其中物质之间交换的仅仅是同位素，这样的过程称为化学同位素交换。在不同的国家用于分离氢同位素的最为熟知并已实现的化学同位素交换过程有水-硫化氢、水-氢、氨-氢、氢-氢化钯[2]。

可逆过程是平衡的，在其中发生同位素效应是因热力学过程所致。为了使目标同位素富集于某一物质之中(在化学同位素交换反应中)或一定的物质相中(在相同位素交换反应过程中),热力学过程必须是能量上衡算的过程。在进行该过程时,目标同位素的分布不是等概率的,因为它的产品总自由能低于初始物质的自由能。这种同位素效应归结于不同同位素分子零级振动水平的不同。当使用谐波模型时,分子的振动能 E_{vb} 可用以下方程式表达:

$$E_{vb}=hc\omega\left(\nu+\frac{1}{2}\right) \tag{4-4}$$

式中,h 为普朗克常数;c 为光速;ω 为分子固有振动频率,ν 为振动量子数。

对于零振动水平,$E_{vb}=hc\omega/2$,分子固有振动频率用下式表达:

$$\omega=\frac{1}{2\pi c}\sqrt{\frac{v}{\mu}} \tag{4-5}$$

式中,v 为分子力的常数(对于给定的分子不依赖于同位素的替换),μ 为分子的折合质量。对于双原子分子 AX,折合质量用下式计算:

$$\mu=\frac{m_A m_X}{m_A+m_X} \tag{4-6}$$

式中,m_A 和 m_X 分别为相应的 A 和 X 的相对原子质量。

可逆同位素交换反应方程式可写成以下形式:

1) 相同位素交换反应

$$B_nX_{L(S)}+AB_{n-1}X_{G(L)}\longleftrightarrow AB_{n-1}X_{L(S)}+B_nX_{G(L)} \tag{4-7}$$

式中,A 和 B 为待分离的元素同位素(A 为目标同位素),符号 L、S、G 表示物质的物态(液态、固态、蒸气态);X 为另一元素或元素组与给定同位素生成的工作物质的分子(例如,$H_2O_{(L)}+HDO_{(G)}\longleftrightarrow HDO_{(L)}+H_2O_{(G)}$)

2) 化学同位素交换反应

$$B_nX+AB_{n-1}Y\longleftrightarrow AB_{n-1}X+B_nY \tag{4-8}$$

式中,X 和 Y 为性质不同的物质同位素分子(例如,$H_2O_{(L)}+HDS_{(G)}\longleftrightarrow HDO_{(L)}+H_2S_{(G)}$)。

示例 4.2 现在我们计算分子水的两原子碎块在不同的同位素置换时的折合质量之比。${}^{16}_{8}O^{1}_{1}H$、${}^{16}_{8}O^{2}_{1}H$、${}^{18}_{8}O^{1}_{1}H$,这些碎块的折合质量相应为 16/17、32/18 和 18/19。这时固有振动频率之比和这些碎块零振动水平能量表达如下:

$$\omega({}^{16}_{8}O^{1}_{1}H)/\omega({}^{16}_{8}O^{2}_{1}H)=\sqrt{(32\times17)/(18\times16)}=1.37$$

$$\omega({}^{16}_{8}O^{1}_{1}H)/\omega({}^{18}_{8}O^{2}_{1}H)=\sqrt{(18\times17)/(19\times16)}=1.0033$$

由上述示例得出重要结论：含氢同位素参与的可逆分离过程与其他元素的同位素参与的交换过程相比，任何时候都将伴随大得多的同位素效应。

对于自身组分中含有几个同位素原子的分子，还存在一种同位素交换反常的类型，后者称为同分子同位素交换反应。

$$B_nX_{L(S)}+A_2B_{n-2}X\longleftrightarrow 2AB_{n-1}X \tag{4-9}$$

例如，$NH_3+ND_2H\longleftrightarrow 2NDH_2$

这类反应可自发地进行，而且很快，比如在水中；而有些反应要求存在催化剂，比如在分子氢中同一分子的同位素交换反应。这一特性为氢精馏与水精馏工艺设计上带来固有差别。如果以天然氘原子含量(0.015%)的轻水作为原料水进行精馏，原则上可以获得含任何氘原子丰度(直到99.9%)的富集液。而采用同样初始氘含量的氢气作为原料进行精馏时，最大只可获得100%的HD，即氘丰度不超过50%的富集物。这是因为水精馏过程中下述式(4-10)反应能自发地发生，并按照平衡常数式(4-11)出现D_2O分子：

$$H_2O+D_2O\longleftrightarrow 2HDO \tag{4-10}$$

$$K_{HDO}=\frac{[HDO]^2}{[H_2O]\times[D_2O]} \tag{4-11}$$

氢同位素气体混合物类似反应为

$$H_2+D_2\longleftrightarrow 2HD \tag{4-12}$$

该反应只有催化剂存在时才发生。由于天然氢中实际上不存在D_2分子，因此含天然氘丰度的氢精馏时没有D_2出现，除非进行H_2和HD混合物的催化平衡。

同分子同位素交换反应的进行还取决于分子中多于一个氢原子的含氢物质参与的化学同位素交换反应的一个特征，即分离系数与浓度的依赖关系。如果在化学同位素交换反应过程中影响同分子同位素交换反应速率的工质分子浓度很大，则目标同位素浓度在很宽的范围内变化时将观察到分离系数连续的浓度依赖关系。这时分离系数对浓度的依赖程度取决于同分子同位素交换反应平衡常数偏离等概率值的大小。一些含氢材料在$T=27$℃时同分子同位素交换反应的平衡常数列于表4-1,对应无限高温下 K_i 的等概率同位素分配时,同分子同位素交换反应平衡常数(K_i^{∞})由下式确定:

$$K_i^{\infty}=\frac{\sigma_{A_2X}\sigma_{B_2X}}{\sigma_{ABX}^2} \tag{4-13}$$

式中,σ_i 为相应分子的对称数。

表4-1　一些含氢材料在 T=27℃时同分子同位素交换反应的平衡常数[3]

K	K_i^{∞}	交换的同位素A-B		
		氚-氕	氘-氕	氚-氘
K_{AB}	4	2.579	3.268	3.812
K_{ABO}	4	3.699	3.848	3.972
K_{ABS}	4	3.771	3.921	3.987
K_{ABN1}①	3	2.815	2.907	2.983
K_{ABN2}②	3	2.812	2.907	2.982

① 针对反应 $NA_3+NAB_2\longleftrightarrow 2N_2AB(K_{ABN1})$;② 针对反应 $NA_2B+NB_3\longleftrightarrow 2NAB_2(K_{ABN2})$。

由所列氢同位素数据可见,氢同位素体中,同分子同位素交换反应平衡常数与等概率值的偏差最大。因此在所有分子氢参与的分离过程中观察到明显的浓度依赖关系。这时在增加重同位素浓度时分离系数变化的方向对于不同的系统是不一样的,在分离氕-氘同位素混合物示例中探讨了这一依赖关系。

最简单的情况是分子氢和氘化氢的化学同位素交换反应,同时伴随着氘在氢气中富集。例如氢和氢化钯的交换反应:

$$H_2+PdD\longleftrightarrow HD+PdH(\alpha_{HD}) \tag{4-14}$$

$$HD+PdD\longleftrightarrow D_2+PdH(\alpha_{DH}) \tag{4-15}$$

氘的高浓度范围和低浓度范围的分离系数边界值之比如下:

$$\frac{\alpha_{DH}}{\alpha_{HD}}=\frac{4}{K_{HD}} \tag{4-16}$$

氕-氘混合物在任何氘浓度下的分离系数($\alpha_{H\text{-}D}$)可按以下公式计算:

$$\alpha_{\text{H-D}}=\frac{\dfrac{4}{K_{\text{HD}}}+2\dfrac{[\text{H}_2]}{[\text{HD}]}}{1+2\dfrac{[\text{H}_2]}{[\text{HD}]}}\alpha_{\text{HD}} \tag{4-17}$$

式中，$[H_2]$和$[HD]$分别为在给定氘原子浓度$[D]$下相应同位素的摩尔浓度。它们的比值可利用如下方程式计算：

$$[\text{D}]\left(\frac{[\text{H}_2]}{[\text{HD}]}\right)^2-(0.5-[\text{D}])\frac{[\text{H}_2]}{[\text{HD}]}-\frac{1-[\text{D}]}{K_{\text{HD}}}=0 \tag{4-18}$$

在待分离混合物中氘增加浓度时，由表4-1所列数据相比式(4-16)得出的分离系数增大。在温度为27℃时，分离系数最大为由式(4-16)得出的1.22倍。

现在我们探讨以下两个化学交换体系：水-氢体系和水-硫化氢体系。它们当中两个重同位素的富集均发生在液相(水中)。与反应式(4-14)、式(4-15)相似，可以写出小浓度和高浓度氘区间的化学交换方程式：

$$\text{HD}+\text{H}_2\text{O}\longleftrightarrow\text{H}_2+\text{HDO}(\alpha_{\text{HDO}}) \tag{4-19}$$

$$\text{D}_2+\text{HDO}\longleftrightarrow\text{HD}+\text{D}_2\text{O}(\alpha_{\text{DHO}}) \tag{4-20}$$

$$\text{HDS}+\text{H}_2\text{O}\longleftrightarrow\text{H}_2\text{S}+\text{HDO}(\alpha_{\text{HDS}}) \tag{4-21}$$

$$\text{D}_2\text{S}+\text{HDO}\longleftrightarrow\text{HDS}+\text{D}_2\text{O}(\alpha_{\text{DHS}}) \tag{4-22}$$

在这些体系中分离系数边界值可用以下式子确定：

$$\frac{\alpha_{\text{DHO}}}{\alpha_{\text{HDO}}}=\frac{K_{\text{HD}}}{K_{\text{HDO}}}\text{和}\frac{\alpha_{\text{DHS}}}{\alpha_{\text{HDS}}}=\frac{K_{\text{HDS}}}{K_{\text{HDO}}} \tag{4-23}$$

可以看出，针对两交换物质在计算公式中引入同分子同位素交换平衡常数，这时分离系数的浓度依赖关系取决于物质中哪一个同分子同位素交换平衡常数更大。这样，对于水-氢体系中的同位素交换，从表4-1数据看出$K_{HD}<K_{HDO}$。因此，在这一体系中增加氘浓度时分离系数减小，即$\alpha_{HDO}>\alpha_{DHO}$。相反在水-硫化氢同位素交换时$K_{HDS}>K_{HDO}$，因此在该体系中增加氘浓度时分离系数增加。

待分离混合物中任意浓度氘情况下的分离系数可以针对所探讨的分离体系按下式计算：

$$\alpha_{H\text{-}D}=\alpha_{HD}\frac{\dfrac{4}{K_{HDO}}+2\dfrac{[H_2O]}{[HDO]}}{1+2\dfrac{[H_2O]}{[HDO]}}\frac{1+2\alpha_{HD}\dfrac{[H_2O]}{[HDO]}}{\dfrac{4}{K_{HDY}}+2\alpha_{HD}\dfrac{[H_2O]}{[HDO]}}\tag{4-24}$$

该式中 K_{HDY} 量值针对 H_2O-H_2S 体系对应硫化氢同分子同位素交换反应平衡常数和针对 H_2-H_2O 体系对应氢同分子同位素交换反应平衡常数。在不同氘原子浓度下 H_2O 和 HDO 摩尔浓度比值按类似于式(4－18)进行计算。

在表 4－2 中针对不同化学交换体系和不同的同位素混合物列出了分离系数的边界值。

表 4－2　不同化学交换体系(T=27℃时)分离系数的边界值

体　系	交换的同位素					
	氕-氚		氕-氘		氘-氚	
	α_{HT}	α_{TH}	α_{HD}	α_{DH}	α_{DT}	α_{TD}
H_2-PdH	2.65	4.13	2.01	2.46	1.46	1.53
H_2-H_2O	6,31	4.40	3.58	3.04	1.63	1.57
H_2S-H_2O	3.08	3.15	2.21	2.24	1.40	1.41
H_2-NH_3	6.44	5.65	3.68	3.45	1.64	1.62

前面曾指出，分离系数概念是针对二元同位素混合物分离的场合引入的。但实际上经常不得不与将氚从包含所有三个同位素的混合物中排除的必要性相冲突。

这时在使用水、硫化氢和氨参与的化学同位素交换体系的除氚任务中，在它们的工作物质中氚最大浓度的可能性受到材料进行自身辐照分解过程的概率限制。按不同来源，在这些体系中推荐的氚的最大浓度限制如下：对应的水中氚含量为 100～2 000 Ci/kg($3.7\times10^{12}\sim7.4\times10^{13}$ Bq/kg)。考虑到比活度(1 g 氚≈10^4 Ci 或 3.7×10^{14} Bq/g)对应氚的浓度，用原子份额表示，例如，水中氚含量等于 $3\times10^{-5}\sim6\times10^{-4}$。这意味着在这些工作物质中氚含量处于微量级浓度的水平，而氕和氘总的浓度在测定精度范围内等于 1。

考虑到分离系数概念是为二元组分混合物引进的，在这样的三种同位素混合物中，对氚在两相体系中的分布特性使用氚分布系数概念[3]：

$$\alpha_{T}=\frac{x_{T}(1-y_{T})}{y_{T}(1-x_{T})} \tag{4-25}$$

式中，$1-x_{T}=x_{H}+x_{D}$ 和 $1-y_{T}=y_{H}+y_{D}$，实际上对于大多数场合，$\alpha_{T}=x_{T}/y_{T}$，因为 x_{T} 和 y_{T} 均趋于零。

如果分子交换的仅仅是一个氢原子，在混合物的任何氘浓度(x_{D})下，分布系数值可按加和法则确定：

$$\alpha_{T}=\alpha_{HT}(1-x_{D})+\alpha_{DT}x_{D} \tag{4-26}$$

在一般情况下对分布系数的表达要复杂得多。我们针对包含两个交换原子的分子将其列出(水-氢、水-硫化氢体系)：

$$\alpha_{T}=\alpha_{HT}\frac{1+\left(\frac{K_{DTX}}{K_{HTX}K_{HDX}}\right)^{1/2}\frac{[HDX]}{[H_2X]}}{1+\frac{1}{\alpha_{HT}}\left(\frac{K_{DTY}}{K_{HTY}K_{HDY}}\right)^{1/2}\frac{[HDX]}{[H_2X]}}\cdot\frac{1+\frac{1}{\alpha_{HD}}\frac{[HDX]}{[H_2X]}+\frac{1}{K_{HDY}}\left(\frac{1}{\alpha_{HD}}\frac{[HDX]}{[H_2X]}\right)^{2}}{1+\frac{[HDX]}{[H_2X]}+\frac{1}{K_{HDX}}\left(\frac{[HDX]}{[H_2X]}\right)^{2}} \tag{4-27}$$

在三同位素混合物中，针对水-氢化学交换体系，表4-3作为示例列出氚的分布系数与分离系数边界值对氘浓度的依赖关系。

表4-3　三同位素混合物中针对水-氢化学交换体系(温度为55℃时)α_{T}和α_{HD}(α_{DH})对氘浓度的依赖关系[2]

氘的原子浓度/%	0.015	10	50	90	99.99
$\alpha_{HD}(\alpha_{DH})$	3.22	3.07	2.84	2.78	2.78
α_{T}	5.40	5.01	3.40	1.89	1.57

表中列出的 $\alpha_{HD}(\alpha_{DH})$值是根据氕-氘二元同位素混合物的分离系数与浓度的依赖关系，并按式(4-24)计算得出的。而 α_{T} 值则按式(4-27)计算得

出。可见氚的分布系数值很大程度上依赖于混合物中氚的浓度。在从天然水向重水过渡时，减少至小于原来的 1/3。

4.1.2 分离过程设备特性

在上一节中我们的主要注意力集中在可逆的氢同位素分离过程中的分离系数值，这些过程当今仍用于含氚的氢同位素混合物的分离。分离系数反映了过程的热力学特性，在给定同位素分离度[见式(4-2)]时，所需的分离理论塔板数将取决于分离特性，而分离理论塔板楼决定了分离装置的尺寸。

在分离单元中实现可逆分离过程工艺系统的分离单元级联如图 4-4 所示。

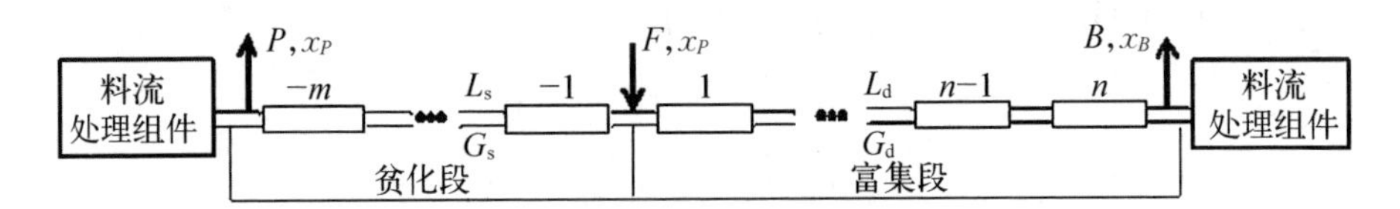

L_s 和 L_d 分别为分离柱的贫化部分和富集部分的液相流量；G_s 和 G_d 为分离柱的贫化部分和富集部分气(蒸气)相流量；F、B、P 分别为原料、目标同位素浓缩液、贫化产物废料的流量；x_F、x_B、x_P 为进料流、浓缩液和废料中目标同位素的浓度。

图 4-4 在其中实现可逆分离过程的分离单元级联原理系统图

对于级联物料平衡有以下形式：

$$F = B + P \tag{4-28}$$

$$Fx_F = Bx_B + Px_P \tag{4-29}$$

级联各个 i 级上目标同位素浓度(x_i)的增加用可逆分离单元中基础富集方程式表达：

$$\Delta x = x_i - x_{i-1} = \frac{\varepsilon x_i(1-x_i)}{1-\varepsilon x_i} - \frac{B}{L}\left[x_B - \frac{x_i}{\alpha(1-\varepsilon x_i)}\right] \tag{4-30}$$

式中，$\varepsilon = (\alpha - 1)/\alpha$。

由式(4-30)得出，目标同位素最大的浓度差为

$$\Delta x_{\max} = \frac{\varepsilon x_i(1-x_i)}{1-(\varepsilon x_i)}$$

目标同位素最大浓度差可在 $B \to 0$ 或 $L \to \infty$ 时达到，并且当 $\Delta x \to 0$ 时，流量值最小：

$$L = L_{\min} = B\frac{1-\varepsilon x_i}{\varepsilon x_i(1-x_i)}\left[x_B - \frac{x_i}{\alpha(1-\varepsilon x_i)}\right] \tag{4-31}$$

实际上，这样的分离级联最常用的是一垂直反向流柱子。在柱子下端（富集重同位素级联中）、上端（在重同位素贫化级联中）或两端（目标同位素同时富集和贫化）安装回流组合件。回流组合通过化学、热力或电化学方法使分离柱两端出口物流发生相变。上回流组合件把蒸汽转变为液体，下回流组合件把液体转变为蒸汽，从而在分离柱中形成汽-液两相逆流，实现目标同位素的高效分离。

分离柱在给定生产率（已知 F 和 x_F，B 和 x_B，p 和 x_P 量值）情况下，沿柱子的流量值可按以下公式计算：

$$1-\lambda_{\mathrm{d,\,min}} = \frac{(\alpha-1)(1-x_F)}{\alpha(x_B/x_F)-1-(\alpha-1)x_B} \tag{4-32}$$

式中，$\lambda_{\mathrm{d,\,min}}$ 为假定级联中级数无限大时 G_d 和 L_{d} 流量的最小摩尔比：

$$\lambda_{\mathrm{d}} = 1-\theta(1-\lambda_{\mathrm{d,\,min}}) \tag{4-33}$$

式中，θ 为相对取样量。

$$L_{\mathrm{d}} = B/(1-\lambda_{\mathrm{d}}) \text{ 和 } G_{\mathrm{d}} = \lambda_{\mathrm{d}} L_{\mathrm{d}} \tag{4-34}$$

对于精馏塔贫化段，有

$$\lambda_{\mathrm{s,\,max}} - 1 = \frac{(\alpha-1)(1-x_F)}{1-\alpha(x_P/x_F)+(\alpha-1)x_P} \tag{4-35}$$

式中，$\lambda_{\mathrm{s,\,max}}$ 为假定在级联中级数无限大时 G_{s} 和 L_{s} 流量的最大摩尔比：

$$\lambda_{\mathrm{s}} = \frac{\lambda_{\mathrm{s,\,max}}}{(\lambda_{\mathrm{s,\,max}}+\theta-\theta\lambda_{\mathrm{s,\,max}})} \tag{4-36}$$

$$L_{\mathrm{s}} = \frac{P}{(\lambda_{\mathrm{s}}-1)},\ G_{\mathrm{s}} = \frac{\lambda_{\mathrm{s}}}{L_{\mathrm{s}}} \tag{4-37}$$

最大流量和最小流量比值以及相对取样量的概念可借助于图 4-5 的 $x-y$ 图谱（或 McCabe-Thiele 图）予以说明。

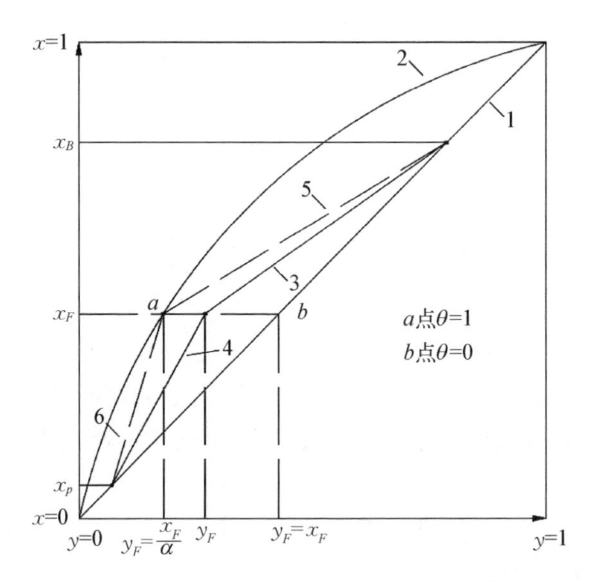

图 4-5　x-y 图谱(McCabe-Thiele 图)

图 4-5 中直线 1 为 x 和 y 坐标直角对角线，曲线 2 为平衡线，其方程式为

$$x=\frac{\alpha y}{1+y(\alpha-1)} \tag{4-38}$$

图 4-5 中直线 3 为含倾斜角 λ_d 的装置富集部分工作曲线，直线 4 为含倾斜角 λ_s 的装置贫化部分工作曲线，直线 5 和直线 6 为含倾斜角 $\lambda_{d,\min}$ 和 $\lambda_{s,\max}$ 相应工作线的极限位置，其时它们与平衡线相交。图 4-5 中 a 点对应产品最大取样量值，即相对取样 $\theta=1$，b 点对应柱子在目标同位素浓缩液 $B=0$ 以及相对取样 $\theta=0$ 时的工况。

为在柱子的富集部分目标同位素浓度从 x_F 变到 x_B 以及它的贫化部分浓度从 x_F 变到 x_P 所必需的分离理论塔板数取决于对应的工作线和平衡线之间内切的三角形数目。从图 4-5 看出，θ 值越大，为解决分离任务所需的理论塔板数越大。按式(4-3)可以确定，当 $\theta=0$，$N=N_{\min}$，当 $\theta=1$ 时，$N=\infty$。在固定的过程条件下，NTP 可按以下方程式确定：

$$N_d=\frac{\ln\left(\frac{K_d-\theta}{1-\theta}\right)}{\ln(\alpha/\lambda_d)} \tag{4-39}$$

$$N_s = \frac{\ln[K_s(1-\theta)]}{\ln(\alpha/\lambda_s)} \tag{4-40}$$

$$K_d = \frac{x_B(1-x_F)}{x_F(1-x_B)}$$

式中，$K_s = \frac{x_F(1-x_P)}{x_P(1-x_F)}$（见图4-4和图4-5）

这样一来，对于可逆分离单元级联，热力学参数值，即分离系数α决定了分离装置的3个规格大小参数：流量值、已知流量时的分离柱直径，以及解决该问题所需要的分离理论塔板数。分离柱高度依赖于分离理论塔板数。柱子高度值由分离过程的动力学特性，即分离单元中接触相之间的传质速率决定，接触相之间的传质速率会影响离开分离单元的流体中目标同位素平衡浓度。对于气(蒸汽)-液两相体系，质量传递过程可表达为以下阶段组成：同位素迁移至相边界表面，同位素经边界过渡并在第二相中（界内）传输，对于化学同位素交换反应还应考虑在交换物质之间固有的化学反应动力学。这时相内部同位素的迁移比相之间过渡进行要慢得多，因此在边界上相中同位素浓度处于平衡状态。考虑到所做的假定，可以写出表征质量交换的下列反应式：

$$\int_{y_o}^{y_k} dy/(y-y^*) = \int_0^F K_{oy}\,dF/G = N_y \tag{4-41}$$

$$\int_{x_o}^{x_k} dx/(x^*-x) = \int_0^F K_{ox}\,dF/L = N_x \tag{4-42}$$

在式(4-41)和式(4-42)中，K_{ox}和K_{oy}分别为针对液相和气(或蒸汽)相中驱动力的传质系数。相应地，x^*和y^*分别为与柱子给定截面上液相和气(蒸汽)相中浓度x和y相平衡的目标(重)同位素浓度；dF为无限小的相接触表面区段；N_x和N_y分别为液相和气(蒸汽)相传质单元数(NTU)。

展示积分为等积长方形面积，得到

$$\int_{y_0}^{y_k} dy/(y-y^*) = (y_k-y_0)/(y-y^*)_{cp}$$

$$\int_{x_0}^{x_k} dx/(x^*-x) = (x_k-x_0)/(x^*-x)_{cp} \tag{4-43}$$

式中，x_k代表液相出口浓度。当N_x、N_y等于1时(y_2-y_1)和(x_2-x_1)分别等于$(y-y^*)_{cp}$和$(x^*-x)_{cp}$。这意味着一个单位质量迁移对应柱子的一个区段，其上在相应的相中建立起目标同位素的浓度差，即等于柱子整个高度上驱动力的平均值。

在填料型柱子中对应无限小的柱子高度区段 dH 的相接触表面可通过单位体积接触面 α_K 和柱子截面面积 S 来表达，即 $dF=\alpha_K S dH$。这时质量传递微分方程可用以下形式表达：

$$dH=\frac{G dy}{SK_{oy}\alpha_K(y-y^*)}=\frac{\mu_G dy}{K_{oy}\alpha_K(y-y^*)} \tag{4-44}$$

或

$$dH=\frac{L dx}{SK_{ox}\alpha_K(x^*-x)}=\frac{\mu_G dx}{K_{ox}\alpha_K(x^*-x)} \tag{4-45}$$

按柱子中整个填料高度在恒定值 K_{oy} 和 K_{ox} 时，对式(4－44)和式(4－45)积分之后得到

$$H=\left[\frac{\mu_G}{K_{oy}\alpha_K}\right]N_y,\quad H=\left[\frac{\mu_L}{K_{ox}\alpha_K}\right]N_x \tag{4-46}$$

量值 $\frac{H}{N_y}=\frac{\mu_G}{(K_{oy}\alpha_K)}=h_{oy}$， $\frac{H}{N_x}=\frac{\mu_L}{(K_{ox}\alpha_K)}=h_{ox}$ 具有长度量纲，并称为传质单元高度(HTU)；μ_G 和 μ_L 为分离柱单位截面表示的流量 G 或 L 的比数值。

上面给出了理论塔板概念。

如果液体和气体(蒸汽)经过在填料柱某一区段的充分接触，离开时气液两相之间达成热力学平衡状态，填料柱中这一区段高度就称为一个理论塔板当量高度(HETP，h_{eqv})。在传质单元高度(HTU)和 HETP 两量值之间存在联系。这样，对于重同位素低浓度范围，以下方程式成立：

$$h_{oy}=h_{eqv}\frac{\alpha-\lambda}{\alpha\ln(\alpha/\lambda)} \tag{4-47}$$

而对于宽浓度范围，但 $\lambda=1$ 时，有

$$h_{oy}=\frac{h_{eqv}}{[\alpha/(\alpha-1)]\ln\alpha-\ln[1+(\alpha-1)x]} \tag{4-48}$$

现在我们来研究实验确定质量传递系数的几种方案。在所有场合这归结

于在多级柱子中确立理论塔板数(NTP)或传质单元数(NTU)。在柱子工作于不取样工况时(即当 $\lambda=1$ 时),哪怕只提供一个料流处理组件,引导至稳定状态,即当柱子向下和向上液流和气(蒸汽)流中同位素浓度不随时间改变时,任务归结为确定这些液流和气(蒸汽)流中的浓度和分离程度。例如,按重同位素 $K=[x_b(1-x_t)]/[x_t(1-x_b)]$。其后,原子数百分比按芬斯克方程式(4-3)计算。至于单位迁移数则是计算在稳定状态下在柱子任何截面上 $y=x$(见图4-5,$\lambda=1$ 时)、$d_y=d_x$ 和 $y^*=x/[\alpha-(\alpha-1)x]$ 情况下方程式(4-41)的解析解,积分之后可得

$$N_y=\frac{\alpha}{\alpha-1}\ln K-\ln\left(\frac{1-x_t}{1-x_b}\right) \tag{4-49}$$

对于工作于稳定状态和进料工况的柱子,原子数百分比按方程式(4-39)和式(4-40)计算。如果柱子中的分离过程在低浓度范围进行时,即在线性平衡方程式 $x=\alpha y$ 时,传质单元数可按以下方程式确定。

在富集部分:

$$N_{yd}=\frac{\alpha}{\alpha-\lambda_d}\ln\left[\frac{K_d\lambda(\alpha-1)}{(\alpha-\lambda_d)-K_d\alpha(1-\lambda_d)}\right] \tag{4-50}$$

在贫化部分:

$$N_{ys}=\frac{\alpha}{\alpha-\lambda_s}\ln\left[\alpha(\lambda_s-1)+\frac{K_s(\alpha-\lambda_s)}{\lambda_s(\alpha-1)}\right] \tag{4-51}$$

为了确定 HETP,在化学同位素交换过程中还广泛推广一个利用含独立气体流和液体流柱子进行实验确定理论分离级数的方案。图4-6(a)中引入含独立液体流 L 和气体流 G 的柱子中液体和气体流系统图。而在图4-6(b)中引入 $x-y$ 图,其上标注柱子稳定状态下各流体中同位素的浓度。作为示例,在图上引入两类试验结果:1为给柱子供给含高浓度被监控同位素的液体流和不包含这一同位素的气体流,流体摩尔比为 $\lambda=G/L<\alpha$;2为给柱子供给含高浓度被监控同位素的气体流和不包含这一同位素的液体流,流体摩尔比为 $\lambda=G/L>\alpha$。

正如从图4-6中看到的那样,在所探讨的示例中平衡线 $x=\alpha y$ 为一直线,即示例属于 x 和 y 浓度开始的范围。我们要指出的是,如果受监控的同位素是氚,那么对于化学交换系统,气体-液体这一情况是最常见的。因为即使

在含氢物质中氚的比活度在 TBq/kg 量级时，氚原子的百分浓度也不超过 10%。

利用图 4-6(b)列出的数据计算理论分离级数和 HETP，可按以下方程式进行：

$$N=\frac{\ln(\Delta y_1/\Delta y_s)}{\ln(\alpha/\lambda)} \quad 试验 1 \tag{4-52}$$

$$N=\frac{\ln(\Delta y_1/\Delta y_s)}{\ln(\lambda/\alpha)} \quad 试验 2 \tag{4-53}$$

$$h_{eqv}=H_p/N \tag{4-54}$$

式中，H_p 为柱子填充(分离)层的高度；h_{eqv} 为当量理论分离级高度。自然对数符号之下的 $\Delta Y_1/\Delta Y_s$ 为气相中同位素浓度的较大与较小差异之比，其中较大与较小差异为实验测得的和柱子末端处液体中浓度（$|y_i-y_i^*|$）平衡得来的。在图 4-6(b)所列局部情况，因为 y_{H1} 和 x_{B2}/α 等于零，对于试验 1，这些值为

$$\frac{\Delta y_1}{\Delta y_s}=\frac{x_{H1}/\alpha}{x_{B1}/\alpha-y_{B1}}$$

对于试验 2 则为

$$\frac{\Delta y_1}{\Delta y_s}=\frac{y_{B2}}{y_{H2}-x_{H2}/\alpha}$$

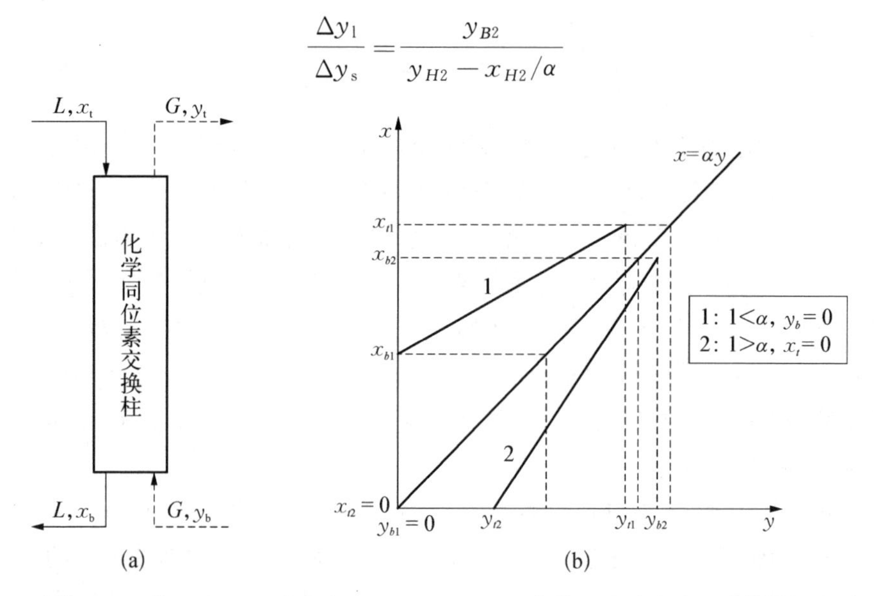

图 4-6 $\lambda<\alpha$、$y_{H=0}$(1) 和 $\lambda>\alpha$、$X_{B=0}$(2) 条件下实验中独立流体的柱子

应当指出,以上所探讨的同位素交换过程中质量交换特性的测定方法都是属于这样的系统,其中没有考虑分离系数的浓度依赖关系。在二元同位素混合物氕-氚和三元同位素混合物氕、氚和氚中,氢化学同位素交换过程中在氚很宽的浓度范围内,正如4.1.1节中指出的,在氚浓度变化时,分布系数不保持恒定,特别是针对氚的分布系数。后者对水-氢体系中化学同位素交换,从表4-3得出在氚所有浓度范围,温度$T=27$℃时氚分布系数变化3.5倍[富集系数($\varepsilon=\alpha-1$)差不多变化8倍]。因此,当面临在氚很宽的浓度范围内确定传质单元高度HTU和当量理论分离级高度HETP任务时,应考虑到柱子高度上氚的浓度剖面。

还应看到另一种状况,由式(4-47)和式(4-48)可知,传质单元高度HTU和HETP量值之间比依赖于α和λ值。水-氢体系中的化学交换表明[4],在氕-氚同位素混合物向氕-氚混合物过渡的试验中,传质单元高度HTU量值相同,而HETP依赖于待分离混合物的性能。这一状况在利用试验数据设计分离装置时也应予以重视。

4.2　含高浓氚的氢同位素分离

氢同位素分离可采用色谱分离法和低温精馏法,低温精馏法主要是针对大规模提取同位素产品的方法。

4.2.1　气相色谱

在气相色谱中,使用吸收氢的材料作为分离用介质,例如钯或吸收剂。20世纪30年代末就已经测得钯上氕和氚的吸收等温线。在50年代,格里考夫首次利用氢化钯对氢的吸附热力学效应开展了用气相色谱方法分离氕和氚[3]。

在直径为8 mm、高为44 cm的圆筒形柱子中充填涂覆钯黑的石棉,使用氕50%-氚50%的氢同位素混合气体作为原料气体,柱子出口可获得纯氚气(99.5%)[5]。从此,色谱法以不同的分离方案应用于氢同位素混合物的分离,既用于获得同位素富集的产品,也应用于氢同位素混合物的分析。下面对其分离特性予以说明。

置换色谱法的实质就是待分离的氢同位素气体混合物连续通入色谱柱,氢同位素混合物中轻同位素容易被固相吸收剂吸收,而重同位素富集于气相。

因此，在色谱柱足够长的情况下，向其供给如 T_2+D_2 的分子混合物，柱子出口首先出现纯的氚，其后是氚和氘的混合物，其中氘的浓度一直增加，直至初始混合物相应的组分。

使用洗提色谱法时，往柱子中连续通入不会被吸收的气体(载体)，在一定时刻往这一气流中引入份额不大的待分离的混合物。在引入试样组分运动进程中，载体气流中不容易被固相吸收剂吸收的组分超过了容易被固相吸收剂吸收的组分，首先从柱子中跑出来，并由监督仪记录下来。这一色谱法用得最多的是分析测定混合物的组分。

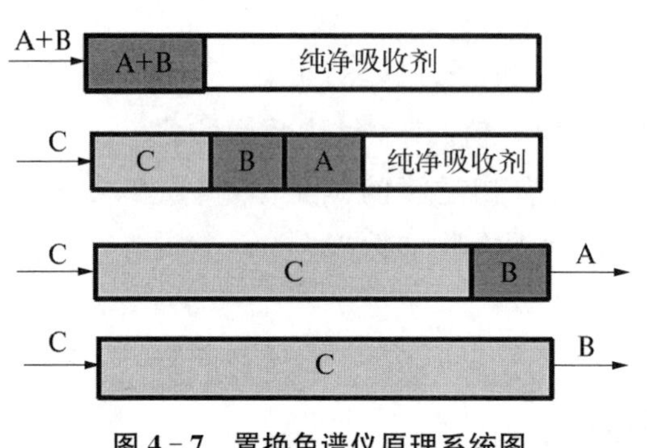

图 4-7　置换色谱仪原理系统图

置换色谱法分离 A+B 气体混合物的过程如下：混合物组分沿柱子运动，其中容易被固相吸收剂吸收的组分置换较难被吸收的组分(见图 4-7)。

这样，就有了混合物完全分离为纯组分的可行性。

氢同位素色谱分离过程中使用两类固相吸收剂，第一类吸收剂以扩展氢分子吸附表面积为主要特征，如氧化铝和氧化硅；第二类吸附剂以伴随氢分子解离与重组为主要特征，如钯、钯合金或涂覆于氧化铝表面的钯粉末等。第一类吸收剂的氢同位素分离过程在低温(可达-240℃)下进行。第二类吸附剂的氢同位素分离过程可在室温下进行。由于钯具有可逆生成氢化物的本领，因此第二类氢同位素分离过程伴随着同分子同位素交换。例如由 H_2、D_2 和 T_2 三种氢同位素分子组成的氢同位素混合物，在吸收剂上将会进行以下反应：

$$H_2+D_2 \longleftrightarrow 2HD \tag{4-55}$$

$$H_2+T_2 \longleftrightarrow 2HT \tag{4-56}$$

$$D_2+T_2 \longleftrightarrow 2DT \tag{4-57}$$

因此分离过程中有六组分混合物。在已知初始混合物组分时，色谱柱出口组分可利用分离过程温度下同分子同位素交换反应的平衡常数来确定。不同的同位素分子在 27℃下的歧化反应平衡常数值列在表 4-1 的第一行。这些常数的温度依赖关系可以利用下式确定：

$$\ln K_{AB}=\sum_{n=0}^{4}a_n\left(\frac{300}{T}\right)^n \tag{4-58}$$

式中的常数系数列于表 4-4。

表 4-4　对于氢同分子同位素交换反应方程式(4-58)中的常数[6]

反应式　K_{AB}	α_0	α_1	α_2	α_3	α_4
式(4-55)　K_{HD}	1.422 72	−0.158 86	−0.166 22	0.114 05	−0.021 77
式(4-56)　K_{HT}	1.477 51	−0.363 56	−0.331 19	0.208 11	−0.044 10
式(4-57)　K_{DT}	1.383 78	0.003 34	−0.164 65	0.114 29	−0.028 71

特定柱子中混合物的色谱分离效果依赖于吸收剂上各种氢同位素气体吸收时的同位素效应。在文献[2,7]研究工作中收集了有关在沸石 NaA 和 NaX 上−240～−170℃温度范围内不同氢分子吸收时的分离系数。在沸石上氢的可逆吸收具有物理学特性，不伴随吸收分子的分解，并用杜比宁方程式描述：

$$\alpha=\alpha_0\exp\left\{-B_C T^2\left[\ln\left(\frac{\tau^2 p_{kp}}{p}\right)\right]^2\right\} \tag{4-59}$$

式中，α 和 α_0 为相应的吸收量和临界吸收量，单位为 mmol/g；B_C 为吸收剂的结构常数；T 为温度，单位为 K；$\tau=T/T_{KP}$ 为引入温度；p_{kp} 和 p 为临界压力和试验压力。

对于二元同位素混合物(A 和 B，B 为重同位素)，由于物理吸附时没有氢分子的分解，在一般情况下可发生三种形式的分子吸收：A_2、AB 和 B_2。因而同位素平衡将特征性地有三个分离系数：α_{A_2-AB}、α_{AB-B_2}、$\alpha_{A_2-B_2}$。它们之间的关联可用以下形式描述：

$$\alpha_{A_2-B_2}=\alpha_{A_2-AB}\alpha_{AB-B_2} \tag{4-60}$$

同时，方程式右边的分离系数之间也通过同分子同位素交换反应平衡常数互相关联：

$$\alpha_{AB-B_2}=\alpha_{A_2-AB}K_{AB}/K_{AB}^{TB} \tag{4-61}$$

式中，K_{AB}^{TB} 为吸收于固相中的氢同分子同位素交换反应平衡常数，同时该量值有别于气相中氢的歧化反应常数。在沸石上吸收时(在 Al_2O_3 上也同样),重同位素富集于固相。同时,对称分子(A_2、B_2)比非对称分子(AB)吸收得更好,这意味着平衡还因为很大的分离效应而复杂化,这与分子不同的自旋状态有关。例如,对于牌号 NaX 分子筛在−196℃温度下仲氢和正氢变体氢分子分离系数等于 1.28。而对于分子筛 NaA 在−223℃温度下则为 1.68[8]。在 27℃温度下氕和氚差不多由 75%正氢变体组成,而氘则为 66.7%。在温度降至−198℃时氘和氚正-仲组分变化为 0.5%~4%,而氕在该温度下正态浓度减少至 48%。因此对于含氕的同位素混合物,在混合物不同正-仲组分时分离系数上的差异可能会很大(见表 4-5)。

表 4-5 −196℃温度和 $p \geqslant 0.026$ MPa 压力下在 Al_2O_3 上吸收时氢的各同位素形式分离系数[1]

同位素混合物	组 分		
	正常的	正氢形式	仲氢形式
H_2-D_2	1.54	1.30	1.83
H_2-HD	1.18	1.00	—
H_2-T_2	—	2.81	3.86
H_2-DT	—	2.33	3.30

以上状况使得分子筛吸收实验时确定分离系数变得复杂化,并决定了不同作者研究工作中所得数据有明显的偏差。在表 4-6 中列出了不同作者有关分子筛 NaA 和 NaX 上正常的正-仲氢组分氢分离系数归一化的数据。

表 4-6 在分子筛 NaA 和 NaX 上,−196℃温度下氢同位素吸收时的分离系数[2]

分子筛	氢容量/(cm^3/g)	同位素混合物分离系数				
		H_2-HD	HD-D_2	H_2-D_2	H_2-HT	D_2-DT
NaA	90	1.43~1.47①	1.70	2.46~2.55	1.80~1.84	1.29
NaX	120	1.32	1.51	2.10~2.12	1.70~1.95	1.14

① 不同研究工作中获得的数据。

要指出的是，按物理学机理进行氢吸收的吸收剂中，分子筛保证有最大的分离系数。这样，在$-196℃$温度下，正常正氢-仲氢组分 H_2-D_2 同位素混合物在一系列分子筛 $NaX-Al_2O_3-SiO_2$ -活性炭上的分离系数从 2.10～1.20 变化[1]。

基于钯及其合金的吸收剂与氢按化学机理相互作用，氢与“形成氢化物的金属”的相互作用规律已在 2.2 节中做了详细探讨。在本章适当地再一次提请注意，氢和钯平衡相互作用的两个特征：

第一，同位素平衡确立时，氢的重同位素的富集发生在气相，有别于与氢按物理学机理相互作用的吸收剂。对于氢化钯，在β相中一次同位素效应在室温下已具有很大的值。对于氕-氘和氕-氚二元同位素混合物，在重同位素低浓度范围内在 175～300 K 温度范围内 α_{AB} 的温度依赖关系用下式表达：

$$\ln\left(\frac{1}{\alpha_{AB}}\right)=a+\frac{b}{T} \tag{4-62}$$

式中系数 a 和 b 的值列于表 4-7[7]。

表 4-7　在氢-氢化钯系统中温度范围-98～27℃时氕-氘和氕-氚二元混合物分离用方程式(4-62)中的系数值和 27℃温度下的 α_{AB} 值[1]

氕-氘混合物		氕-氚混合物		α_{AB}	
a	b	a	b	$\alpha_{H\text{-}D}$	$\alpha_{H\text{-}T}$
-0.023	-202	-0.030	-284	2.01	2.65

由表 4-7 可知，在 27℃温度下，α_{AB} 值已处于对 Al_2O_3 吸收剂和分子筛在沸腾液氮温度下特征性的最大量值水平上。

第二，在氢-氢化钯系统中分离系数值随待分离混合物中重同位素浓度的增加而增加。对于氢的任何二元同位素混合物分离系数的浓度依赖关系，可用前面 H_2-D_2 同位素混合物的方程式(4-17)来描述。而在 27℃温度下，不同同位素混合物分离系数边界值列于表 4-2。

利用钯上同分子同位素交换反应式(4-55)～式(4-57)，能获得不同同位素混合物的成对分离系数之间的简单关系：

$$\alpha_{H\text{-}T}=\alpha_{H\text{-}D}\alpha_{D\text{-}T}\sqrt{\frac{4K_{HT}}{K_{HD}K_{DT}}} \tag{4-63}$$

利用式(4-63)能很容易地计算针对氘-氚同位素混合物的分离系数值。

现在我们来探讨几个利用色谱法分离氢同位素混合物的具体例子。

色谱分离氕-氚同位素混合物的研究目的是比较置换色谱(其中包括自置换色谱,即不使用额外的置换气体)和洗提色谱分离过程的效率。这些都是在研究工作[9]中进行的。图4-8所示为试验装置工作中使用的原理系统图。

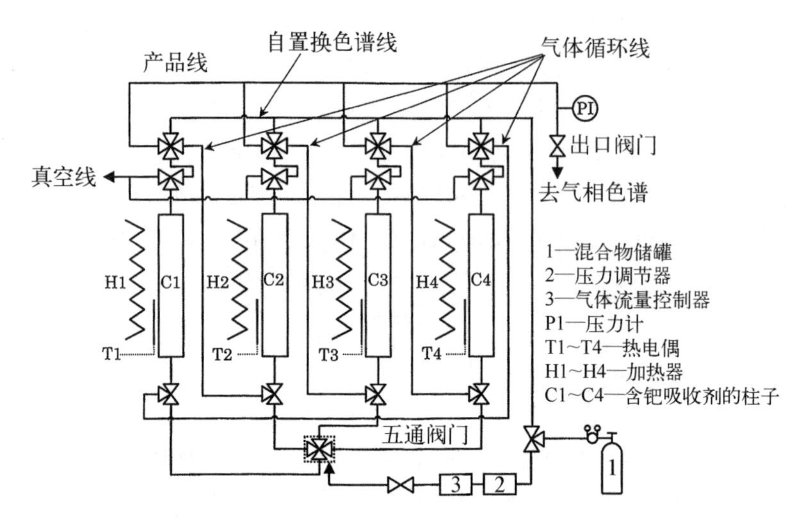

图4-8 试验装置研究工作中使用的工艺系统图

在装置组成中含有4个钢制色谱柱C1~C4。它们中每一个的内径均为3.0 mm,长为70 cm,吸收剂平均颗粒尺寸为350 μm,用量为10 g。在温度为25℃、压力为1 atm下,柱子的氢吸收最大容量为720 cm^3。每个柱子装备电加热器H1~H4,其中的温度由热电偶T1~T4控制。试验开始之前,向柱子中的吸收剂通入氩气在220℃下维持1 h。其后在同样温度下抽真空1 h进行活化。初始氢同位素混合物都是从压力罐1,经压力调节阀门2,流量计3和五通阀进到任何一个柱子中。工作中使用了4个不同氘浓度(原子份额分别为0.549、0.050、0.009 96、0.000 15)的氕-氘初始混合物,前3个是H_2-D_2分子混合物,最后一个是H_2-HD分子混合物。为了保证色谱分离所必需的工况,在装置上装备了三通阀门和四通阀门。

置换色谱工作方法如下:所需要量的同位素混合物引入诸多柱子中的一个柱子,其中温度为300℃。在其出口关掉三通阀。这时由于在钯上优先吸收氕,在柱子入口生成富集氕的区段,而在它的出口生成富集氘的区段。在柱子充填氢之后加热到220℃。柱子出口三通阀和四通阀的安装位置可使解吸之气体经流量计3导向30℃的柱子C2，这一程序一直重复进行，直至解吸之气体头馏分达到给定的量值。这时用气相色谱仪记录下气体中氘浓度，后者安装在产品线路压力控制器PI之后。在不同数目的吸收-解吸程序下输出的依赖关系曲线如图4-9所示。

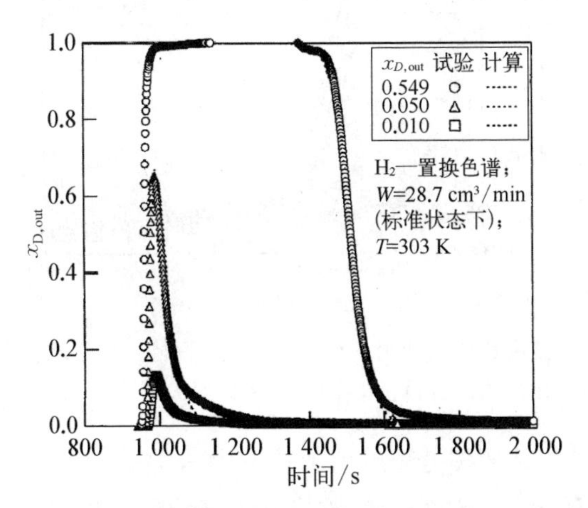

图4-9　产品线气体在不同吸收-解吸数目 n 后浓度对时间的依赖关系 $x_{D,out}=f(x)$ [9]

在置换色谱方案中使用了氢作为气体置换剂。首先往温度为30℃、装有吸附剂且出口阀门关闭的柱子中引入需要量的同位素混合物，然后以恒定的流量向柱子供给天然氢。打开柱子出口阀门，连接到产品线路。从柱子出来的富氘馏分到达压力探测器，随后进到气相色谱仪进行分析。图4-10所示为试验输出曲线，数据是在初始混合物中变化的氘浓度下和使用一个柱子时获得的。

30℃温度下，连续向第一个柱子供给已知同位素组分的气体混合物，以研究洗提色谱法分离效率。当柱子中气体压力开始增长时，放出的气体沿循环线路导向下一个柱子，富集氘的产物经过双通道阀至整个装置出口取样。这一色谱分离方法的输出曲线依赖关系 $x_{D,out}=f(t)$ 高质量地重复了置换色谱方案获得的数据。

在所有研究过的情况中，通过柱子后放出的气体混合物中氢同位素的分布处于平衡状态，因此，为分析分离过程的效率，使用氘的原子浓度 $(x_D)_i$，氘的原子浓度 $(x_D)_i$ 按式(4-64)计算得出

$$(x_D)_i=\frac{2X_{D_2}+X_{HD}}{2(X_{D_2}+X_{HD}+X_{H_2})} \tag{4-64}$$

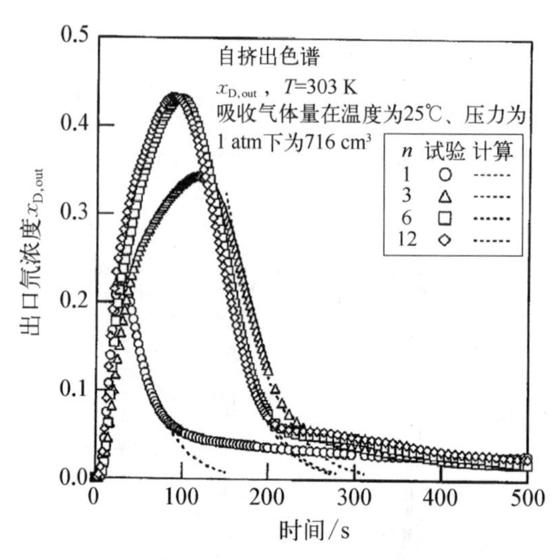

图 4-10　产品线路中使用一个柱子时在不同的入口氘浓度($x_{D,in}$)下出口氘浓度($x_{D,out}$)对时间的依赖关系[9]

在方法比较时，使用按分离度值和提取度 R，分离度值是通过式(4-65)计算的，提取度 R 由作为产物收集的馏分中氘的比容积与初始引入混合物氘的比容积之比计算而得：

$$K=\frac{(x_D/x_H)_{out}}{(x_D/x_H)_{in}} \tag{4-65}$$

这时在满足

$$\frac{(x_{D,out}-x_{D,in})}{x_{D,out}}>0.05 \tag{4-66}$$

条件下的同位素混合物可视为产品。

除此之外，用"逐板计算"方法，借助于气体中氘浓度出口曲线曾确定了HETP的值。从J分离级放出的气体中氘的浓度谱面用下式描述：

$$\frac{x_{D,out,J+1}}{\alpha_{H\text{-}D}-\varepsilon_{H\text{-}D}x_{D,out,J+1}}=x_{D,out,J}-\frac{\varepsilon_{H\text{-}D,in}(1-x_{D,in})x_{D,in}}{\alpha_{H\text{-}D,in}-\varepsilon_{H\text{-}D,in}x_{D,in}} \tag{4-67}$$

式中，

$$\alpha_{H\text{-}D}=\frac{x_{D,J}(1-y_{D,J})}{y_{D,J}(1-x_{D,J})} \tag{4-68}$$

$x_{D,J}$、$y_{D,J}$ 分别为 J 分离级上气相和固相中氘的平衡浓度；$\alpha_{H\text{-}D,in}$ 为当 $x_D=x_{D,in}$ 时的分离系数；而 J 分离级上氘的实时浓度下的分离系数值，可根据它在氘浓度无限小时与分离系数 $\alpha_{H_2\text{-}D_2}$ 的依赖关系，按下式确定：

$$\alpha_{H\text{-}D}=\alpha_{H_2\text{-}HD}\frac{1-y_{D,J}+4y_{D,J}(\alpha_{H_2\text{-}HD}/K_{H\text{-}D})}{1-y_{D,J}+y_{D,J}\alpha_{H_2\text{-}HD}} \tag{4-69}$$

对于 $\alpha_{H_2\text{-}HD}$ 的温度依赖关系使用以下公式：

$$\alpha_{H_2\text{-}HD}=\exp(-0.121+228/T) \tag{4-70}$$

式中，T 为温度(K)。

在表 4-8 中列入使用一个色谱柱和 $x=0.05$ 量值时分离过程参数的比较。所有吸收过程都在 30℃温度下进行。

表 4-8　一个柱子氕-氘混合物分离($x_{D,in}=0.05$)时 HETP 值和氘提取度的比较(吸收温度为 30℃)

分离方法	气体流量/Ncm^3/min	产品中$[D]_{max}$原子份额	提取度	HETP/cm
自置换色谱法	27.8	0.227	0.140	3.7
置换色谱法	27.8	0.652	0.837	3.0
洗提色谱法	27.8	0.683	0.417	2.0

注：表中 Ncm^3/min 表示标准状态下立方厘米每分钟。为方便起见，业内常在单位前加“N”表示在标准状态下的值。比如本书中还有 Nm^3/h，表示标准状态下立方米每小时。

从表 4-8 列出的数据得出，对于少量的氘(按作者的观点还有氚)从氢同位素气体混合物中分离，置换色谱法具有优越性。

为分离含氚气体混合物，置换色谱在 JET 反应堆(JET active gas handling system，AGHS)氚工厂得到了最大规模的实际应用[10]。图 4-11 所示为分离装置方框图。

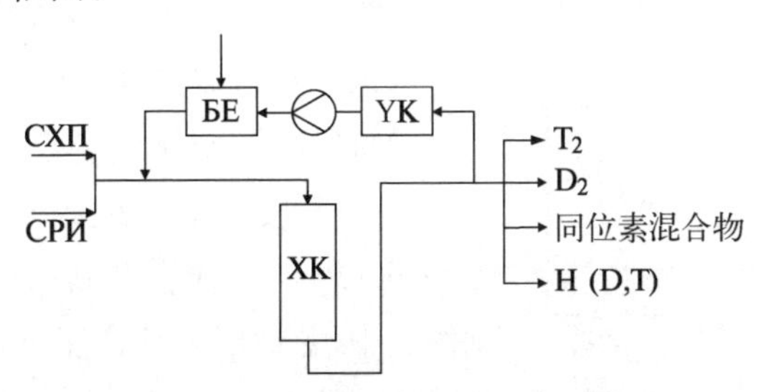

XK—色谱柱；БЕ—缓冲罐；YK—铀储存容器。

图 4-11　JET 反应堆色谱分离装置系统方框图[10]

装置的主要单元是四个色谱柱子(图 4－11 中只标了一个)。其中每一个柱子都由长为 2.7 m、直径为 3.4 cm 的两根管子组成。柱子装在一个可以循环载热剂(油)的罩子中,罩子能创建达到氢解吸所需的温度(300℃)。柱子中作为吸附剂的钯(18%～20%质量分数)粉末充填涂覆在 Al_2O_3 上。按气计所有四个柱子的容量约为 14 kPa・m^3(在 50℃温度和 0.1 MPa 压力下)。

同位素混合物色谱分离循环由以下阶段组成。

(1) 柱子准备：待分离氢同位素混合物从同位素分离系统或储存和投放系统供给到柱子中,在这里被钯吸附。待分离混合物体积为 1～1.25 mol 时,大约对应所有柱子吸附容量的 1/4。

(2) 分离：置换气(即天然同位素组分的氢)供到柱子中,并从柱子气体容积中将氦以及氢化钯中的氘和氚置换出来。当同位素混合物沿柱子运动时,它的前沿部分(区段)将富集氚。分离持续进行,直至它的中间馏分和产品按以下序列从柱子中出来为止：纯氦→中间馏分 He＋T_2→纯氚(T_2)→中间馏分 T_2＋DT＋D_2→纯氘 D_2→中间馏分 D_2＋DT＋H_2→纯氕 H_2。

馏分的监督记录借助于安装在柱子出口吸收层上的热元件实现。柱子出口热导仪以及电离室(体积约为 2.5 cm^3)亦可监测。热元件监测记录气体沿柱子前沿部分(区段)移动时吸收剂的加热情况。热导仪和电离室监测记录柱子出口同位素组分的变化。基于馏分监测的产品和馏分的取样通过柱子出口上的阀门系统切换实现。中间混合物以及氚和氘污染的氢(气)予以储存,以待其后分离。

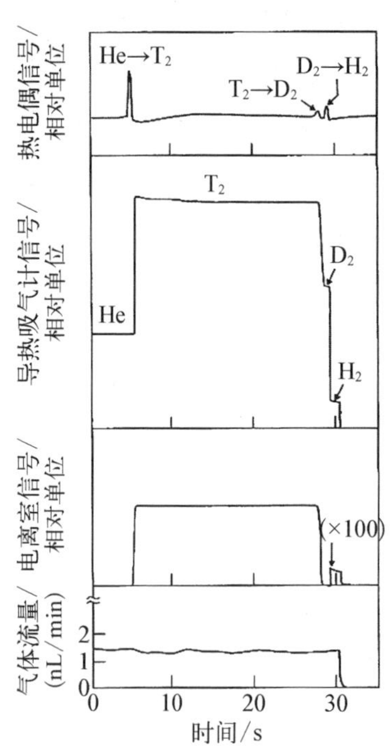

图 4－12 约含 8 g 氚同位素混合物分离过程的结果[10]

(3) 再生：柱子中的吸收剂用 200℃温度下氢的解吸予以再生。解吸的氢在铀储存容器中吸收。残留的氢用氦吹扫柱子排除。氦也通过铀储存容器,其中氢被铀吸收。在再生的最后阶段柱子冷却至室温。

在 JET 反应堆上进行含氘-氚等离子体的 DTE1 试验进程中及其后的等离子体室除氚作业中,曾使用上述含氚氢同位素混合物色谱分离系统 160 次以上。在这种情况下适合在反应堆中重复利用的氚曾得到不少于 40

次[10]。图 4 - 12 展示了这类试验中的一次试验结果。

这些试验的进程中获得的氘和氚质量符合规定的要求(见表 4 - 9)。

表 4 - 9　氘和氚色谱分离结果所获产品要求的纯度和已达到的纯度[10]

组　分	氕(置换气)	氘	氚
	要求的含量/%(体积分数)		
D_2	<1	>98	<0.25
T_2	<0.5	<1	>98
	达到的含量/%(体积分数)		
D_2	0.17	99.7	0.13
T_2	<0.5	0.01	99.96

4.2.2　固相物质-氢气系统反向流分离过程

以上所探讨的色谱方法的缺点是分离过程的周期性工况。以固体物质-氢气系统中分离效应为基础的连续反向流的分离过程在如图 4 - 13 所示的原

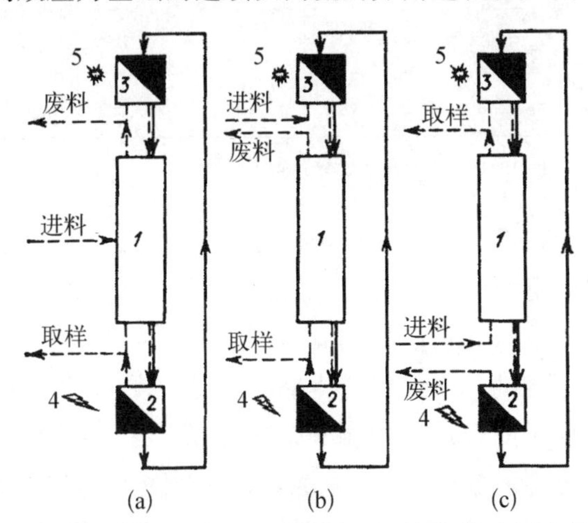

1—分离柱子;2—解吸器;3—吸收器;4—电加热器;5—冷却器。

图 4 - 13　固体物质-氢系统中反向流同位素分离装置原理系统图

(a) 含分离柱富集部分和贫化部分的装置;(b) 其中目标同位素富集在固体相中的工作系统用装置;(c) 其中目标同位素富集在气相中的工作系统用装置

理系统装置上能够予以实现。装置工作时吸收剂在重力作用下沿柱子 1 向下移动并与氢气流相遇。氢气流是由于在解吸器 2 中热解吸过程而产生的。在柱子的出口处氢进入被冷却的吸收器 3,并以吸收的形式返回柱子。这样的反向流分离过程在参考文献中常称为超吸附的过程。它实施时的主要困难在于:① 要组织柱子中固相的均衡移动;② 要将固体吸收剂从解吸器返回到吸收器,这时装置在长时间连续工作中不可避免地发生与吸收剂磨损相关的问题。

相关文献中有关于在气-氚同位素混合物分离时使用活性炭[11]、硅胶[12]、颗粒状钯[13]作为吸收剂来实际实施该过程的信息。这些研究工作中达到的分离过程效率的比较列于表 4-10。从表中数据看出,在反向流柱子中同位素混合物最有效的分离是在使用颗粒状钯作为吸收剂时发生的。过程在室温下进行,并测得最大气-氚分离度 F 值(≥122)。

表 4-10 气-氚同位素混合物在分离超吸收装置中达到的性能比较

吸收剂	柱子温度/K	氢气流量/[kmol/(m² · h)]	柱子规格尺寸/cm		F	HETP/cm
			长	直径		
活性炭	86	2.5~12.6	46	3.8	42	1.6
SiO_2	77	约 3 m/h①	200	2.0	56	6.75
Pd	294	1.8	20	1.5	>122②	<2.5

① 引入吸收剂在柱子中的线速度;② 柱子稳态尚未达到。

然而,在超吸收过程条件下固体物质和气体反向流组织中的问题限制了使用这一方法可能有的前景。因此,作为二者择一的方法曾推荐原先的技术解决方案。根据该技术解决方案,分离柱子分割一定高度的区段;吸收剂在区段中相对区段壁不运动。为组织气体反向流运动,气体回流组合件——吸收器和解吸器或者柱子的分离区段相互依次移动[15-16]。利用这种组织反向流原理工作的实验过的诸多装置之一的原理系统如图 4-14 所示。

在这一装置中,转移相对不动的加热组合件(气体解吸用)和冷却器(气体吸收用)的诸多区段经单一的截止分配器装置 8 相互连接,单一的截止分配器装置保障装置的气密性以及气体流的供给和导出。

装置既可在连续工况,也可在周期性工况下工作。该装置不同的方案中

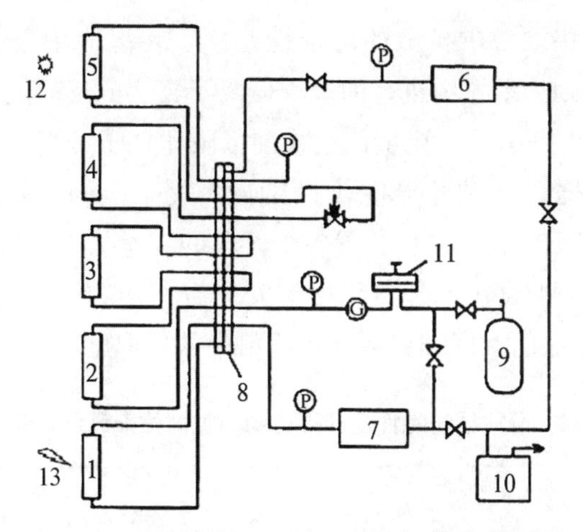

1～5—含吸收剂的柱子区段；6，7，9—产品、废气和原料用容器；8—截止分配器装置；10—真空装置系统；11—压力调节器；12—气体吸收器区段用冷却器；13—气体解吸用加热器。

图 4-14　区段式分离柱装置原理系统图

装有片剂状、元件尺寸为 0.1～1 mm 的钯黑颗粒的分离区段，分离区段数目在 5～12 个之间变化。这时应注意到因为有氢的吸收组合件和解吸组合件，因此在总的柱子区段数目中有两个区段不参与分离过程。柱子区段高度也有变化，范围为 10～106 mm。

图 4-15 给出实验确定的 HETP 对区段中吸收剂高度的依赖关系。文献[16-18]指出区段中吸收剂层高度为 10 mm 时 HETP 数据为 2.6～3.7 mm，并且与气体同位素组分、温度、压力和气体流量无关。按作者观点这证实了氢

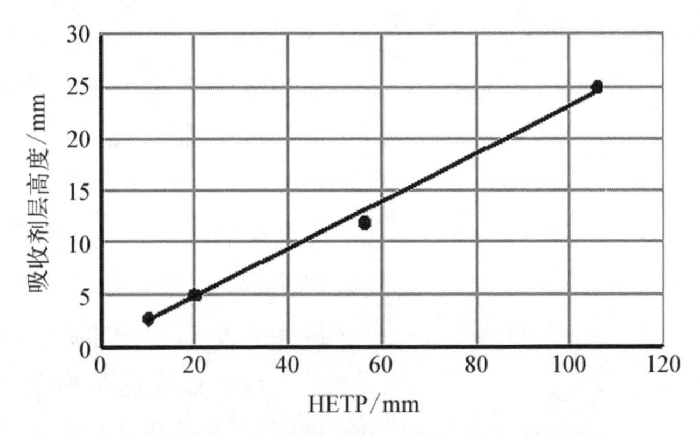

T=296 K，p=0.1 MPa，待分离混合物为氕-氘混合物。

图 4-15　HETP 对柱子分离区段中钯层高度的依赖关系[2]

分子或原子在固相颗粒中扩散的决定性作用。在区段中吸收层厚度增加时 HETP 值增大是因为装置中进行的过程偏离了真实的反向流。

在表 4-11 中列出使用充填钯吸收剂区段化柱子分离不同氢同位素混合物效率方面的数据。5～7 号实验属于用作分离氘-氚同位素混合物中试装置的运行[19-20]。按氢气进行估计装置各个区段的容量为 0.87 L，装置在周期性工况下工作。在它的富集端和贫化尾端安装有积累容器，其容积按照提出的分离任务(产品中氚的浓度和它从初始原料中的提取度)而变化。

表 4-11　分段柱的特性及其可达到的氢同位素混合物分离程度

<table>
<tr><th rowspan="2">序号</th><th rowspan="2">区段数量</th><th colspan="2">区段的尺寸/cm</th><th rowspan="2">组织中吸附剂的总高度/cm</th><th rowspan="2">被分离的混合物</th><th rowspan="2">分离程度</th><th rowspan="2">气流/(L/h)</th></tr>
<tr><th>直径</th><th>高度</th></tr>
<tr><td>1</td><td>8</td><td>0.4</td><td>3</td><td>18</td><td>H-D</td><td>1 050</td><td>6</td></tr>
<tr><td>2</td><td rowspan="3">5</td><td rowspan="3">1.1</td><td rowspan="3">1～10.6</td><td>3～31.8</td><td>H-D</td><td>>15 600</td><td><20</td></tr>
<tr><td>3</td><td>3</td><td>H-T</td><td>1 660</td><td>4</td></tr>
<tr><td>4</td><td>3</td><td>D-T①</td><td>10</td><td>5</td></tr>
<tr><td>5</td><td rowspan="3">12</td><td rowspan="3">1.5</td><td rowspan="3">6</td><td rowspan="3">54</td><td rowspan="3">D-T</td><td>774</td><td>16.4</td></tr>
<tr><td>6</td><td>112</td><td>1.0</td></tr>
<tr><td>7</td><td>41.7</td><td>5.2</td></tr>
</table>

① 在氚微浓缩领域。

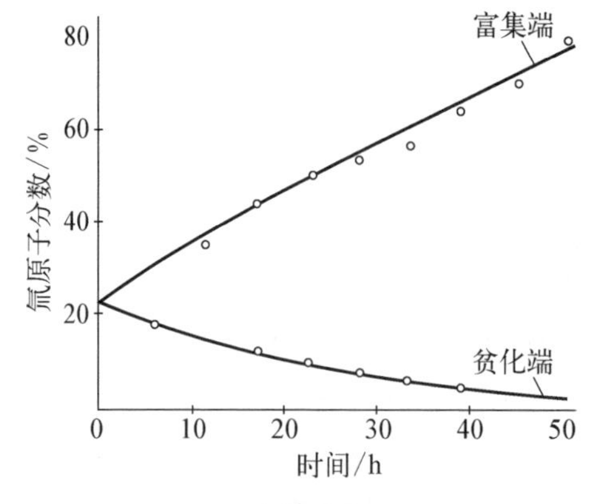

图 4-16　分离柱富集端和贫化端容器中氚浓度变化

图 4-16 给出了在原料的氚浓度为 23%的情况下容器中氚原子浓度的变化曲线。沿柱子气体流量为 13 L/h，经过 50 h 工作，当在容器中气体量为 40 L 时，产品容器中氚的浓度为 80%，而在废料容器中的原子浓度为 3.45%，其中的气体量为 90 L。

以上描述的装置在萨罗夫市的俄罗斯联邦核中心全俄实验物理科学研究所(РФЯЦ ВНИИЭФ)为分离

氘和氚混合物做了长时间的运行试验。

4.2.3　低温精馏

当今氢的低温精馏是分离二元(氘、氚)和三元(氕、氘和氚)氢同位素混合物,且最终目的是实际获取纯的单一同位素产品最大规模的方法。

在大气压力下,氢同位素的沸点在 H_2、D_2、T_2 序列中以下列次序变化:−252.85℃、−249.55℃和−248.15℃。这些分子中的每一个分子均可存在两个状态:正的(分子中两个原子的核自旋方向平行)和仲的(分子中两个原子核自旋方向反平行)。在室温下氕有25%的仲氕和75%的正氕,氘有33%的仲氘和67%的正氘,氚则有25%的仲氚和75%的正氚。在−253℃温度下氢同位素的平衡组分中仲的形式的含量分别为99.8%、2.0%和66.4%。在−253℃时正氢和仲氢的转换伴随很大的热效应:H_2 为1 056 J/mol,D_2 为223 J/mol,T_2 为196 J/mol[1,21],但是,在液态氢中这种转化的速率不大,1小时小于1%[22],这使得能在利用液态氢的低温精馏以分离同位素时忽略依赖仲-正转化过程所释放的热,例如对于氕,其值已超过蒸发热。

在−248～−233℃温度范围内氚的饱和蒸气的压力可按下式[1]计算:

$$\lg p^0 = 6.1583 + \frac{78.925}{T} + 2\times 10^{-4}(T-25)^2 \tag{4-71}$$

HT和DT蒸汽压力按几何平均值计算:

$$p^0_{HT} = \sqrt{p^0_{H2}p^0_{T2}},\quad p^0_{DT} = \sqrt{p^0_{D_2}p^0_{T2}} \tag{4-72}$$

表4-12列出了含氚的氢同位素混合物蒸气压力比。这些比值等于理想分离系数值。

表4-12　含氚的氢同位素混合物理想的分离系数[1]

温度/K	同位素混合物		同位素混合物	
	H_2-HT	HT-T_2	D_2-DT	DT-T_2
21.0	2.19	2.18	1.30	1.30
22.0	2.06	2.05	1.27	1.27

（续表）

温度/K	同位素混合物		同位素混合物	
	H_2 - HT	HT - T_2	D_2 - DT	DT - T_2
23.0	1.95	1.94	1.25	1.25
24.0	1.86	1.85	1.23	1.23

液体氢不是理想的同位素混合物，即它们的活度系数不等于 1。因此，在液体蒸气系统中分离系数的试验值不等于理想值。如从表 4 - 13 数据所得，在从 －250～－248℃ 温度范围内理想的分离系数值相对于试验值相差 4％～6％。

表 4 - 13　氘-氚同位素混合物分离系数理想值与实验值的比较[1]

温度/K	D_2 - DT 同位素混合物		D_2 - T_2 同位素混合物	
	$\alpha_{理想}$	$\alpha_{实验}$	$\alpha_{理想}$	$\alpha_{实验}$
23	1.248	1.185±0.014	1.558	1.455±0.048
25	1.207	1.1.59±0.003	1.457	1.382±0.056
27	1.075	1.118±0.006	1.382	1.318±0.077

氘和氚的同位素混合物在高浓度氚的范围内（同位素 DT - T_2）的分离系数可用 $\alpha_{D2\text{-}DT}$ 去除 $\alpha_{D2\text{-}T2}$ 得到。

需要指出的是，在分离系数的理想值与实验值差别不是很大的情况下，富集系数 $\varepsilon=\alpha-1$ 上的差别可达到 25％。考虑到当 α 值与 1 相差很小时分离级联中流体流量值反比于 ε 值[见式(4 - 31)]，同样地，还有所必需的分离级数[见式(4 - 39)、式(4 - 40)]。当 α 很小时，$\ln\alpha\sim\varepsilon$，当然还有分离柱子的高度。忽略液体氢的非理想化在分离装置规格尺寸计算中会引入很大的误差。

比较水精馏和氢精馏分离含氚的氢同位素混合物过程的热力学特性可以得出，后一种方法更具优越性：在大气压条件下 D_2O - DTO 和 D_2 - DT 同位素混合物分离系数相应地为 1.001 和 1.382。但是，我们要指出，有别于水的自发的均质交换反应[见式(4 - 10)]，若没有催化剂，氢的同一分子交换反应

[见式(4-12)]是进行不了的。因此,为了在宽浓度范围进行目标同位素氢精馏,分离装置要求在单独的催化组合件中进行同分子的同位素交换反应,催化组合件是在比分离装置本身高得多的温度下工作的。

在具体探讨使用氢的低温精馏以分离它的同位素混合物示例之前,我们先回顾一下历史。世界上第一个大规模氢精馏装置于1954年在苏联契尔契克市投入运行[23]。装置专门用于获取氘,以便之后将其转化为重水。当它建造时曾解决了一系列复杂的技术问题。主要问题之一是氢的深度净化,首先是要去除氧(达残留浓度为$1\times10^{-9}\sim1\times10^{-10}$体积分数)。结果这一工艺成了苏联重水生产的主要工艺(乌克兰第聂伯罗捷尔任斯克市"氮"科学生产联合公司,НПО "АЗОТ")。

低温精馏法分离和富集氚的实际经验首先是在法国格勒诺布尔M-Laue Lanrevena研究院高通量密度中子研究堆重水调节装置上获得的。1972年这一装置投入运行,工艺系统如图4-17所示。

装置设计中设定的初始数据如下:装置应该维持反应堆重水如下的参数水平:氘的原子浓度为(99.80～99.92)%。氚的浓度为$(6.3\sim8.2)\times10^{10}$ Bq/kg[即(1.7～2.2)Ci/kg]。为了保证这样的参数,在分离产品中氘的原子浓度大于98%情况下,必须每年从重水中提取60 kg的轻水和8×10^{15} Bq的氚。

从重水中去除氕和氚的过程涉及200℃重水蒸气与氘气在催化剂作用下进行的下述氢同位素交换反应:

$$DTO + D_2 \longleftrightarrow D_2O + DT(K_{平衡} = 0.82) \tag{4-73}$$

$$HDO + D_2 \longleftrightarrow D_2O + HD(K_{平衡} = 1.77) \tag{4-74}$$

为了按这些反应的过程进行,使用的水流为20 kg/h,氢气的循环流为45 Nm^3/h。交换后的氢进到第一个精馏柱子的中部。

精馏柱子在0.15 MPa压力下工作,第一个柱子的直径为250 mm,填料部分高度为11 m,充填的是Sulzer公司的规整填料。柱子顶部收集的氕的浓缩物含80%(体积分数)的HD和20%(体积分数)的D_2,这一浓缩物通过氢的氧化转化为水(原子含量约为60%的氘)。富集氚的氘从第一个柱子的下部取样,导入到充填Dixson环(填料)的第二个柱子,后者总高度为9 m,由上下两部分组成,它的上面部分直径为20 mm,下面部分直径为12 mm,氢气流从该柱子中部导进到催化反应器,以实现同分子同位素交换反应。

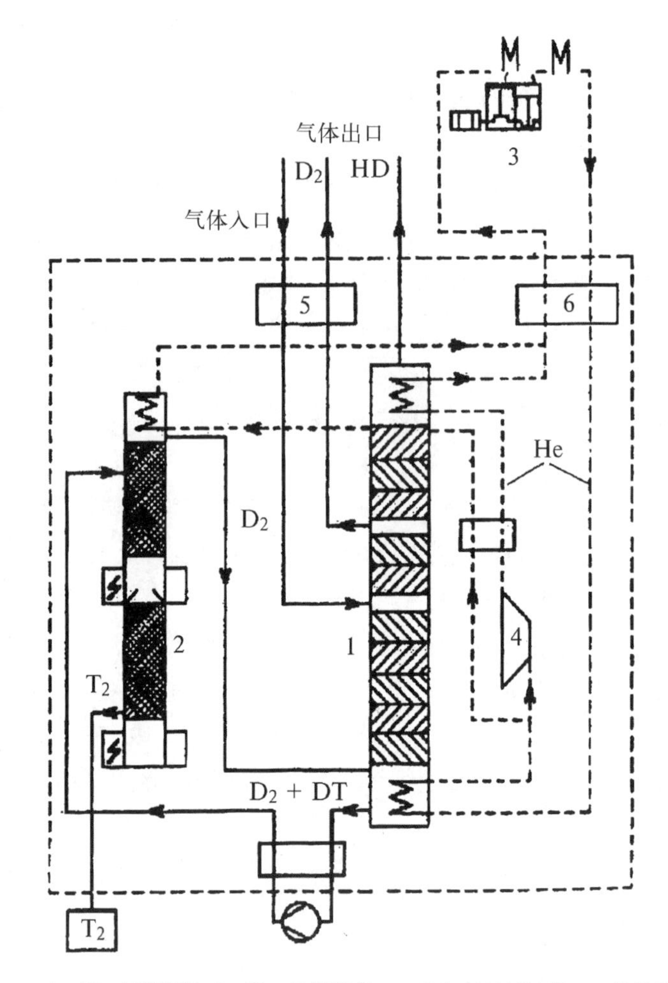

1—第一级精馏柱；2—第二级精馏柱；3—冷却剂氦压缩机；4—涡轮膨胀机；5—氢进料流干燥、净化和冷却系统；6—制冷循环热交换器。

图 4-17　M-Laue Lanrevena 研究院调节重水冷却剂用氢低温精馏装置系统图[24]

$$2DT \longleftrightarrow D_2 + T_2 \tag{4-75}$$

在柱子的下部分离过程以定期地将原子浓度≥98.0%的氚取样至专门的容器中结束。该装置持续成功地运行使得评价柱子中理论塔板数(NTP)能够实现，在两个柱子中 NTP 为 400，这意味着两个柱子填料部分总高度为 20 m 时 HETP 平均值约为 5 cm。柱子中氚的总滞留量等于 7.4×10^3 TBq，电能耗为 800 kW，冷却水为 25 m^3/h[1,2]。

格勒诺布尔装置成功的运行经验为在(加拿大)达林顿建造功率大得多的

CANDU 核反应堆重水慢化剂的除氚装置(Darling-ton tritium removal facility, DTRF)奠定了基础[25]。装置在1987年投入运行,它专门用于处理含初始氚浓度(15～30)Ci/kg 的重水,已有350 kg/h 的重水再处理能力,每年可获得2～2.5 kg 氚。除了很大的功率外,装置与格勒诺布尔装置还有一些其他区别。虽然重水与氢气之间的同位素交换也是在200℃水蒸气条件下进行的,8套催化交换塔内水蒸气与氢气处于并向流运动,但是含氚重水与贫氚氘气总的物料流动方向是逆向流运动。低温装置的分离部分由工作在0.13 MPa 压力下的两个柱子组成,第一个柱子有两个不同直径的区段,第二个柱子由3个区段和分解 DT 用的反应器组成可保证获得原子浓度为99%的氚。为了冷却同位素交换柱,实施氢循环代替氦制冷循环以利用氢的冷却热,比能耗得以削减一半多。

从不同用途的核反应堆重水慢化剂中去除氚的装置,除了精馏柱数目不同之外,从重水中提取氚的方式也有别于前面所描述的装置。虽然也是重水和氢之间的同位素交换。但是交换中参与的是液体水而不是水蒸气。过程在低于100℃温度下的反向流柱子中进行[26-27]。20世纪70年代,憎水催化剂的研制成功使水-氢交换过程成为可能。在下一章中将更详细地探讨憎水催化剂。

图4-18引用了水-氢液相同位素催化交换实现氚转换为分子氢的系统原理图[26]。加拿大科学研究中心建立的 D_2+DT 同位素混合物精馏分离单元由两个柱子组成。第一个精馏柱直径为150 mm,高为15 m,充填 Sulzer 公司

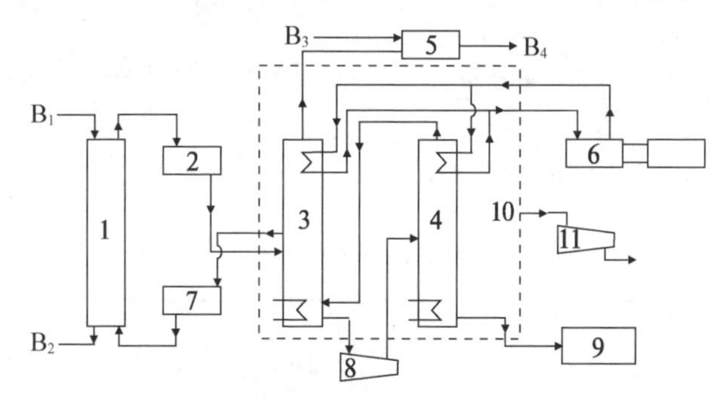

1—液体重水和氢同位素交换柱;2—精馏第一级压缩机;3,4—低温精馏柱;5—氢燃烧组合件;6—氦制冷剂循环;7—氢气用扩展容器;8—精馏第一级压缩机;9—以金属(钛或锆)氚化物形式的氢取样;10—真空冷冻工作区;11—真空泵;B_1～B_2—液相交换区重水的入口和出口;B_3—供氧至氢燃烧组合件;B_4—含氘重水废料。

图4-18　加拿大(乔克河)国家实验室重水除氚装置原理系统图[26]

的规整填料，具有 100 个 TCP，氚浓度可增加至原料气氚浓度的 25 倍。第二个柱子由三个区段组成，上部直径为 50 mm，下面两个区段的直径为 12 mm。两个区段之间安放 DT 催化歧化设备。从第一个精馏柱上部放出富集氕的同位素氢气流。

以上例子所包含的氕和氚浓度不大。在热核反应堆燃料循环中使用的精馏过程情况则有所不同，应当引起注意。一般情况下乏燃料混合物为 6 种氢同位素分子的混合物：H_2、HD、D_2、HT、DT 和 T_2。分子浓度之间的比例依赖于它们是否处于热力学同位素平衡。这一混合物分离任务是获取最大纯度的单一同位素组分 H_2、D_2 和 T_2。鉴于低温下同位素平衡不能自发地建立，为了分解多分子同位素形式并获得纯的组分，需要将工作在 −252 ~ −248℃温度范围的精馏过程与工作在室温下的催化歧化过程相互结合起来。

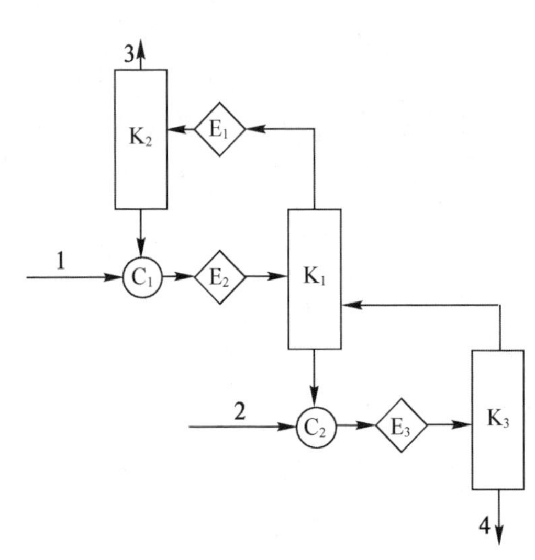

1，2—进料流；3—氚贫化产品；4—氚富集产品；K_1 ~ K_3—精馏柱；E_1 ~ E_3—催化反应器；C_1 ~ C_2—液体混合容器。

图 4-19 蒙德 HISS 低温精馏装置系统图[28]

在(美国)蒙德曾研究、设计、建造并投入运行氢同位素低温精馏系统（hydrogen isotope separation system，HISS）[28]（见图 4-19）。装置包括三个工作于−249℃下的精馏柱，后者的高度足以能够获取作为产品的 H_2(流体 3)和 T_2(流体 4)。柱子的规格尺寸和流量以及流体中计算的同位素浓度如表 4-14 和表 4-15 所示。

表 4-14 蒙德 HISS 低温精馏柱系统参数[28]

参数	柱子		
	K_1	K_2	K_3
内径/mm	26.1	16.6	10.2
填料层高度/m	3.66	3.66	3.66

(续表)

参　　数	柱　子		
	K_1	K_2	K_3
HETP/mm	51	51	51
体积滞留量/%	9.5	9.5	10.7
补给阶段号	28.4①	16	35
柱子冷凝器压力/MPa	0.111	0.107	0.107
Flegmofu 数	18.9	86.2	50
蒸汽速率/(mm/s)	80	15	54

① 循环流的输入板。

表4-15　HISS装置流体中浓度(摩尔分数)计算结果

参　　数	进料流1	进料流2	净化的产品(流体3)	氚浓度(流体4)
流体/(Nm^3/h)	0.000 57	0.001 59	0.001 74	0.000 42
	摩尔份额			
H_2	0.012 75	0.000 51	0.000 11	~0
HD	0.177 56	0.029 83	0.104 52	$<0.1\times10^{-6}$
HT	0.004 21	0.009 14	4.4×10^{-6}	$<0.1\times10^{-6}$
D_2	0.764 8	0.534 32	0.895 36	$<1.5\times10^{-6}$
DT	0.040 12	0.361 54	$<0.1\times10^{-6}$	0.039 52
T_2	0.000 56	0.064 66	$<0.1\times10^{-6}$	0.960 48
氚原子浓度/%	2.3	25	~0(活度0.1 Bq)	98

HISS装置的优点是能够同时处理不同组分的两个原料流。第一个包含原子浓度为10.364%的氕、87.364%的氘和2.272%的氚。第二个包含原子浓度为2%的氕、73%的氘和25%的氚。缺点是在流体3中大量的氘被带走

(见表 4 - 15)。

应当指出,为了分析和改进低温精馏法分离多组分氢同位素混合物过程,世界上许多国家都在研制、设计和试验验证分离过程的数学模型,其中考虑到液态氢同位素溶液相对理想溶液的偏离以及柱子中氚放射性衰变相关的热效应[29-31]。

进行了氘-氚等离子体 DTE1 一系列实验之后,在 JET 反应堆氚工厂运行时积累了氕、氘、氚三组分同位素混合物。它们的分离使用了低温精馏的实际经验[32]。同位素分离装置(isotopic separation system, ISS)包含有两个子系统: 气体色谱(GC)和氢低温精馏(CD)。GC 系统(见图 4 - 14)专用于装置周期性工况下获取高纯度的氘和氚,装置初始氚浓度为百分之几。CD 系统专用于氢流量相对较大的连续工况,除氚后的氢气从精馏装置直接排到环境中。

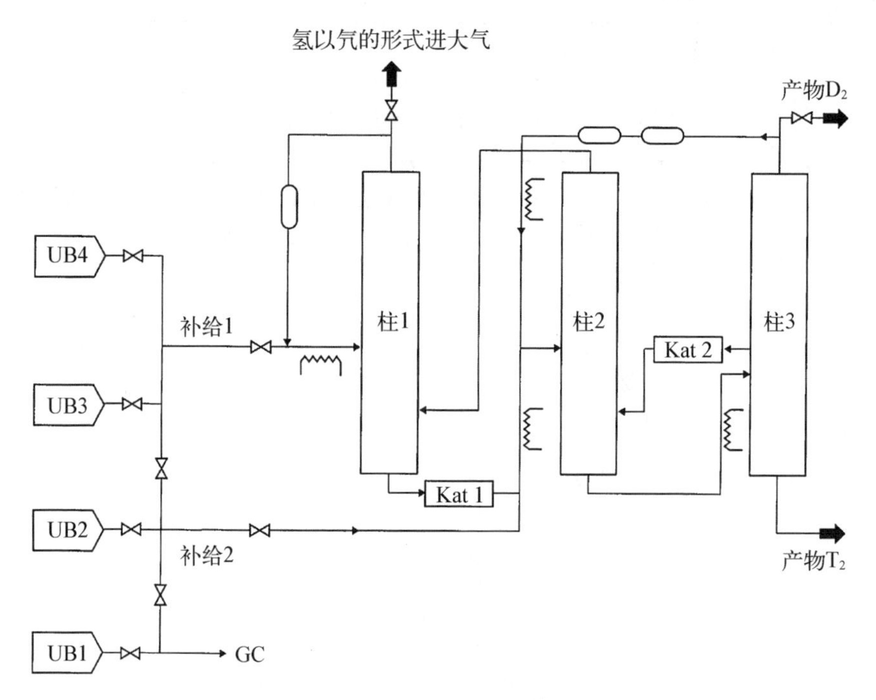

图 4 - 20　JET 反应堆 AGHS 低温精馏装置系统图

这样,GC 和 CD 两个系统装置组成中包含三个低温精馏柱,柱 1～柱 3,其主要特性列于表 4 - 16。四个充填铀的储存容器 UB_1～UB_4 用于氢的中间储存。两个催化区段 Kat1～Kat2 实现氢的同分子同位素交换。人们曾考虑装置每昼夜能处理 33 g 氚。DTE1 试验开始时,处于 JET 反应堆中的氚总量为20 g,因此,装置未能在预期生产率的条件下工作。它的运行主要为氚的预先富集,并将所获得的浓缩气供到装置GC中,GC中的总氚量任何时候都未超过1 g。除此之外,在建造同位素分离系统时,设想GC和CD子系统将平行地工作。但是DTE1试验大纲提出的同位素分离系统主要任务如下：① 利用第一个柱子将大量的氘中氚去除掉,直至氚浓度能达到大气环境排放要求；② 将氢同位素混合物中氚预富集至GC系统能够分离得到纯氚产品。因此,实际上GC和CD两系统工作至1997年5月,反应堆上DTE1实验开始时装置已完成启动调试工作,并且在DTE1整个试验进程中,含氚氢同位素混合物的分离一直进行至1997年11月。而其后用氘除氚净化等离子体室期间继续工作至1998年2月。装置工作的6个月中处理的氢总量约为11 m^3,其中约7.6 m^3 从柱子1的上部排至大气环境,该气中氚的平均浓度大大低于1×10^{-6}。从柱子3上部作为产品取出的氘,其中的氚浓度也小于1×10^{-6}。从柱子3下部批取出氘-氚混合物,其平均氚原子浓度为5%。最大的氚原子浓度在分离循环头一份样品中超过了35%。整个期间精馏装置共提取出2.5 g的氚。

表4-16　JET反应堆低温精馏装置同位素交换柱特性

特　　性	柱子1	柱子2	柱子3
柱子直径/mm	16	16	17/13
填料部分高度/m	4.8	4.8	6.9
填料型号	Dixon环	Dixon环	Dixon环/СПН①
理论塔板数	80	80	100
进料点对应的理论塔板位置	60	40	45
中间再沸器对应的理论塔板位置	—	—	42②
柱子顶部压力/MPa	0.10～0.12	柱子,1+0.005	柱子,1+0.010
柱子水力学阻力/kPa	4	5	8
回流比	6	12	35

(续表)

特　性	柱子 1	柱子 2	柱子 3
柱子截面蒸气速率/(m/s)	0.01	0.05～0.1	0.05～0.1
冷凝器中温度/K	18～20	20～24	22～25
再沸器中温度/K	21～24	21～24	23～26
冷凝器能耗/W	10	13	15
再沸器中能耗/W	8.5	9.0	7.0/4.5②

① CПН 为螺旋棱镜填料；② 中间再沸器在 42 理论塔板时。

这样，列入 JET 反应堆氚工厂组成的两个同位素分离系统相互补充。另外，我们要指出的是，在 DTE1 试验进程中以及其后 JET 反应堆上设备去污形成了大量的氚化水。这类水通过分子筛吸附的方式来收集。每个吸附器的容量约为 40 kg 氚化水。直到不久前，这些水在短期存储后发往加拿大，以进行后处理。但是在 2015 年有报道，将在 JET 反应堆上建立有关氚化水处理系统[33]，系统基于将电解水的过程和氢的低温精馏相结合(一个或两个独立的或依次的柱子，这取决于原料水中氚的浓度)，推测装置将能再处理 300 mol/h 流量的氢气。

4.3　水中氚的提取

水与氢间的同位素交换由相交换和催化交换两个过程组成。其中，相交换过程在亲水性填料上完成，催化交换过程在憎水性催化剂上完成，为获取较高的水与氢之间的同位素交换效率，需要协调好亲水性填料和憎水性催化剂的填装比例及填装方式。现针对水-氢同位素交换的不同分离任务，介绍几种典型水-氢同位素交换分离装置的情况。

4.3.1　水参与的氢同位素交换热力学过程

实践中有不同分离体系的氢同位素交换过程，如水与氢、氨、硫化氢的化学同位素交换反应以及水的精馏。表 4-17 中列出了针对氕-氚和氘-氚同位素混合物，在氚小浓度范围内这些过程中的分离系数值。

表 4 - 17　水参与的含氚混合物可逆同位素交换过程中分离系数比较

过　程	过程进行的条件①	分离系数	
		氕-氚同位素混合物	氘-氚同位素混合物
水的精馏	$T = 330$ K，$p = 0.02$ MPa	1.056	1.011
与 NH_3 化学交换	$T = 298$ K，$p = 0.1$ MPa	(1.61②)	—
与 H_2S 化学交换	$T = 303$ K/413 K③，$p = 1.9$ MPa	3.34/2.30	1.42/1.28
与 H_2 化学交换	$T = 333$ K，$p = 0.1$ MPa	5.18	1.54

① 各个系统使用推荐的条件；② 针对氕-氘同位素混合物的值；③ 双温度同位素交换过程。

从表 4 - 17 的数据可知，在水与氢的化学同位素交换时，观察到最大的一次同位素效应。但是有别于其他的水的氢同位素交换过程，氢与水的同位素交换需要使用催化剂，用以激活分子氢。这种在蒸汽相中，氢与水同位素交换的催化剂，用于氢同位素分离过程已历经数十年。正如前面所介绍的，水与氢的蒸汽相交换过程(vapour phase catalytic exchange, VPCE)是重水核反应堆慢化剂和冷却剂除氚工艺中的组成部分。由于缺少可在逆流柱中氢与液体水同位素交换条件下工作的催化剂，直至 20 世纪 70 年代末，氢与液相同位素交换过程(liquid phase isotopic exchange, LPCE)作为独立的氢同位素分离工艺的使用仍未能实现。可溶碱性均相催化剂或者众多钴、铂、钯和铑的络合物(参见文献[36 - 38])保证不了良好的同位素交换反应动力学，主要因为氢在水中溶解度低，除此之外，为了催化剂在柱子中的再循环，还会产生从水中提取催化剂的工艺问题。

非均相催化剂、亲水性催化剂与水接触时其表面为水膜所覆盖，这阻碍了氢进入催化剂的活性中心。憎水催化剂首先在加拿大[39]出现，然后在世界上诸多国家(美国、日本、俄罗斯、比利时、罗马尼亚、印度)出现，此后这一化学交换体系的前景发生了根本变化。这种不同类型的催化剂我们将在下一章中探讨。下面介绍对于不同的同位素混合物，氢与水交换的同位素效应量值。

表 4 - 18 给出了方程式(4 - 76)中的系数值，可用于计算液体-气体系统中各类二元同位素混合物($\alpha_{H\text{-}D}$、$\alpha_{H\text{-}T}$、$\alpha_{D\text{-}H}$、$\alpha_{D\text{-}T}$)的分离系数，它们是综合了多位研究者的研究成果后给出的值。

$$\ln \alpha_{AB} = \alpha + b/T + c/T^2 + d\ln T \tag{4-76}$$

表 4-18　针对不同二元同位素混合物方程式(4-76)系数值

同位素混合物[①]	a	b	c	d
氕-氚	−0.214 3	368.9	27 870	—
氘-氕	−0.180	317.2	27 308	—
氕-氘	−2.426	718.2	24 989	0.292
氘-氚	−0.197 4	211.1	—	—

① 混合物第一位的是指其浓度占优势的同位素。

由表 4-3 数据可见，含氚混合物的氚分离系数值随混合物中氘的浓度而变化。例如，在 55℃下，随着氘浓度由 0.015%升高至 99.99%，氚分离系数值由 5.4 降至 1.57。整个氘浓度区域内 α_T 值可用以下方程式来计算：

$$\alpha_T = \alpha_{HT} \frac{1 + \left(\dfrac{K_{DTO}}{K_{HTO}K_{HDO}}\right)^{1/2} \dfrac{[HDO]}{[H_2O]}}{1 + \dfrac{1}{\alpha_{HT}}\left(\dfrac{K_{DT}}{K_{HT}K_{HD}}\right)^{1/2} \dfrac{[HDO]}{[H_2O]}} \cdot \frac{1 + \dfrac{1}{\alpha_{HD}} \dfrac{[HDO]}{[H_2O]} + \dfrac{1}{K_{HD}}\left(\dfrac{1}{\alpha_{HD}} \dfrac{[HDO]}{[H_2O]}\right)^2}{1 + \dfrac{[HDO]}{[H_2O]} + \dfrac{1}{K_{HDO}}\left(\dfrac{[HDO]}{[H_2O]}\right)^2} \tag{4-77}$$

水同位素的摩尔浓度可借助于水的同分子同位素交换反应平衡常数

$$K_{HDO} = \frac{[HDO]^2}{[H_2O][D_2O]} \tag{4-78}$$

和以下两个方程式中的一个予以确定。

氘原子浓度范围小于 50%时：

$$[D]([H_2O]/[HDO])^2 - (0.5 - [D])([H_2O]/[HDO]) - [(1 - [D]/K_{HDO})] = 0 \tag{4-79}$$

氘原子浓度接近 100%时：

$$([D]-1)([D_2O]/[HDO])^2 + ([D]-0.5)[D_2O]/[HDO]+[D]/K_{HDO}=0 \tag{4-80}$$

在不同的温度下，氢的同分子同位素交换反应平衡常数可利用表 4-4 所援引的系数按式(4-58)计算出来。按类似于式(4-58)计算水的同分子同位素交换反应平衡常数时所必需的系数如表 4-19 所示。

表 4-19　针对水的同分子同位素交换反应式(4-58)常数[6]

反应，K_{ABO}	a_0	a_1	a_2	a_3	a_4
$H_2O+D_2O \longleftrightarrow 2HDO$，$K_{HDO}$	1.378 68	0.056 09	−0.136 66	0.058 70	−0.009 34
$H_2O+T_2O \longleftrightarrow 2HTO$，$K_{HTO}$	1.372 86	0.099 94	−0.236 27	0.079 29	−0.007 73
$D_2O+T_2O \longleftrightarrow 2DTO$，$K_{DTO}$	1.386 55	0.000 91	−0.003 35	−0.008 31	0.003 51

4.3.2　憎水性催化剂类型及氢和水同位素交换柱的填装

1970 年初通过在 Al_2O_3-Pt 工业亲水催化剂上涂覆薄层有机硅聚合物膜的途径首次获得[39]一种合成催化剂，适用于氢和液体水同位素交换反应。稍后还在加拿大研制了另外的合成型催化剂，其中活性金属涂覆于某种不具备憎水性质的载体上。活性金属用额外的组分进行处理，以赋予其表面的憎水性能，例如，催化剂活性金属铂涂覆于聚四氟乙烯母体的碳上(Pt-C-聚四氟乙烯)。表 4-20 中比较了不同的催化剂的相对比活性。从援引的数据看到，例如，Pt-C-聚四氟乙烯(Pt/C/PTFE)的活性比未憎水化催化剂大 100 倍以上。

表 4-20　一些憎水催化剂的相对活性[57]

编号	催化剂类型	K^{*}_{Pt}①，$m^3(H_2)/kg/(Pt)$	相对活性
1	Al_2O_3 上 0.5% Pt　未处理	0.001 1	1
2	Al_2O_3 上 0.5% Pt　有机硅处理	0.004 6	42
3	0.4% Pt-C-聚四氟乙烯	0.146	133

① K^{*}_{Pt} 表示平衡传质系数。

这类催化剂的进一步研制是与改进和寻找它最佳的制作工艺相关联的。过程由许多步骤组成(准备载体,在它的表面涂覆某种铂或钯的化合物,金属的还原,疏水化试剂组分的选择及其涂覆方法)。改变任一步骤的进行条件,都将强烈影响催化剂的活性和它在分离装置中使用的效率。

日本和俄罗斯研制了另外一种型号的催化剂,这种催化剂是以苯乙烯-二乙烯基苯共聚物(SDB)作为铂的载体,后者本身具有憎水性能。两种型号憎水催化剂制备和研制的主要工作,是在20世纪70年代末至90年代中这段时间进行的。涵盖这一时期大量的图书目录可在专著[40]中找到。为了比较,在图4-21中援引了加拿大合成的催化剂和俄罗斯Pt/SDB催化剂的照片。加拿大合成的催化剂颗粒尺寸为4~8 mm,俄罗斯合成的PXTУ-3CM催化剂的颗粒尺寸为0.6~1.0 mm。

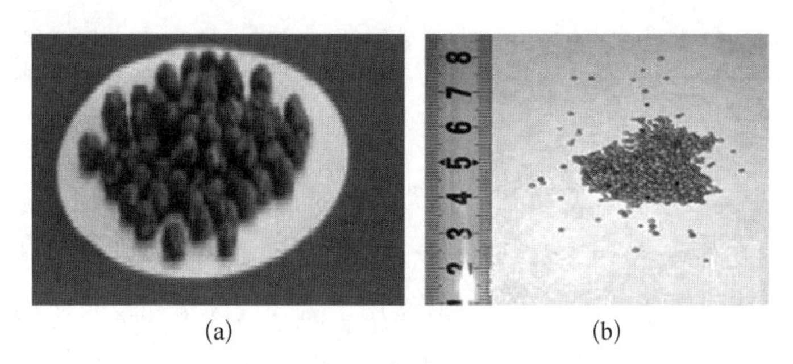

(a) (b)

图4-21 加拿大合成的催化剂(图a)和俄罗斯合成的催化剂PXTУ-3CM(图b)

氢与液体水的同位素交换式如下:

$$QT_{gas} + Q_2O_{liq.} \longleftrightarrow Q_{2gas} + QTO_{liq.} \tag{4-81}$$

式中,Q指氕和(或)氘。

当使用憎水催化剂时,产生两个阶段:

$$QT_{gas} + Q_2O_{steam} \longleftrightarrow Q_{2gas} + QTO_{steam} \tag{4-82}$$

$$QTO_{steam} + Q_2O_{liq} \longleftrightarrow Q_2O_{steam} + QTO_{liq} \tag{4-83}$$

两个阶段中第一个阶段是催化同位素交换,而第二个阶段不需要催化剂(相同位素交换)。可认为式(4-81)~式(4-83)是轻水或重水的除氚反应。这样,柱子中多级逆流同位素交换过程的进行要求同时使用有效的憎水催化剂[针对反应式(4-82)]和含比表面积大的气体-液体接触表面的亲水接触装置[针对反应式(4-83)]。柱子中憎水催化剂的存在及气体和液体接触中产生的水力学阻力，导致现在所有LPCE工况下与水进行同位素交换的装置要求在柱子截面上氢的线速度不大于0.3～0.4 m/s的情况下工作，这明显低于仅充填亲水填料的柱子。

考虑到水-氢系统中化学同位素交换过程的两阶段机理，柱子中催化剂和填料之间的体积比取决于各个阶段上质量交换过程的效率，并且一定程度上依赖于催化剂的比活性。表4-21提供了有关在水-氢系统中，化学同位素交换过程的当量理论塔板高度(HETP)量值对在反应式(4-82)中Pt/SDB催化剂活性依赖关系方面的数据。数据是在柱子中使用同样的亲水钢制螺旋棱镜填料(СПН)，在比例$V_{催化剂}/V_{填料}=1:4$时获得的。从援引的数据得出，当催化剂的活性K在5～10 s^{-1}范围内时，HETP值与K依赖关系不大。当$K<5s^{-1}$时，HETP值与K依赖关系很大。这意味着对于活性差的催化剂，化学交换过程开始在总质量传质效应中起决定性作用[见反应式(4-82)]。

表4-21　观察到的反应式(4-82)速率常数K对HETP值的影响

T/℃	40			60				70		80	
K/s^{-1}	1	10	15	1	5	7	10	10	20	10	20
HETP/cm	70	25	22	46	23	20	18	16	15	15	14

注：在氕-氘系统中同位素交换氢气流$G=5.4\ mol/m^2\cdot s$，氢和水流量比$\lambda=1$[41]。

研究工作[42]表明，在使用活性好的催化剂时，相同位素交换的速率对于同位素交换整个过程的效率具有决定性的意义。

当今在充填亲水填料和憎水催化剂时，它们以均匀混合填装或分层填装的方式分布于柱子中，水-氢系统中化学同位素交换的方法使用得足够广泛。这时通常在15～30 cm范围的HETP特征性量值下达到同位素交换的有效性。

但是应当指出，用催化剂和亲水性填料混合物装填柱子的方式存在一系列缺点：很高的水力学阻力和较低的通过能力，液体径向分布不均匀。除此之外，毫米级小尺寸的催化剂和亲水填料总是遇到在大直径柱子中填料接触装置应用的可行性问题。在使用螺旋棱镜填料时通常柱子的最大临界直径为150 mm，同时为改善流体分布，要求在柱子中每间隔1.5～2.0 m使用液体再分配器。这一般通过将柱子划分成若干段来实现，因此人们做了一系列关于增加另外的接触装置的研究工作来避免上述缺点。

在充填规整填料的柱子中，可观察到更优越得多的液体的径向分布和很高的通过能力。规整填料是指将波纹状或平面带制成卷筒，在其间隙中填满憎水催化剂。规整填料的另一种方案是一种含被卷进填料中涂覆催化剂的膜型接触装置。有关在充填规整填料柱子中的质量传递、液体流动、滞留与搅混方面的报道在很多文献中都可找到[44-45]。解决同位素交换柱子增加通过能力问题，最根本的途径是利用含气体和液体流空间的接触结构，该结构使得能在柱子中将相同位素交换和化学同位素交换区分开，此外，这种接触结构的优点是有可能在其中利用自身性质有非憎水性的催化剂，同样地也为实现双温度同位素交换系统提供了先决条件，即依靠这种催化剂高的热稳定性。

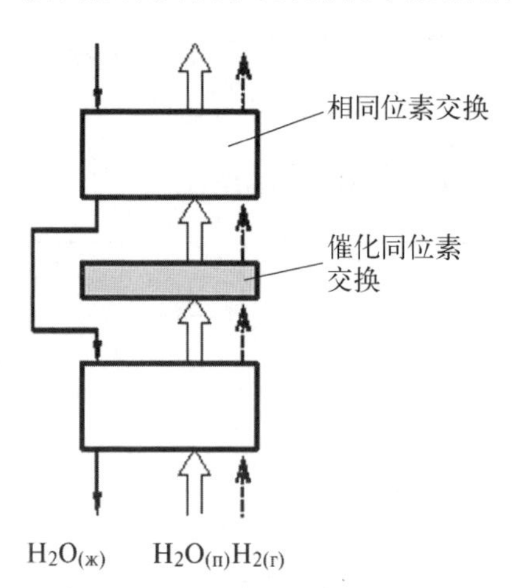

图 4-22　含相同位素交换和化学同位素交换空间隔开的分离组合件接触装置原理系统图

图 4-22 上展示了可实现化学同位素交换和相同位素交换空间隔开的分离组合件接触装置。这些接触装置中在化学同位素交换区中进行着水蒸气和氢气之间的交换[见反应式(4-82)]，而液体水从相同位素交换的一个区域绕开化学同位素交换区进到相同位素交换的另一个区。这种接触结构明显的缺点是使柱子的结构复杂化，还有一个重大缺点是装置损坏时，有液体水进入化学同位素交换区域的危险性，这在催化剂亲水性质场合会导致柱子分离性能的急剧降低。

还有一种类型的接触装置，可以将液体水流和氢气流在空间上完全分开，这就是在俄罗斯研制的膜型接触装置(КУМТ)[46]。膜型接触装置原理系统图如图 4-23 所示。由图 4-23 可看出，处于水蒸气-气体空间中的催化剂是用能被水分子渗透的膜与液体水流隔开。这时催化同位素交换反应在蒸汽和气体空间发生，而相同位素交换过程则在膜表面进行。除了相空间分开之外，膜型接触装置特点在于相同位素交换和催化同位素交换过程在其中同时发生，而不像在含空间上分开的相同位素交换和化学同位素交换组合件等其他接触装置那样先后发生。也就是说，膜型接触装置类同含催化剂和填料均匀混合填装式的接触装置，最重要的是催化剂和液体水没有直接接触，因此也就没有使用憎水催化剂的必要性。

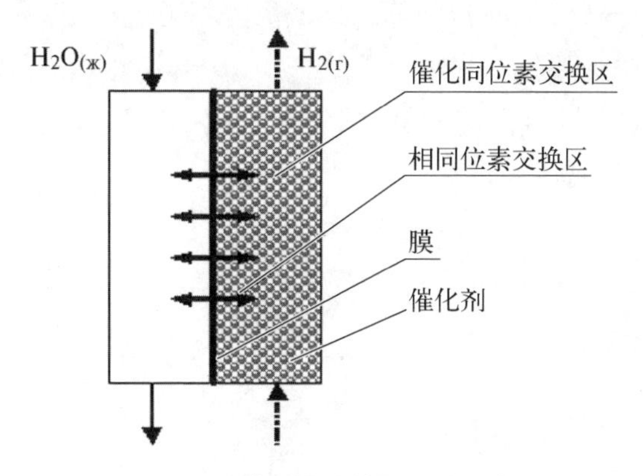

图 4 - 23　膜型接触装置原理系统图

任何对水有良好渗透性，而氢又通不过的聚合物材料都可以作为膜使用，应用于膜型接触装置最有前景的是 Nafion 型膜，当今它在建造电解槽、带固体聚合物电解质的燃料电池和氢压缩机中已得到广泛应用[47]。为了扩展氢气和液体水之间的接触面积，同位素交换用实验仪器设备按类似于多管式膜式气体分离装置予以建造。

在本节结尾应当指出，当今在水-氢系统中同位素交换工艺的所有大型实验装置和实验工业规模装置中，均使用基于憎水催化剂和亲水填料混合物的散堆式的接触装置，或者含分开的催化同位素交换区和相同位素交换区。规整填料亦如此，以及只在实验室试验装置上使用或者在计算模型上偶尔使用的、解决不同的氢同位素分离任务的基于膜型接触的接触装置也如此。

4.3.3　在水-氢系统中按同位素交换工艺工作的现役装置

我们注意到在研制憎水催化剂之后，核反应堆重水慢化剂和不合标的重水废料除气和除氚过程的实施，成了在水-氢系统中使用 LPCE 过程的首要方向。这时在建造的除氚装置中可以使用两种不同的工艺系统图(见图 4 - 24)。请注意，在两个系统图中使用两个分离元件——电解槽，如下回流转化器和同位素交换柱子的结合，在后者之中实现 LPCE 过程。在文献中，这一分离过程整体上称为联合电解和催化交换(combined electrolysis and catalytic exchange, CECE)或者电解和交换(electrolysis and exchange, ELEX[42])过程。两个系统图的区别在于：在图 4－24(a)系统图中分离柱具有贫化部分，并且浓度 $x_{P,T}=y_{G,T}$，并取决于这一部分的高度。同时，在系统图 4－24(b)中柱子没有贫化部分，在 G 流中氚的最低浓度不可能小于 $x_{F,T}/\alpha$。为了弄明白图上两个系统的差别，下面列出示例 4.3。应当注意到，所探讨的示例为个例。开放式(不带贫化部分的)系统图和带贫化部分的系统图之间的选择，最终取决于具体的分离任务。

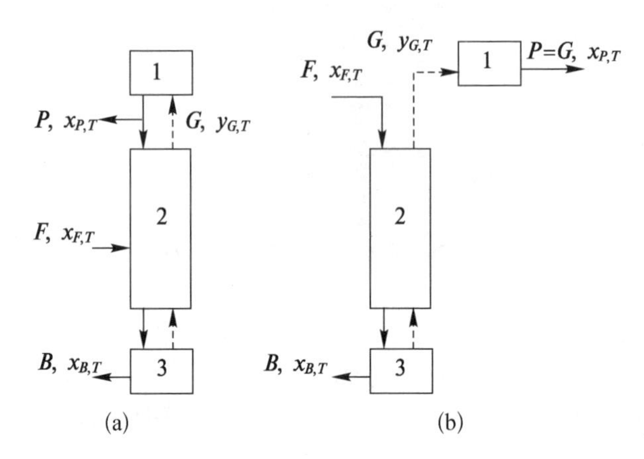

1—上部回流组合件，氢氧合成水；2—LPCE 柱子；3—下部回流组合件—电解槽。

图 4－24　在水-氢系统中化学同位素交换法重水除氚原理系统图

(a) 含贫化部分的分离装置；(b) 按开放式系统图工作的分离装置

示例 4.3

假定：分离装置从初始氚浓度 $x_{F,T}=10$ Ci/kg 且氚流量为 20 Ci/h(即 $Bx_{B,T}=20$ Ci/h) 的 D_2O 中提取出氚，当 $x_{B,T}=1\,000$ Ci/kg，$B=0.02$ kg/h 时，由物料平衡可得如下关系。

对于 4－24(a)装置图：

$$Bx_{B,T}=Fx_{F,T}-Px_{P,T} \tag{4-84}$$

对于 4－24(b)装置系统图：

$$Bx_{B,T}=Fx_{F,T}-Gy_{G,T} \tag{4-85}$$

正如前面提到的，流体中氚的浓度量值 $P(x_{P,T})$ 依赖于贫化部分的高度，可以任意小，极限条件下可以认为它等于零。在这种情况下必须供给装置的流量为 $F=Bx_{B,T}/x_{F,T}=1$ kg/h。对于图 4－24(b)氚浓度不可能小于平衡

浓度 $x_{F,T}$。取 $\alpha_T = 1.57$(见表 4-3)得到量值 $y_{G,T} = 5/1.57 = 3.18$ Ci/kg。这时，$F = B[(x_{B,T} - y_{G,T})/(x_{F,T} - y_{G,T})] = 0.02[(1\ 000 - 3.18)/(5 - 3.18)] = 10.9$ kg/h，即对于按图 4-24(b)系统装置的进料流应当约大 1 个数量级的量值。乍看起来，图 4-24(a)系统比图 4-24(b)系统要合算得多。但是按 4.1.2 节中援引的方法更详细的计算表明，在分离柱子中存在贫化部分将会大大增加它的规格尺寸。尽管在前面提到的流量 F 上的差别，按图 4-24(a)系统工作的柱子中水和氢的总流量依赖于从上回流组合件来的水流量，成为实际上与按图 4-24(b)系统装置中相等的流量 F，或者比它还有所提高。含贫化部分的柱子的高度大大超过开放系统(不含贫化部分)工作的柱子高度。除此之外，尽管在两个系统中都预定使用氢氧化合生成水的部件，后者呈现一定的危险性，这与其中生成氧与氢爆炸性混合物的可能性有关。对于按系统图 4-24(a)的装置，对上回流组合件提出更严苛的要求，这与它应在与柱子工作条件严格关联的条件下工作有关(最常见的是在氢和氧流量化学计量比例条件下)。在按系统图装备上回流组合件时，氢在其氧化之前会由空气稀释到爆炸危险的浓度之下。

在图 4-25 所示为日本从 1987—2003 年期间专用于重水净化的水-氢系统中化学同位素交换装置的系统图[48]。该装置参数如下：生产率为 10 t/a，原料中的氘原子浓度为 10%～90%，原料中氚浓度为 0.5 Ci/kg。装置分离过程

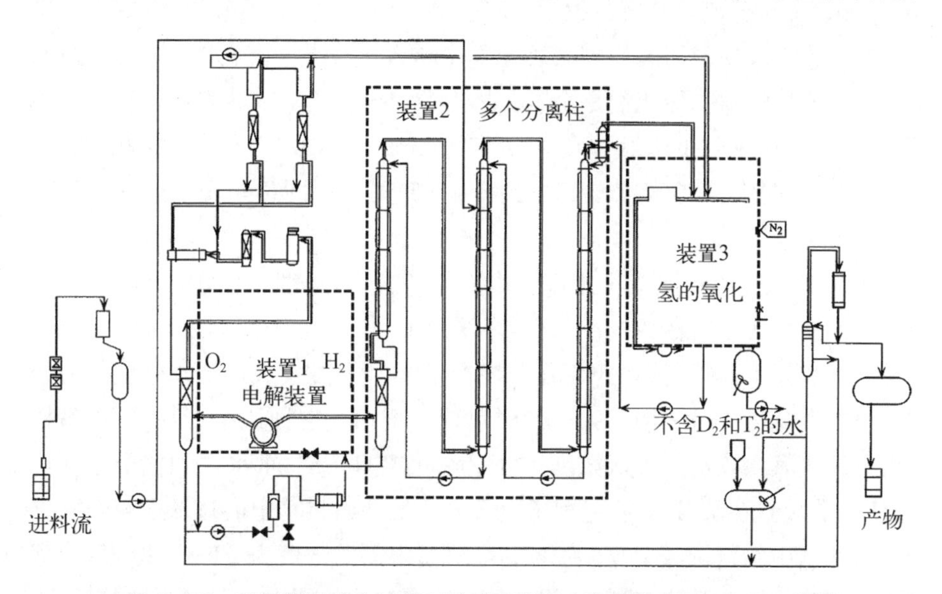

图 4-25　用于普贤核电站(日本)反应堆重水净化的 Upgrader-2 装置

的产品是含氘质量浓度>99.8%的重水以及含氘质量浓度小于0.1%和氚浓度为0.1 Ci/kg的贫化水。该装置主要部件在图上分成直角形方块：1—电解装置，二碱电解槽；2—同位素交换柱；3—上回流组合件在氧流中氢燃烧。因而，装置工艺系统图对应图4-24(a)。

装置组成中还包含水原料流供给系统、电解氧气在它供到上回流组合件之前的净化系统(去除痕量氢以及含氘和氚的水蒸气)、产品反应堆水以及含低浓度氚和氘的贫料流取样系统。在同位素交换柱中使用KOGEL催化剂，载体是苯乙烯和二乙烯苯多孔共聚物，共聚物颗粒尺寸为5 mm，其上涂覆质量分数为0.5%的铂。在15年运行期间该催化剂工作正常，无须更换。接触结构具有空间分离区相同位素交换和催化同位素交换(见图4-22)。

在装置整个工作时间内曾处理了87 t不合格的重水，获得了52.3 t的重水产品。供到柱子B(参见图4-25)上部的平均补给水流量为1.4 kg/h。当其中的氘质量浓度为90%时，得到1.25 kg/h产品水(氘质量浓度为99.8%)。而当氘初始质量浓度为52.4%时，则得到0.7 kg/h堆用质量的重水。

2006年韩国装置WTRF(wolsong tritium removal facility)开始工作[49]。装置专用于韩国CANDU重水反应堆慢化剂的除氚。在反应堆运行20年之后，其中的氚浓度达到60 Ci/kg。装置由直径为0.6 m及高为19.2 m和20.2 m的前后两个柱子组成。在原料除氚率为35%时，装置处理能力为100kg/h。由于分离柱子直径很大，使用了图4-22所示类型的、由单独的质量交换装置组成的专门装填组合件。其中包含催化剂、用于水与蒸气交换的填料和水流分配器。催化剂是涂覆在苯乙烯和二乙烯基苯共聚物颗粒上的铂(质量分数为0.8%的铂，载体颗粒尺寸为4 mm×4 mm)。在一个接触装置中装载约30 L催化剂，在整个装置中约有1.65 m^3。相同位素交换过程在规整填料Sulzer上实现。

2000年在美国曾建成小规模重水除氚装置，并连续工作18个月[50]。同位素交换柱由各自直径为50 mm和高度为15.2 m的三个区段组成，在45～50℃温度和0.12 MPa压力下工作。柱子充填75 L加拿大产憎水催化剂与亲水填料的混合物。另一加拿大产的耐热催化剂用于上回流组合件中，以将柱子出口的氢氧化成水。含氚浓度10 Ci/kg的0.7 kg/h重水供到柱子的补给中，柱子中水的除氚因子(除氚因子定义为待处理原料水中的氚浓度与经脱氚处理后的水中的氚浓度之比)为100，电解槽中氚的浓度为230 Ci/kg，氚的富集物以氢气的形式从电解槽取样。电解槽电解出来的氧气中含有痕量氚化氢，这些痕量氚化氢经催化氧化生成氚化水蒸气，然后在2个洗涤塔中去除氚化水蒸气，直径为32 mm，高度为15.2 m，这样淋洗到上回流组合件中的是除氚净化后的水。洗涤器在25℃温度下工作，这之后将电解氧气供到上回流组合(氢氧合成室)中以氧化氢气生成水。该装置工作的试验工况表明，可以改进旨在提高柱子上部取样产品除氚因子的工艺系统。为此，从柱子组成中去除上回流组合件，而柱子用天然同位素组成的水淋洗，这时达到的除氚因子为60 000。

1995年，俄罗斯加特契纳市B. P. 康斯坦丁诺夫圣彼得堡核物理研究院的除氚装置，对其中氘原子浓度大于45%的重水废料开始进行除氕工作[51-52]，其后是进行重水的除氚[53]。装置一开始专用于除氕，目的是得到堆用质量的重水。同位素交换装置总高度为6.9 m、直径为100 mm。使用碱电解槽作为下回流组合件，其氢气生成率为5 Nm^3/h。柱子装填催化剂Pt/SDB(原子浓度为0.8%的Pt，颗粒规格为0.5～1 mm)和螺旋棱镜不锈钢制填料，其体积容量比为1∶4。我们要指出的是，该柱子未更换催化剂到现在已运行20多年，并保持较高的质量传递效率，这使得柱子无须使用上回流组合件，而用天然同位素组成的水进行柱子的淋洗。

该装置成功的运行经验成为由B. P. 康斯坦丁诺夫圣彼得堡核物理研究院建成的高通量研究反应堆采用水-氢系统化学同位素交换过程作为重水同位素净化系统的原因。为了研制净化工艺，装置曾进行改进，图4-26是它的系统图[53]。装置中出现了由5个区段组成的第二个同位素交换柱LPCE-1，其直径仍然为100 mm。在柱子总高度为7.5 m时填料部分高度为5.4 m。该装置的内部装填与前述柱子LPCE-1-2类似，双柱子工作温度为60～75℃。LPCE-1在其水力学阻力为6.1～6.9 kPa时柱子顶部的压力为0.16～0.17 MPa。在整个柱子中保证氢流量的碱电解槽具备的氢气生产率为5 Nm^3/h，氚化重水直接打入电解槽，由此氘-氚气体混合物进到LPCE-1柱子中。除氚净化的氘在经过冷凝器之后，从该柱子出口向下导向柱子LPCE-2，后者从上部淋洗天然同位素组成的水，离开该柱子下面的水具有的氘浓度对应其入口的氢，该水的部分流量取作产品，而其主要部分则进到柱子LPCE-1的淋洗液。含独立水流和氢气流柱子工况工作的LPCE-2柱子，其实质为柱子LPCE-1起着上回流组合件的作用。

在来自电解槽的氢气流量为4.4 Nm^3/h时，该实验装置对重水的氚的净化生产率为8.7～8.9 kg/d，除氚因子为2 000。当柱子中氢流量减少时达到的除氚因子最高为12 000。

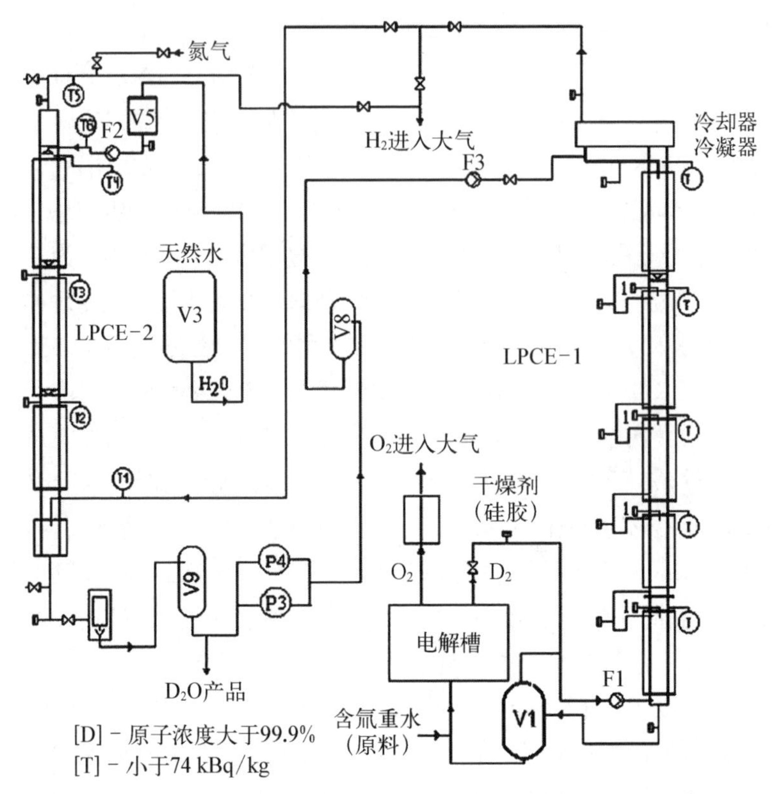

LPCE-1,2—化学同位素交换柱子；V1—氚化重水用容器；V3,6—天然同位素组分水容器；V8,9—去除氚的重水；P3,4—泵；F1,2,3—氢和水的流量计。

图 4-26　B. P. 康斯坦丁诺夫圣彼得堡核物理研究院重水同位素净化装置系统图[53]

在以上所有装置中，水除氚净化过程均与它的水富集物中允许氚含量的问题相关联。当化学同位素交换装置作为水中氚提取与富集的前端工艺时，这个问题尤为重要。因为化学同位素交换装置的富集液中氚浓度将决定供给后端工艺的氢气流量，并确定氚最终浓缩装置的大小，如低温精馏装置。限制氚在水中浓度的原因有 3 个：氚辐射作用下可能的辐射分解过程、催化剂的工作能力和电解槽结构部件的工作能力（当电解质中氚浓度高时，电解槽结构元件在装置中作为下回流组合件使用）。

在图 4-27 上援引了水中不同氚浓度时，它的自辐照分解速率数据[54]。从援引的数据得出，当氚浓度达到以千计 Ci/kg 量级时，水的分解速率不大。但这时应注意，氢与水的同位素交换催化剂同时催化氢的氧化，因此生成的低速爆鸣气混合物将在柱子中有效地燃尽。

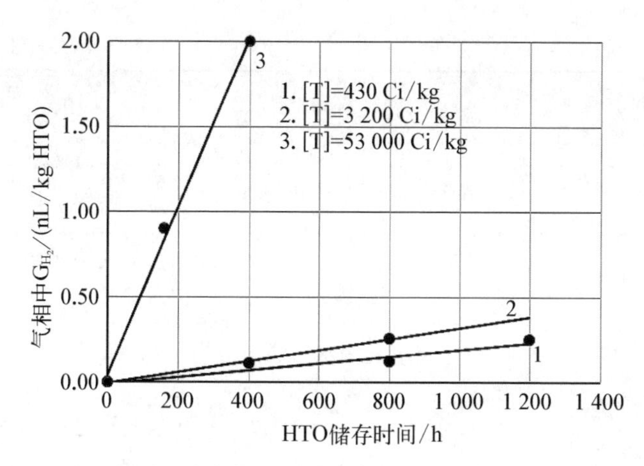

图 4-27　在不同浓度氚时，由于水的自身辐照分解，气相中氚的积累速率（水的储存温度 20℃）[54]

另一个问题涉及同位素交换催化剂对氚辐射作用的稳定性。在研究工作中[55]，德国卡尔斯鲁厄氚实验室（TLK）研制了 Pt/C/PTFE 型憎水催化剂，在连续处于与氚浓度约 1.2 Ci/kg 氚化水和氢气直接接触状态下，为期 6 个月，在试验开始和结尾测量氕-氚系统化学同位素交换反应中质量传递系数时，未记录到它的变化。曾在有液体水时，在钴-60 源辐射作用下，剂量达 5×10^6 Gy 时，对 Pt/SDB 型和 Pt/C/PTFE 型两种催化剂的辐照稳定性进行了比较[3,56]。这时 Pt/SDB 催化剂甚至在最大使用剂量下催化剂活性都没有改变，而 Pt/C/PTFE 型催化剂的活性在剂量为 1×10^6 Gy 时就显著下降。应当指出，按加拿大研究者的憎水催化剂数据，在 γ 辐射和 β 辐射照射剂量延续至 2×10^6 Gy 时，仍保持催化剂的工作能力[57]。在表 4-22 中援引了针对氢同位素分离过程中，不同用途、不同尺寸和不同类型的加拿大生产的工业规模憎水催化剂的一些特性。

表 4-22　指定用于氢同位素分离过程加拿大产憎水催化剂的一些特性[58]

催化剂类型	颗粒尺寸	催化剂用途
	同位素交换催化剂	
型号 86-93M 型号 05-93M 型号 12-1	尺寸 6～4 mm 片块	氢同位素与液体水的同位素交换

（续表）

催化剂类型	颗粒尺寸	催化剂用途
型号 95-18	规格为 2～4 mm 的颗粒	水蒸气和氢之间的同位素交换
结构格式催化剂	直径为 50～450 mm 的模块	高效低水力学阻力氢与水同位素交换
氢转化为水的催化剂		
型号 86-93M 型号 05-93M	尺寸为 6～8 mm 的片块	用氧气氧化氢，氢的净化
型号 TBR 05-01	规格为 6 mm 的球	有水时氢与化学计量氧的复合
型号 86-35	0.4～0.6 mm 球面颗粒	氚化氢与氧复合，含氚浓度监测系统
型号 86-31 型号 86-31M	0.8～4 mm 颗粒， 6 mm 片块	憎水高辐照稳定，氚化氢与氧的复合
型号 87-204	规格为 6 mm 的环	CANDU 反应堆氢排放系统的氢复合
型号 99-11	平面或卷筒状	被动的氢自催化复合器

在设计和建造按 CECE 工艺工作的现代分离装置时，探讨了碱电解槽或者含聚合物固体电解质电解槽作为下回流组合件的应用。碱电解槽大规模的应用经验极为丰富，但是相应于水和氢按 CECE 工艺除氚任务，它们存在严重的缺点。在诸多缺点中，首要的是再生的氢和氧去除碱的气溶胶颗粒的净化问题，后者对 LPCE 柱子中催化剂和上回流组合件有负面的作用。其次与含固体电解质电解槽相比，电解液容量要大很多，其中对给定的分离装置将有更大浓度的氚，在泄漏或发生事故情况下将出现很大的危险。另外，当今在生产含固体电解质的氢生产率达 50 Nm^3/h 的电解槽生产中，已积累了很多经验，其含水不含氚的电解槽的工作寿命已达数万小时。

对含固体电解质的电解槽提出的疑虑是，固体聚合物电解质中固体电解质对氚作用的稳定性问题。在文献[57]中曾研究了剂量达 1.25 MGy 的钴-60 的 γ 辐射对处于氢或氧饱和的水中（对一系列样品在氚化的水中）的 Nafion N112 固体电解质的影响。所得结果列于表 4-23。

表 4-23　膜 Nafion N112 经受 γ 辐照时 F^- 和 SO_2^{-2} 的损失

剂　　量	水中$[F^-]$/(mg/$g_{膜}$)	水中$[SO_2^{2-}]$/(mg/$g_{膜}$)
200 kGy(β 辐照)	4.0	2.0
140 kGy(γ 辐照)	2.6	1.4
约 900 kGy(γ 辐照)	13	8
1.25 MGy(γ 辐照)	19	15

肉眼观察表明，当 γ 辐射剂量大于 400 kGy 时，这一剂量相当于在含氚 180 Ci/kg 浓度水中维持 3.5 a，在膜中观察到明显的机械损伤。利用辐照过的膜其后制得用作燃料元件的膜电极区，其试验表明，在膜辐照剂量为 200 kGy 时损失 20%～25%的质子导电性。

在文献[59,60]中曾研究了更广范围的膜：N112、N115、N117、NE1110、NE1135 和 N212 的辐照稳定性。在提出研究任务时，作者从保证 ITER 反应堆运行时提出的，含固体电解质电解槽在水除氚时的工作能力出发，假定这样的电解槽在其中的氚浓度为 240 Ci/kg，相当于其中固体电解质的辐照剂量为 530 kGy 时，应当工作 2 年。这里，曾找出第一型号 Nafion 材料与它的基材聚四氟乙烯(PTFE)相比，在辐射作用下经受较小的降解。此外，β 辐射与 γ 辐射相比对固体电解质的机械性能和它的质子导电性影响较小(见图 4-28)。

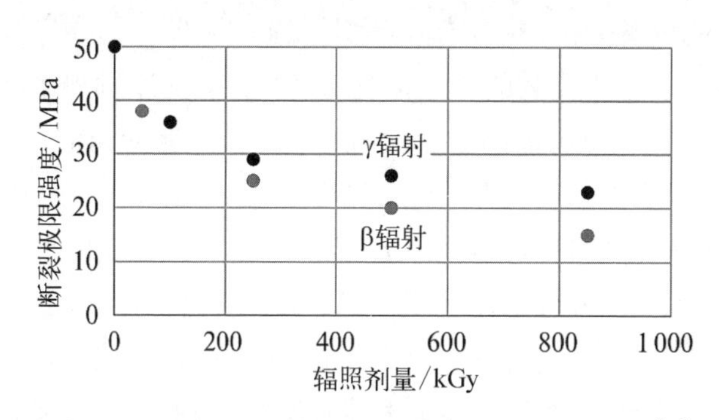

图 4-28　γ 和 β 辐射对膜 Nafion N117 强度的影响[58]

研究工作所得到的结果总体上确证了以上所援引的数据[60]。在该项研究工作中所做的结论，归结为大多数试验过的膜，在它们经 500 kGy 剂量辐照之后，在含固体电解质电解槽中仍然具备工作能力。

最近10年出现了与探讨为轻水除氚使用CECE工艺可行性相关的大量研究工作。

在研究工作中[61]，探讨了从核反应堆辐照过的燃料棒保存水池中去除氚的装置，设计生产率为600 t/a。目的是降低保存水池水中氚浓度，从10 mCi/kg降至1.5 mCi/kg。装置由三个柱子组成，分离部分总高为30 m，各个柱子直径均为350 mm，其中使用加拿大产型号为86－93M的催化剂（见表4－22），电解槽生产率约为150 m^3/h，氧中痕量氢催化转化器含40L型号99－11催化剂，相同位素交换柱子直径为150 mm、高为11 m，从除氚化水蒸气中净化氧。在电解槽中氚最大计算浓度为2 Ci/kg，净化的氢气流和氧气流排至大气。

该项目稍后进程中曾建议专门用于既针对轻水又针对重水除氚的多目标装置[62]，从解决最复杂的任务，即重水除氚的必要性出发选择装置的参数。在它的组成中包含直径为150 mm、总高为48 m，充填同样型号为86－93M的AECL催化剂的三个柱子；生产率为25 m^3/h的电解槽；氢转化为水的催化转换器（只在重水除氚情况下使用）。装置的计算生产率对轻水除氚时为15 kg/h，对重水除氚时为4 kg/h。

相应于热核装置水的除氚任务，最大的特征是针对JET（在它上面从1997年起就进行了含D－T等离子体的试验）和在建的反应堆ITER。

由于1997—2005年在JET反应堆上多次试验，曾积累了95 t氚化水，其中所含氚浓度为20 mCi/kg～2.3 Ci/kg[63]。一开始设想，为对其进行再处理将要延伸至反应堆场地界限之外，但是考虑到利用氚在反应堆上继续试验概率高以及其后的设备去污，并考虑到已积累的CECE工艺在世界范围的使用经验和与反应堆运行相关联的专门的任务，产生了设计研制水除氚综合体的必要性。综合体的设计包括两个分离柱：CECE和氢的低温精馏（CD ISS）。这时，综合体的组成中包括现有的低温精馏装置（见图4－20和表4－16）。考虑到积累的水中氚浓度的差别，设计规定水除氚装置和氢的低温精馏装置既可以同时使用，也可以分开工作。图4－29为综合体原理系统图。

从图4－29中看到，当两柱同时工作时，生成的氚浓缩物以氢气的形式从电解槽引向钯过滤器，以去除痕量氧和水蒸气，并由此作为进料流进到低温精馏柱（CD），含很低浓度氚的氢气流返回到LPCE柱子的下部。在LPCE和CD柱分开工作时，以水形式的氚浓缩液从电解槽导向中间容器储存。根据该容器中氚的浓度，水从该容器可导向以固体放射性废物形式去掩埋，或者在反应堆外进行再处理，或者导向电解槽2（在设计中它的生产率为0.25 Nm^3/h），

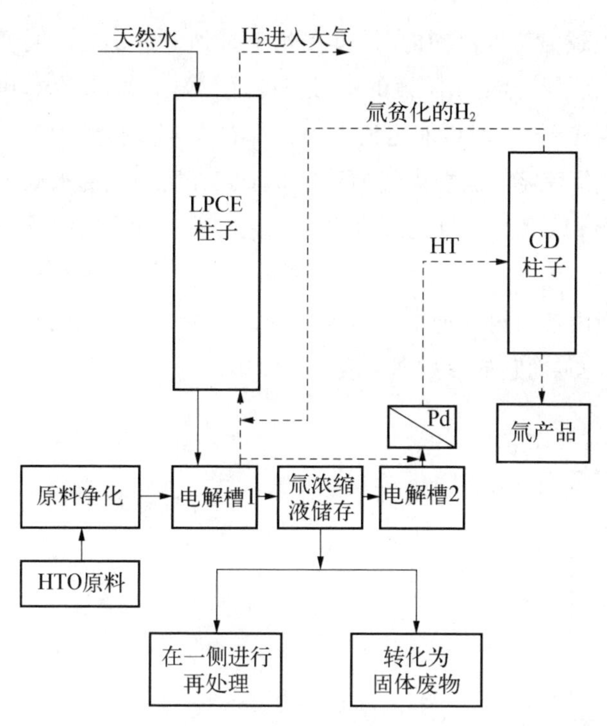

图 4－29　JET 反应堆水除氚综合体系统图[63]

氢在钯过滤器净化后由此导向低温精馏装置。

使用固体聚合物电解槽作为水除氚净化装置的下回流组合件的生产率为 10 Nm^3/h。LPCE 由 6 个直径为 130 mm 的塔圈组成，填料部分总高为 7.6 m。柱子中充填催化剂和填料（设计中未做出决定）混合物，其体积比为 1∶2 或 1∶3。计算中 HETP 取值为 40 cm，填料部分的高度由电解槽中氚的最大浓度 50 Ci/kg 和柱子出口氢气流中氚浓度 2.3×10^{-8} Ci/m^3 决定，可以将柱子出口氢气排放至大气。在电解槽中当氚的分离系数为 2 时，LPCE 柱子的除氚因子（即柱子入口处和出口处流体中的氚浓度之比）应达到 7×10^8，高的除氚因子由柱子上部供给天然水予以保证。含氚水在其化学净化后直接进到电解槽，在除氚装置稳态工作工况下，当电解槽中氚浓度为 50 Ci/kg 时，柱子中氢气流与水流比 $\lambda(G_{H_2}/L)=2$，天然水流量 L_{H_2O} 和氚化水流量 L_{HTO} 相等（4 kg/h）。但是在工作启动期间，电解槽中氚浓度尚未达到 50 Ci/kg 之前，柱子中的除氚因子会低于最大值。而 L_{H_2O} 和 L_{HTO} 之比会发生有利于增加 L_{HTO} 的变化，比如，当 $\lambda=3$ 时，这两个值分别为 2.4 kg/h 和 5.6 kg/h。启动期间的持续时间依赖于电解槽中水的体积和净化水中氚的浓度。在水容积

20 L 和水中上述氚浓度范围内时，可在几小时到上百小时之间变化。在综合体设计中预先还规定，送去除氚的水可包含氚。第 7 章将介绍，电解槽中氘的临界原子浓度在 $\lambda=2$ 时可能达到 45%。而在 $\lambda=3$ 时，则为 15%。这时从柱子中出来的氢气流将排放至大气的氚量等于它在所净化的水流之中的氚量。

设计用于 ITER 反应堆的废水除氚工艺（WDS，水除氚系统）类似于以上所探讨的除氚工艺，但是在任务规模上要大得多。水-氢系统中的化学同位素交换装置应当由各自再处理水流是为 20 kg/h 的 3 个模块组成。图 4 - 30 为模块原理系统图，而它的参数列于表 4 - 24 中。

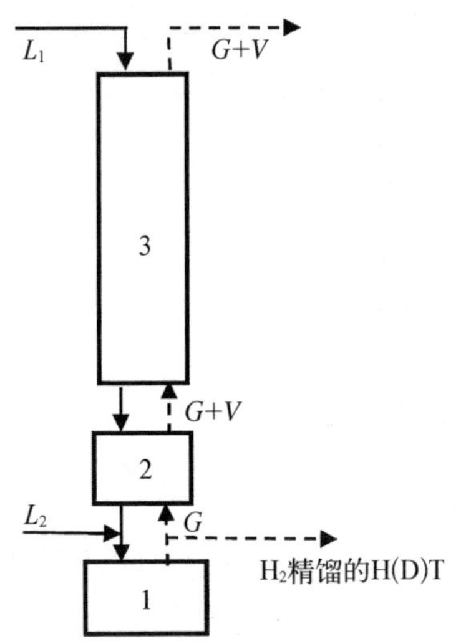

1—电解槽；2—氢的水蒸气饱和器；3—LPCE 柱子；L_1—天然同位素组分的水流；L_2—氚化水的水流；G—氢气流量；V—水蒸气流量。

图 4 - 30　在水-氢系统中 ITER 反应堆水的除氚净化化学同位素交换装置模块原理系统图

表 4 - 24　ITER 反应堆用水-氢系统中化学同位素交换方法水除氚装置模块参数[64]

参　数	量　值
电解槽生产率/(Nm^3/h)	50
电解槽中分离系数(按氚计)	2
柱子中氢气的比流量/($mol/m^2\cdot s$)	14.3
氚化水流量 L_2/(kg/h)	20
天然水流量 L_1/[kg/h($mol/m^2\cdot s$)]	28(10)
氢气和水流量摩尔比 λ	1.43

(续表)

参 数	量 值
LPCE 柱子高度/m	28
LPCE 柱子直径/mm	235
LPCE 柱子中温度/℃	60
计算除氚因子	1×10^{7}

从图 4-30 可看到，氚化水装置的补给假定直接补至电解槽中，在电解槽中生成的氢以干燥的形式从中出来，并且进入柱子之前，在饱和器中用从柱子中出来水的蒸气使之饱和。水蒸气和去除氚后净化的氢在经过 LPCE 柱子顶部之后排至大气中。预先规定所有随进料流进入装置的氚，将在低温精馏装置中分离出来，并返回到反应堆燃料循环中。

类似于 JET 反应堆水除氚系统，ITER 反应堆的除氚系统应当保证表 4-24 指出的除氚因子，其中包括在所净化的水流中包含氘的条件。图 4-31 列出的 LPCE 柱子中水及氢气中氘和氚浓度轮廓的计算值是基于以下参数：LPCE 柱子高度为 28 m，待净化的水流中氘的原子浓度为 13%或 22%(取决于柱子中加拿大催化剂的活性及相应的 HETP 值)以及氚的浓度[约为 53 Ci/kg([HTO]=3.2×10^{-3} mol%)]。在计算中所取电解液中氘和氚的原子浓度分别为 79%和 400 Ci/kg。

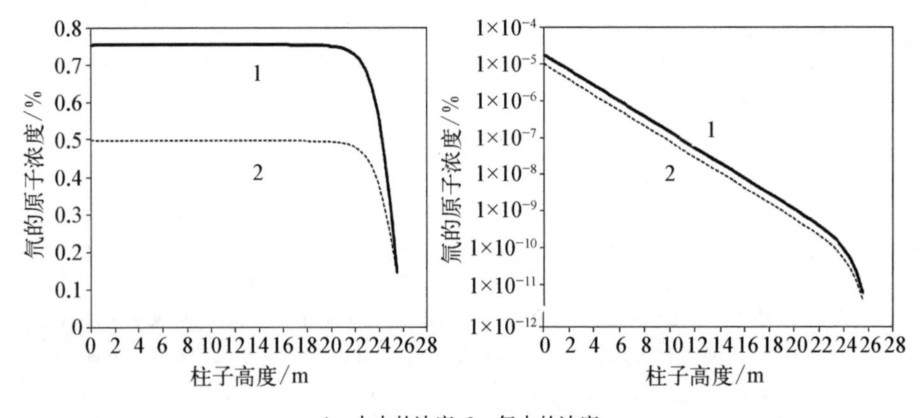

1—水中的浓度；2—氢中的浓度。

图 4-31 柱子 LPCE 中氘和氚的浓度剖面[63]

在同一研究工作中指出，水蒸气和氢混合物在柱子出口冷却，且冷凝液返回天然水的补给柱，将降低所达到的除氚因子量值，这是因为柱子上部水中氘和氚的浓度增加。但是，这时应注意，从柱子中排放水蒸气和氢气流理论上(从物料平衡条件和 McCabe－Thiele 法，见图 4－5 和图 4－6)存在柱子中氢气流和水流最大允许比值，该比值可按以下公式确定：

$$\lambda < \frac{a_{\text{PhIE}}}{\left(\lambda' + \dfrac{1}{a_{\text{ChIE}}}\right)} \tag{4-86}$$

式中，$\lambda = G/L$；$\lambda' = V/G$；a_{PhIE} 为在反应式(4－82)中的分离系数；a_{ChIE} 为在反应式(4－81)中的分离系数。

参考文献

[1] Андреев Б. М. ，Зельвенский Я. Д. ，Катальников С. Г. Тяжелые изотопы водорода в ядерной технике. М. ：ИздАТ，2000. 344с.

[2] Андреев Б. М. ，Магомедбеков Э. П. ，Райтман А. А. и др. Разделение изотопов биологенных элементов в двухфазных системах. М. ：ИздАТ，2003. 376с.

[3] Андреев Б. М. ， Магомедбеков Э. П. ， Розенкевич М. Б. ， Сахаровский Ю. А. Гетерогенные реакции изотопного обмена трития. М. ：Эдиториал УРСС，1999. 208с.

[4] Perevezentsev A. , Andreev B. , Magpmedbekov E. , et al. Difference in HEPT and HTU for isotopic mixtures of protium—tritium and protium—deuterium in isotopic exchange between water and hydrogen on hydrophobic catalyst//Fusion Science and Technology. 2002. Vol. 41. No. 3P2. P. 1107－1111.

[5] Gluekauf E. , Kitt A. Hydrogen isotope separation by chromatograph//Proceedings of the international symposium on isotope separation. North-Holland Amsterdam，1957. New York：Wiley-Interscience，1958. P. 210－226.

[6] Boron J. , Chang C. F. , Wolfsberg M. Isotopic partition function ratios involving H_2，H_2O，H_2S，H_2Se，and NH_3//Z. Naturforschg. 1973. Vol. 28. P. 129－136.

[7] Полевой А. С. Сорбционное равновесие на синтетических цеолитах，парахоры，плотности и поверхностное натяжение изотопных и спитновых форм молекуляторного водорода//Препринт МИФИ 002－2005б. М. ：МИФИ，2005. 27с.

[8] Андеев Б. М. ，Магомедбеков Э. П. ，Полевой А. С. Изотопные эффекты водорода в системе газ твердое тело//Труды МХТИ им. Д. И. Менделлева. 1984. Вып. 130. С. 45－49.

[9] Satoshi Fukada，Hiroshi Fujiwara. Comparison of chromatographic methods for hydrogen isotope separation by Pd beds//Journal of Chromatography A. 2000. Vol.

898. P. 125－131.

[10] Lässer R. Bell A. C. , Bainbridge N. et al. The Preparative Gas Chromatographic System for Jet Active Gas Handling System — Tritium Commissioning and Use During and After DTE1//Fusion Engineering and Design. 1999. Vol. 47. P. 301－309.

[11] Basmadjian D. The separation of H2 and D2 by moving bed adsorption: Corroboration of Adsorber Design Equations//Can. J. Chem. 1968. Vol. 41. No. 6. P. 269－272.

[12] Clayer A. , Agneray L. , Vandenbussche G. , Petel P. Preparation des isotopes Phydrogene par chromatographie en lit mobile//Z. Anal. Chem. 1968. Vol. 236. No. 6. P. 240－249.

[13] Андреев Б. М. , Полевой А. С. Непрерывное противоточное разделение изотопов водорода в системе водород — палладий//Ж. физич. химии. 1982. Т. 56, № 2. С. 349－352.

[14] Andreev B. M. , Magomedbekov E. P. , Sicking G. H. Interaction of Hydrogen Isotopes with Transition Metals and Intermetallic Compounds. Springer Verlag. 1996. 168 p.

[15] Andreev B. M. , Perevezentsev A. N. , Selivanenko I. L. et al. Hydrogen Isotope Separation Intallation for Tritium Facility//Fusion Science and Technology. 1995. Vol. 28. No. 3P1. P. 505－510.

[16] Андреев Б. М. , Магомедбеков Э. П. , Селиваненко И. Л. Разделение бинарных смесей изотопов в противоточной разделительной коллоне//Атомная энергия. 1998. Т. 84, № 3. P1. P. 505－510.

[17] Andreev B. M. , Kruglov A. V. , Selivanenko I. L. , Continuous Isotope Separation in Systems with Solid Phase. I. Gas-Phase Separation of Isotopes of the Light Elements//Separation Science and Technology. 1995. Vol. 30. No. 16. P. 3211－3227.

[18] Perevezentsev A. N. , Andreev B. M. , Selivanenko I. L. , Yarcho I. A. Continuous Counter-Current Separation of Hydrogen in Sectioned Columns with a solid Sorbent//Separation of Hydrogen in Sectioned Columns with a solid Sorbent//Fus. Engng. Design. 1991. Vol. 18. P. 39－41.

[19] Андреев Б. М. , Селиваненко И. Л. , Голубков А. Н. и др. Исследование разделения изотопов водорода на установке противоточного типа//Сборник докладов Международного семинара «Потенциал российских ядерных центров и МНТЦ в тритиевых технологиях», 17－19 мая 1999 г. Саров, РФЯЦ ВНИИЭФ. С. 52－57.

[20] Андреев Б. М. , Селиваненко И. Л. , Голубков А. Н. и др. Исследование процесса разделения изотопов водорода противоточным методом в системе водород-палладий//Сборник докладов Международного семинара «Потенциал российских ядерных центров и МНТЦ в тритиевых технологиях», 17－19 мая 1999 г. Саров, РФЯЦ

ВНИИЭФ. С. 52 - 57.

[21] Беловодский Л. Ф., Гаевой В. К., Гришмановский В. И. Тритий. М.: Энергоатомиздат, 1985. 248 с.

[22] Гамбург Д. Ю., Семенов В. П., Дубовкин Н. Ф. Водород свойства, получение, хранение, транспортирование, применение. М.: Химия, 1989. 672 с.

[23] Буянов Р. А. Три жизни в одной. Я и среда обитания. Изд. 2 - е. Новостибирск, 2014. 536 с.

[24] Pautrot G. P. The Tritium Extraction Facility at the Institute Laue-Langevin Experience of Operation with Tritium//Fusion Science and Technology. 1988. Vol. 14. No. 2P2A. P. 480 - 483.

[25] Davidson R. B., Von Hatten P., Schaub M., Ulrich D. Commissioning and First Operating Experience at Darlington Tritium Removal Facility//Ibid. P. 472 - 479.

[26] Holtslander W. J., Harrison T. E., GOYETTE V., Miller J. M. Recovery and Packaging of Tritium from Canadian Heavy Water Reactors//Fusion Science and Technology. 1985. Vol. 8. No. 2P2. P. 2473 - 2477.

[27] Ana G., Cristescu I., Draghia M. et al. Construction and commissioning of a hydrogen cryogenic distillationsystem for tritium recovery at ICIT Rm. Valcea//Fusion Engineering and Design. 2016. Vol 106. P. 51 - 55.

[28] Embury M. C., Watkins R. A., Hinkley R. et al. A Low Temperature Distilation System for Separating Mixtures of Protium, Deuterium, and Tritium Isotopes//Fusion Science and Technology. 1985. Vol. 8. P. 2168 - 2174.

[29] Busigin A., Sood S. K., FLOSHEET — A Computer Program for Simulating Hydrogen Isotope Separation Systems//Ibid. P. 529 - 535.

[30] Каграманов З. Г., Сазонов А. Б., Магомедбеков Э. П. Моделирование периодического режима работы коллон разделения изотопных смесей водорода//Атомная Энергия. 2003. Т. 94, № 3. С. 236 - 239.

[31] Sazonov A. B., Kagramanov Z. G., Magomedbekov E. P. Kinetic Method for Hydrogen-Deuterium-Tritium Mixture Distillation Simulation//Fusion Science and Technology. 2005. Vol. 48. No. 1. P. 160 - 170.

[32] Bainbridge N., Bell A. C., Brennan P. D. et al. Operational experience with the JET AGHS cryodistillation system during and after DTEI//Fusion Engineering and Design. 1999. Vol. 47. P. 321 - 332.

[33] Lefebyre X. Hollingsworth A., Parracho. Et al. Conceptual design and optimization for JET water detritiation system cryo-distillation facility//Fusion Science and Technology. 2015. Vol. 67. No. 2. P. 451 - 454.

[34] Производство тяжелой воды//Под ред. Я. Д. Зельвенского. М.: Изд. Иностр. лит-ры, 1961. 519 с.

[35] Розен А. М. Первый в мире завод для производства тяжелой воды методом двухтемпературного изотопного обмена вода-сероводород//Атомная энергия. 1995. Т. 78, Вып. 3. С. 217 - 219.

[36] Flournoy J. M., Wilmarth W. K. The Base Catalyzed Exchange of Hydrogen Gas and Protonic Solvents. III. The Catalytic Efficiency of Concentrated Aqueous Alkali//J. Amer. Chem. Soc. 1961. Vol. 83. P. 2257-2262.

[37] Розенкевич М. Б., Сахаровский Ю. А., Зельвенский Я. Д. Каталитические свойства водных растворов пентацианида кобальта (II)//Кинетика и катализ. 1974. Т. 15, С. 1158-1163.

[38] Розенкевич. М. Б., Клинская И. Ю., Сахаровский Ю. А. Каталитические свойства Rh Sn-хлоридного комплекса в реакции изотопного обмена//Кинетика и катализ. 1979. Т. 19, № 2. С. 329-333.

[39] Canadian Patent No. 907292. 1972. 4.

[40] Gopalakrishnan V. T., Sutawane U. B., Ralhi B. N. Selected bibliography on heavy water, tritiated water and hydrogen isotopes (1981 - 1992)//Bhabha Atomic Research Centre. India, 1994. 456c.

[41] Сахаровский Ю. А., Розенкевич М. Б., Андреев Б. М. и др. Очистка водных потоков от трития методом химического изотопного обмена водорода с водой// Атомная энергия. 1998. Т. 85. Вып. 1. С. 35-40.

[42] Bruggeman A., Meynendonckx L., Parmentier C. et al. Development of the ELEX process for tritium separation at reprocessing plants//Radioactive waste management and the nuclear fuel cycle. 1985. Vol. 6(3-4). P. 237-254.

[43] Perevezentsev A., Andreev B. M., Magomedbekov E. et al. Difference in HETP and HTU for Isotopic Mixtures of Protium-Tritium and Protium Deuterium in Isotopic Exchange Between Water and Hydrogen on Hydrophobic Catalyst//Fusion Technol. 2002. Vol. 41. P. 1107.

[44] Ellenberger J., Krishna R. Counter-current Operation of Structured Catalytically Packed Distillation Columns: Pressure Drop, Hold-up, Mixing//Chem. Eng. Sc. 1999. Vol. 54. P. 1339-1345.

[45] Bart H. J., Reidetschlager J. Distillation with Chemical Reaction and Apparatus Selection//Separation Science and Technol. 1995. Vol. 30. P. 1849-1865.

[46] Rozenkevich M. B., Rastunova I. L. The ways to increase light water detritiation efficiency by chemical isotope exchange between hydrogen and water in membrance contact devices//Fus. Sci. Techn. 2011. Vol. 60. No. 4. P. 1407-1410.

[47] Rozenkevich M. B., Rastunova I. L. Chapter 17. Isotope Separation Using PEM Electrochemical Systems. In Book: PEM Electrolysis for Hydrogen Production: Principles and Application. 2015. CRC. Press. 389 p.

[48] Kiyota S., Kitabata T., Ninomiya R. et al. Design and operationg experience of CECE D_2O upgrader in FUGEN//Proc. Conf. GENES4/ANP2003. 2003. Kyoto. Japan. Paper r 1152. 7p.

[49] Song K. M., Sohn S. H., Kang D. W. et al. Installation of liquid phase catalystic exchange column for the Wolsong tritium removal facility//Fusion Engineering and Sesign. 2007. Vol. 82. P. 2264-2268.

[50] Miller J. M., Graham W. R. C., Celovsky S. L. et al. Design and operational experience with a pilot-scale CECE detritiation process//Fusion Science and Technology. 2002. Vol. 41. P. 1077 - 1081.

[51] Andreev B. M., Sakharovsky Yu. a. Rozenkevich M. B. et al. Installations for Separation of Hydrogen Isotopes by the Method of Chemical Isotopic Exchange in the 《Water-Hydrogen》System//Ibid. 1995. Vol. 28. No. 3P1. P. 515 - 518.

[52] Alekseev I. A., Bondarenko S. D., Fedorchenko O. A. et al. Fifteen Years of Operation of CECE Experimental Industrial Plant in PNPI//Fusion Science and Technology. 2011. Vol. 60. No. 3. P. 1117 - 1120.

[53] Vasyanina T. V., Alekseev I. A., Bondarenko S. D. et al. Heavy water purification from tritium by CECE process//Fusion Engineering and Design. 2008. Vol. 83. P. 1451 - 1454.

[54] Itoh T., Hayashi T., Isobbe K. et al. Self-decomposition behaviour of high concentration tritiated water//Fusion Science and Technology. 2007. Vol. 52. P, 701 - 705.

[55] Cristescu I., Cristescu I.-R., Dorr L, et al. Long term performances assessment of a water detritiation system components//Fusion Engineering and Design. 2006. Vol. 81. P. 839 - 844.

[56] Андреев Б. М., Раков Н. А., Розенкевич М. Б., Сахаровский Ю. А. Использование методов разделения изотопов для улавливания и концентрирования трития в ядерном топливном цикле//Радиохимия. 1997. Т. 39, № 2. С. 97 - 111.

[57] Boniface H., Sappiah S., Krishnaswamy K. et al. A small closed-cycle combined electrolysis and catalytic exchange test system for water detritiation//Fusion. Science and Technology. 2011. Vol. 60. P. 1347 - 1350.

[58] http://www. cnl. ca/site/media/Parent/Catalysts_05_150421. pdf

[59] Iwai Ya., Yamanishi T., Isobe K. et al. Distinctive radiation durability of an ion exchange membrane in the SPE water electrolyser for the ITER water deyritiation system//Fusion Engineering and Design. 2006. Vol. 81. P. 815 - 820.

[60] Thomson S. N., Carson R., Ratnayake A. et al. Characterization of commercial proton exchange membrane materials after exposure to beta and gamma radiation//Fusion Science and Technology. 2015. Vol. 67. P. 443 - 446.

[61] Boniface H. A., Castillo I., Everatt A. E., Ryland D. K. A light water detritiation project at Chalk River Laboratories//Ibid. 2011. Vol. 60. P. 1327 - 1330.

[62] Boniface H. A. Gnanapragasam N. V., Ryland D. K. et al. Multi-Purpose Hydrogen Isotopes Separation Plant Design//Ibid. 2015. Vol. 67. P. 258 - 261.

[63] Perevezenrsev A. N., Bell A. C. Development of Water Detritiation Facility for JET//Fusion Science and Technology. 2008. Vol. 53. P. 816 - 829.

[64] Boniface H. A., Gnanapragasam N. V., Ryland D. K. et al. Water Detritiation System for ITER-Evalution of Design Parameters//Ibid. 2017. Vol. 71. P. 241 - 246.

第5章 等离子体室组件中氚的提取

当今，不锈钢是等离子体室和氚系统的主要结构材料。人们针对等离子体室及其部件的热屏蔽对不同的耐火材料进行了试验，如碳、钨、铍基等合成材料，这些材料也用来固定不锈钢或特殊合金（如因科镍）结构。在含氚等离子体材料的热核反应堆工作时，这些材料不可避免地要与以氢分子或离子形式存在的氚相互作用。氚渗透到材料内，或多或少都会滞留一些在那里。多孔材料，如碳复合材料，与金属相比可以滞留更多氚。除此之外，由于等离子体室材料与热核聚变中子相互作用，在材料中生成以钴-60为主要成分的强放射性核素。这些放射性核素的半衰期比氚的要短，因而随着时间的推移氚成为决定放射性污染（程度）的主要核素。

等离子体室中的强热流和中子流会对材料造成物理损伤和辐照损伤，因此必须定期更换等离子体室组件，如等离子体收集器、第一壁防护元件等。这些元件从等离子体室提出并转移至热室，以便除氚。

等离子体室组件内滞留氚，将对工业热核反应堆产生一些亟待解决的问题：

(1) 滞留的氚不能在燃料循环中利用，不具备经济性。

(2) 氚即使在固体材料中也有足够的活性，并且在适宜温度，如室温下就以明显的速率从中放气，使材料难以储存。

(3) 进行等离子体室维修工作时，工作人员所受辐照剂量监测和从等离子体室取出的部件作为放射性废物掩埋时为满足环境的影响要求费钱费力。

(4) 从等离子体室取出部件中的氚是监督其在热核反应堆中分布（在编制物料平衡时）中升高的不确定根源，如在第6章中将要介绍的监测。

因此，从等离子体室中取出的组件材料中提取氚将是工业热核反应堆中氚循环的必要部分。

为了研究、设计和评估除氚方法的有效性，必须知道氚在材料中的分布。

测量材料中氚的量对放射性废物掩埋之前的分类也是必须的。

在JET反应堆含等离子体环境下工作时，对用作等离子体收集器和等离子体室第一壁屏蔽材料的碳化物合成材料板的研究表明，不论是沿板的方向，还是板的横截面方向氚的分布都有很大的不均匀性。这给评估这些材料中氚的含量造成很大困难。对于金属材料，评估的其他困难是材料受中子辐照而产生的感生放射性。在材料和中子相互作用时生成的主要是γ放射性核素，准确地测量氚需要消除其他放射性核素的影响。

5.1 氚在等离子体室及其组件材料中的分布

在含氚等离子体工作之后曾对从JET反应堆等离子体室取出的碳化物合成板里氚的分布进行了详尽的研究，结果表明不论安装在等离子体室不同地点的诸块板之间，还是沿着板表面以及在沿板的深度方向的氚浓度都在很宽的范围内波动。图5-1所示是一块板横截面上典型的氚浓度分布线。氚浓度在表层比深层更高是其一大特点。在暴露于含氚氢气里的大量金属中也发现了氚分布极不均匀的特点。

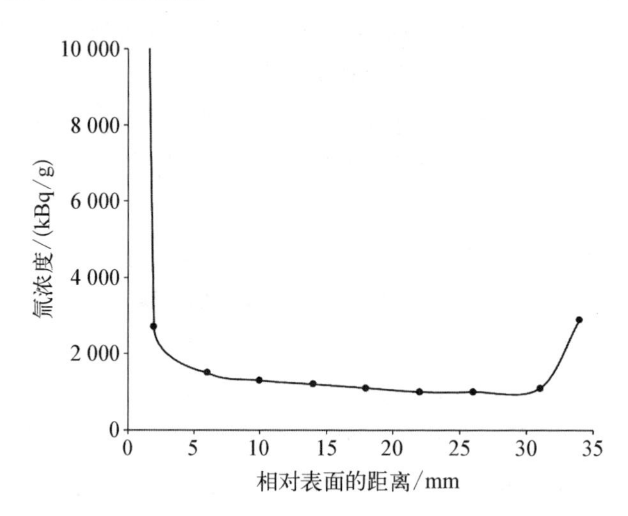

图5-1 沿碳化物合成板深度方向氚的分布

注：含氚等离子体工作之后，从JET反应堆等离子体室取出的板[1]面向等离子体的表面从0开始。

在针对“暴露在含氚氢气气氛中的不锈钢中氚分布”大量研究的基础上，认为沿金属深度的氚浓度分布可以用呈现于图5-2上的曲线图形予以解释。

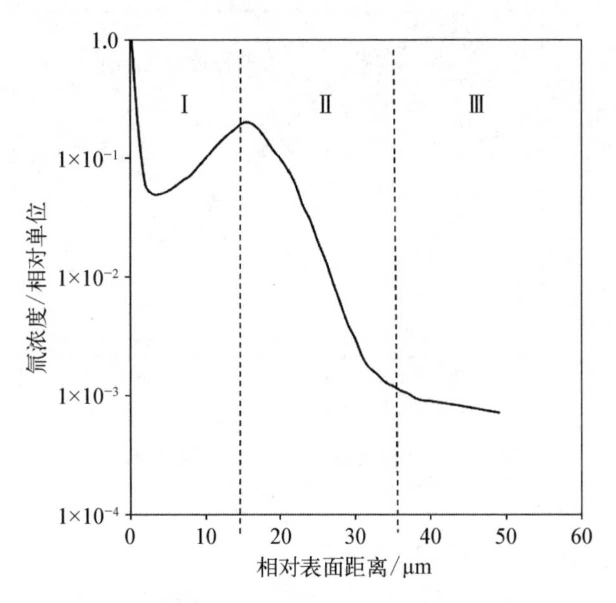

图 5－2　暴露在含氚氢气气氛中的金属中的氚分布图

在Ⅰ区反映的是氚在近表面层的相对浓度。该层的厚度可为零点几微米到几微米，其中的氚浓度值可能高过金属内的几个数量级。氚蓄于该层的主要原因之一可能是升高了的金属晶格和金属氧化物的缺陷浓度，这类金属氧化物工作起来像氚阱。Ⅱ区对应经典的氢原子在金属晶格中的扩散。进到金属厚度深层的Ⅲ区，或多或少显示的是平的氚浓度分布，按晶间扩散机理它可属于氢的渗透。即使在接近室温的温度下，这样的扩散也能以明显的速率进行。在室温下晶间扩散系数值可比经典的原子扩散高几个数量级。

所熟知的是，由于自身的高活性，氚即使在室温下也能从金属中气化。这样，随着时间的延长将导致它在表面的浓度降低。但是氚从金属表面气化时，在某种程度上它又因为从金属基体内获得供给而得到补充。

人们发现类似图 5－2 氚浓度分布形成的可能性依赖于所采用的分析方法和氚加载到金属的历程。测量氚在金属中分布的分析方法多种多样。使用下述分析方法均获得了氚分布的结果：放射照相仪、作为探测器的含磁放射显微镜、完全溶解法、逐层酸蚀法、放射荧光法、BIXS(氚的 β^- 粒子和材料相互作用产生的轫致辐射和阴极射线光谱仪法)等。

作为展示，图 5－3～图 5－4 给出了氚在不锈钢样品中的浓度分布。不锈钢样品在相同的条件下制备，但用不同的方法测量。

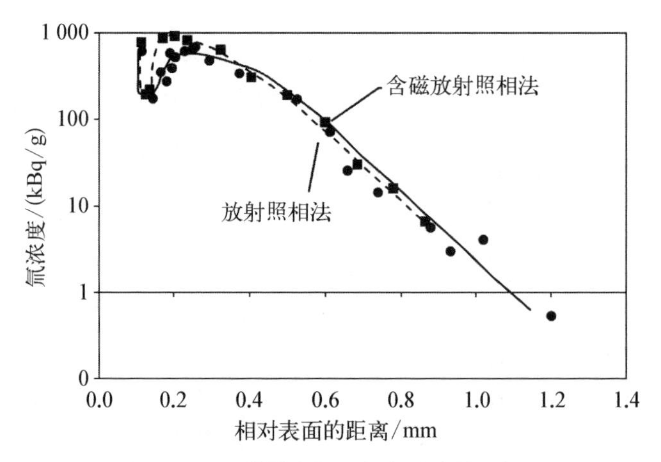

图 5-3　用放射照相法和含磁放射照相法测量不锈钢中氚浓度分布[2]

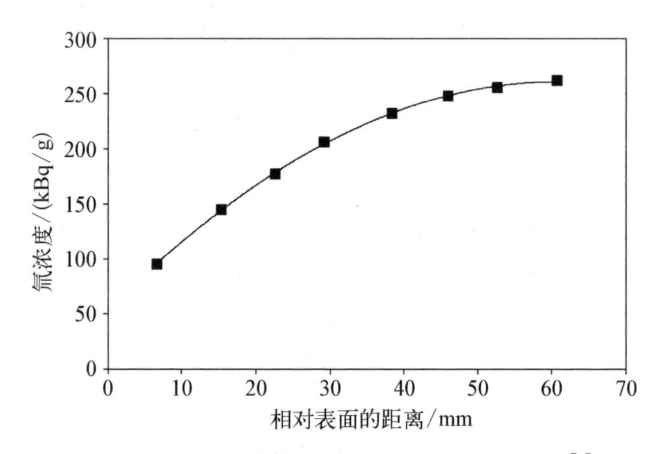

图 5-4　用逐层酸蚀法测量不锈钢中氚浓度分布[2]

人们曾从含碳量低的 316 型不锈钢(316L 钢)轧制钢板上切割下来规格为 100 mm×40 mm×6 mm 的样品，并在超声波槽中清洗，其后在真空、500℃温度下热处理 12 h。之后样品在氚和氕等分子混合物气氛中，在温度 200℃和 50 kPa 压力下暴露 8 h。在逐层酸蚀情况下，收集化学溶液并中和，用中和溶液蒸馏的方法分离出净化的氚水，其后用液闪法测量其中的氚浓度。

由于氚的 β^- 粒子及其与金属相互作用下放出的轫致辐射和伦琴辐射在金属中的自由程很小，用射线照相法、辐射发光法和 β 射线诱发 X 射线谱法(BIXS)只能在表面或者很薄的表面层测量氚。但是，如果将样品横向切开，并测量所得表面上氚的分布，则可以获得沿深度方向上的氚分布。

用放射照相法测得的氚浓度分布与图 5-2 上的浓度分布相似。逐层酸蚀法能以很小的步距测量氚的浓度分布，用这种方法获得如图 5-4 上的浓度分布结果表明，接近表面氚浓度开始重新下降。考虑到氚从金属表面不断地气化，可以预料到这样的降低。

用含 50 μm 的步距放射荧光法测得的浓度分布如图 5-5 所示，未显示出明晰的区域Ⅰ(区域Ⅰ即Ⅰ区，指的是材料的近表面层)。值得注意的是，用该方法获得的浓度分布，随在对其上进行氚测量的表面生成时刻起所经过的时间而变化，这一效应由氚从金属内部向表面迁移引起。在金属切割过程中形成的表面氚是贫化的。金刚石切割板与金属的摩擦即使在有水流冷却的情况下，也会导致金属局部加热。温度的升高引起氚的加速解吸，使表面的氚贫化。其后，氚从金属内部向外迁移，导致表面氚浓度增加。这一过程发生的速率取决于金属(见图 5-6)，即使在室温下，该过程也以明显的速率进行。因此对于用放射荧光法定量测量氚而言，必须用表面已知氚浓度的样品对其进行标定。

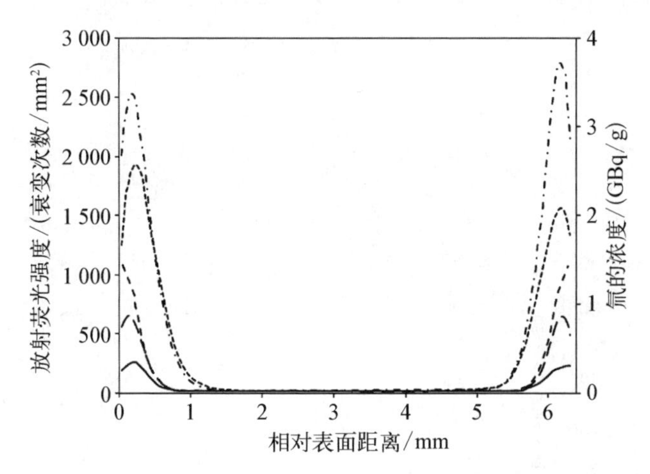

图 5-5　用放射荧光法测量的不锈钢中氚浓度剖面[2]

沿深度不均匀分布氚的金属样品，在适中的温度下不仅从金属内部迁移至表面，而且在相反的方向也观察到氚的迁移。这一情景由不锈钢样品中氚的浓度分布图 5-7 所示，这是在很薄的表面层，并且样品长期在室温下储存后用 β 射线诱发 X 射线谱法(BIXS)测得的。

从高纯铜(含 0.04%杂质)和铝铜(主要组成为 10.2%铝、5.3%镍和 4.7%铁的铜合金)锭材旋切下的样品中，放射荧光法测得的氚分布如图 5-8 和图 5-9 所示，未查见Ⅰ区。

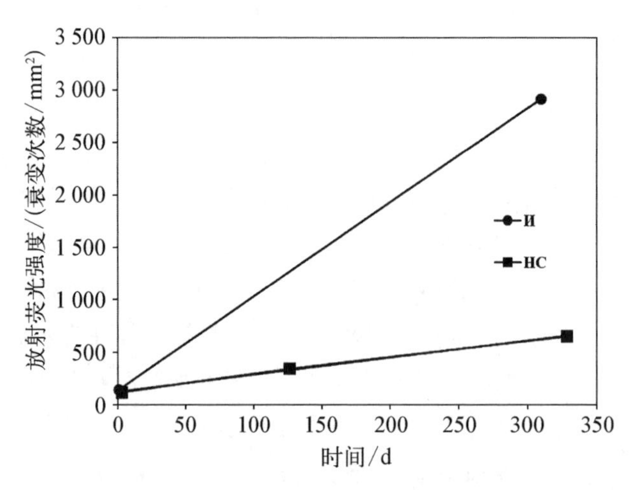

图 5-6　取决于形成所研究表面后的时间的钢(HC)和600 因科镍切割表面平均放射荧光强度[2]

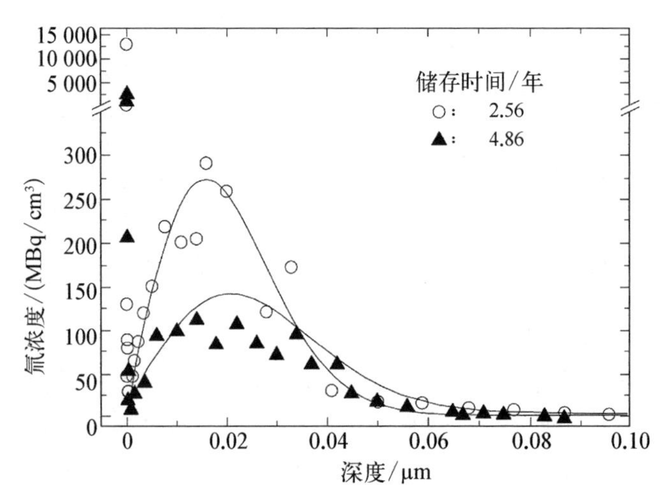

图 5-7　从不锈钢内部氚迁移引起的氚浓度分布随时间的变化[3]

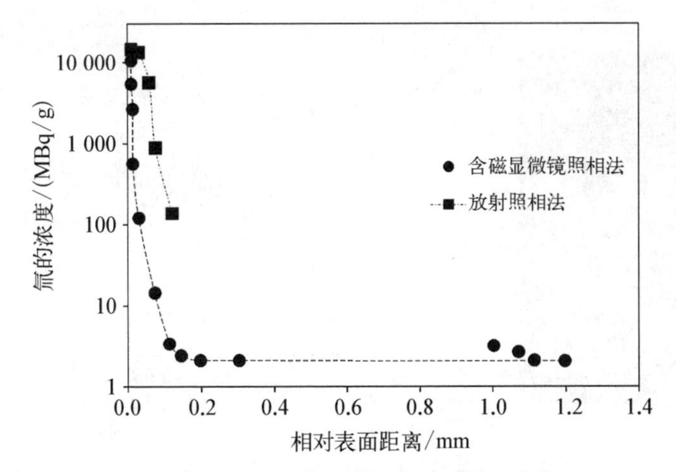

图 5 - 8　用放射照相法和含磁显微镜法测得的高纯铜板氚浓度分布[2]

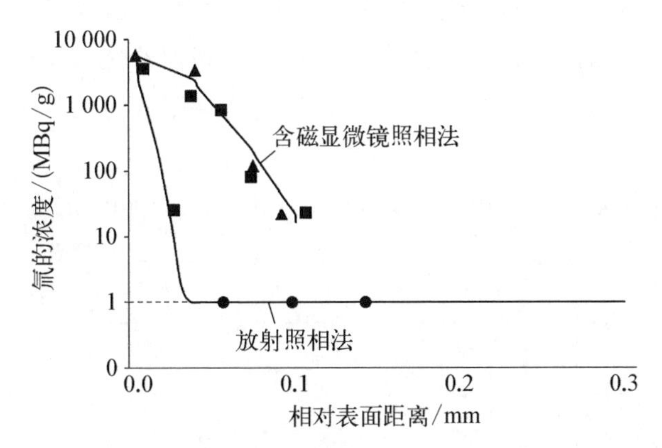

图 5 - 9　放射照相法和含磁显微镜照相法测得的铝铜板中氚浓度分布[2]

或许，这些金属的Ⅰ区厚度比用作测量的步距 50 μm 小，如图 5 - 10 和图 5 - 11 所展示，所观察到的这一结论是基于放射荧光法的高灵敏度。

(a)　(b)

图 5 - 10　用光学照相法(a)和放射荧光法(b)从不锈钢制板表面所成的像[2]

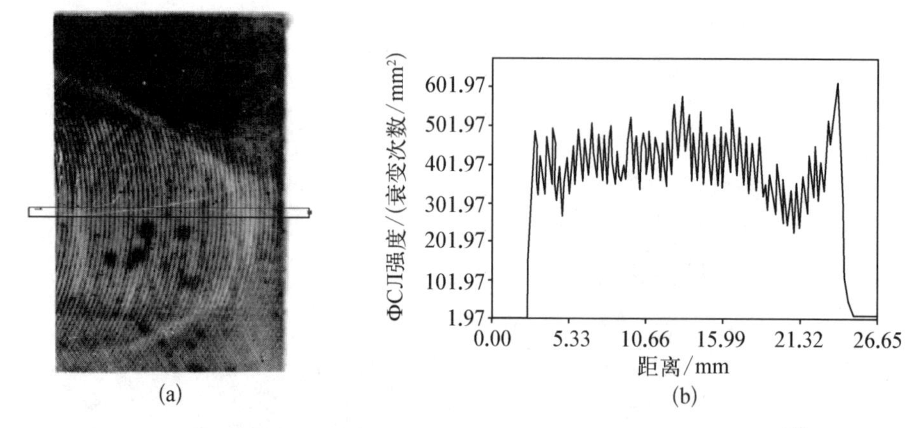

图 5-11　从高纯铜锭旋切板所得光学成像(a)和放射荧光谱图(b)[2]

图 5-10 板表面放射荧光成像明显再现照片上该表面的斑纹图。或许该斑点就是在板热处理过程中,轧材制造后在其上残留的化学物质燃烧的痕迹。显然,氚沿该斑点富集。图 5-11 可以明显看出,在从锭上旋切样品之后,残留在表面约 400 μm 的沟纹上氚分布的不均匀性。

暴露在含氚氢气中的规格为 100 mm×40 mm×6 mm 的不同金属板中氚分布对比见图 5-12。

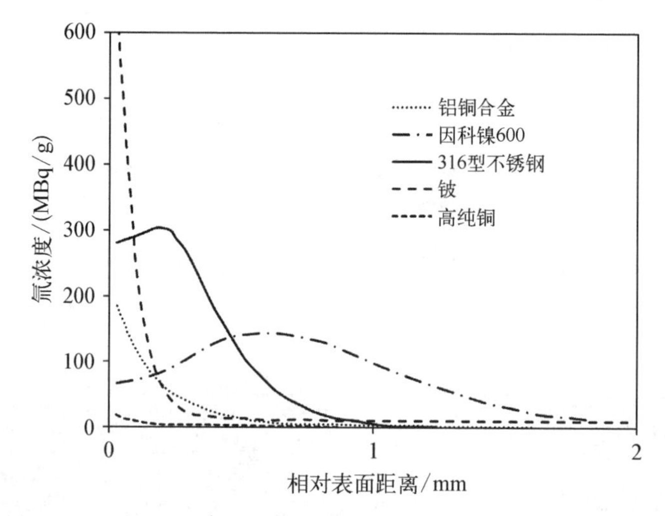

图 5-12　在含 50%氚的氢气气氛、温度 200℃和气体压力 50 kPa 条件下暴露 8 h 的不同金属样品中氚分布[2]

金属与气态氢接触时,提高温度应使得氚分布更均匀,因为增加了它的移动性。对于不锈钢和因科镍该效应表现明显，如图 5－13 所示，但对铍则较少觉察到(见图 5－14)。

氢气中氚的浓度对吸收氚量的增加有强烈的影响效应(见图 5－15)。

增加气态氚的压力以及它与金属接触的时间与吸收氚量的增加成正比。金属的热处理和表面抛光并未显示对吸收氚量有影响。

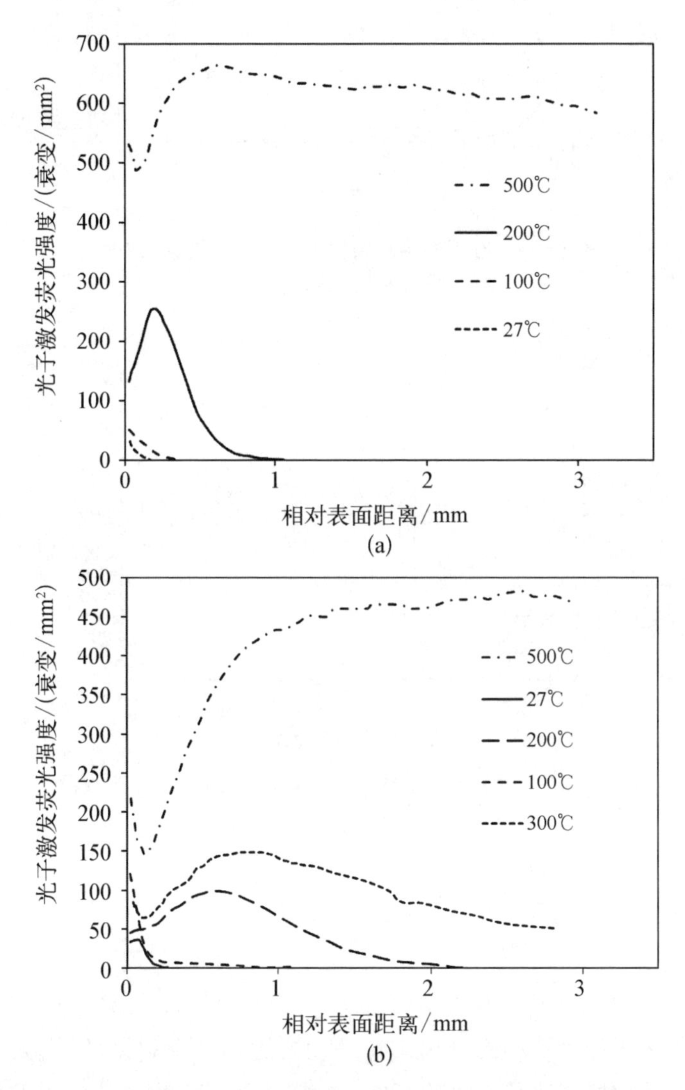

图 5－13　不同温度条件下暴露在含氚氢气中的样品沿不锈钢和因科镍 600 制备板深度方向氚浓度的分布剖面图[2]

(a) 不锈钢；(b) 因科镍 600

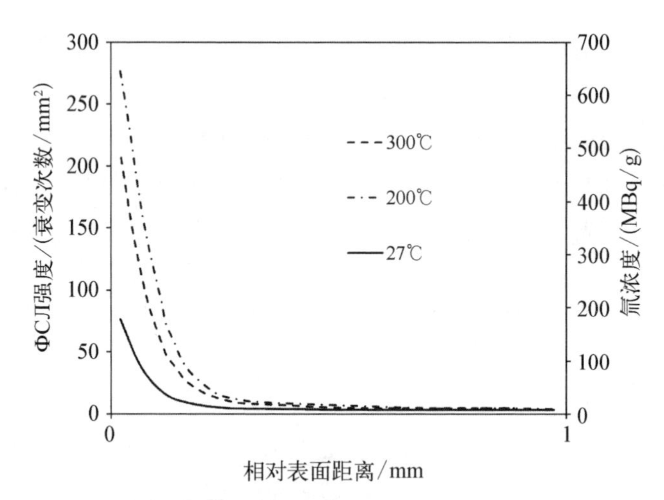

图 5-14　在不同温度条件下暴露在含氚氢气中的样品沿铍深度氚浓度的分布[2]

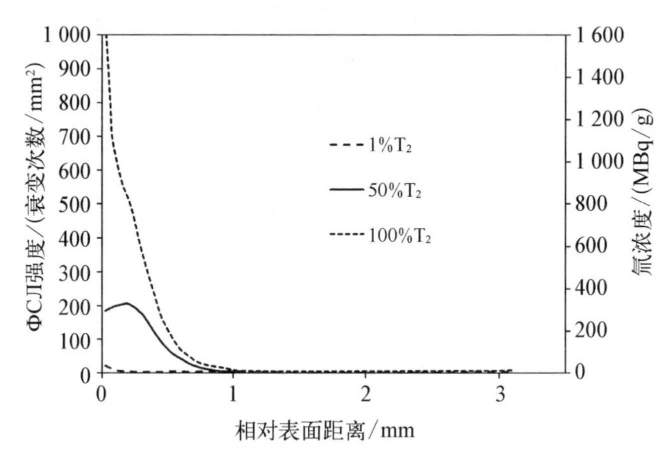

图 5-15　气态氢中氚的浓度对氚在不锈钢中分布的影响[2]

5.2　等离子体室组件中氚的提取

除氚方法的选择主要取决于应解决的问题。例如，等离子体室定期除氚是为了从等离子体室材料中分离出氚并使之返回到燃料循环，也为了降低在评价等离子体室中氚滞留量时的不确定性。为了从等离子体室中取出的组件中除氚，任务会更多：

(1) 将氚返回到燃料循环。

(2) 降低等离子体室材料中氚滞留量评价的不确定性。

(3) 通过降低从等离子体室组件中氚的气化进到热室大气的速率的途径减少从热室排放到环境的氚量。

(4) 降低被除氚材料中氚的浓度，以减少它们作为放射性废物的储存和掩埋的费用。

第一个任务，即将氚返回到燃料循环的合理性很明显。从等离子体室取出的组件中氚的量值，以及通过降低该量值来降低等离子体室中氚滞留量评估的不确定性，也大大减少了热核反应堆中氚的物料平衡中的不确定性，如6.3节所描述。对于这些任务不需要深度提取氚，只需保证在进行任务操作的一段时间内，等离子体室留有合理份额的氚供提取即可。

不进行预先除氚的等离子体室部件进行放射性废物掩埋的处理费用昂贵，而且技术上很困难，主要问题在于，等离子体室材料中氚浓度很高，属于高放射性废物的范畴(译注：中国一般认为高放废物不包括含氚废物，所以这里是俄罗斯的规定)。现今对于储存这类废物的储柜容量，不论是在俄罗斯，还是在其他国家都极为受限。此类废物掩埋的价格不仅高出掩埋低放射性废物价格的数十倍，而且在绝对计量上也很贵。有关价格，可以很肯定地说，在储存库中一立方米容积大抵要数万美元。在储存高放射性废物的储存容器中废物本身容积占额很小。热核反应堆放射性废物掩埋的费用在其运行费用(价格)中占比很高。技术困难在于，氚会从包括金属的任何材料中气化，即使在适宜温度下都以明显的速率进行。因此，为了保护环境，要求在将强制通风气体排至大气中之前要除氚。在6.2节中描述的热室厂房强制通风系统空气除氚装置的应用，以及其后所得水性氚化废液的再处理也增加了热核反应堆的运行价格。为了大大降低氚气化速率和废物从高放射性向低放射性转换均要求深度提取氚。

任务的规模可以以JET反应堆为例予以展现。在含氚等离子体短周期工作之后，潜在的高放射性金属废物量测定值为560 t[4]。对于工业规模的热核反应堆，这一量值要高出数倍。

为了从金属中提取氚，曾尝试过一系列不同方法或不同方法的组合。作为例子援引以下一些方法：

(1) 在真空下或利用不同方式加热气体吹扫的热解吸。

(2) 化学和电化学溶解。

(3) 熔融。

(4) 与水蒸气或气态氢的同位素交换。

热解吸不论是自发的过程，还是用作其他方法的准备程序，如熔化，都经常使用。金属加热和降低其上气体氢的压力都增强金属中氢的移动性，维持其低的分压并引导它们从内部向表面方向迁移。从表面解吸的氚可抽取或通过气流吹扫排出。加热方法之中还试了相当奇特的方法，例如，用明火加热。

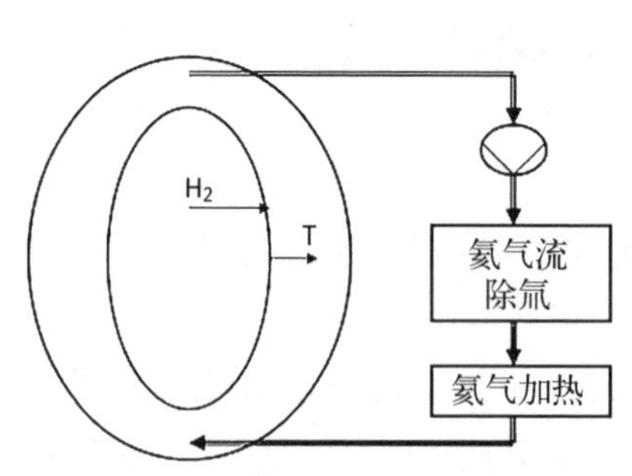

图 5-16 为利用气体加热和吹扫的两个包壳组成的热核反应堆等离子体室第一个包壳除氚所用的同位素置换法

同位素交换可看作含气体吹扫的另一类热解吸。气体应当包含气态含氢化合物，后者将投入与金属中化学连接氚的同位素交换反应。不同类型的同位素交换可看作同位素置换过程。如在含氚金属的一侧制造氢气，而在另一侧维持其低的分压，则氢将经金属扩散，并释放出氚。该过程可用于等离子体室第一壁的除氚。等离子体室由双壁组成，两壁之间空间为吹扫气体，它也维持第一壁的温度，这样的结构用于 JET 的等离子体室。其中，如图 5-16 所展示的，在双层壁之间用氦气吹扫。这时充满等离子体室的氢将透过第一壁，并将氚释放入双壁之间的空间内。循环于双壁之间空间内的气体将氚转移至除氚系统。

破坏性方法的应用依赖于氚以什么形式分离出来和生成废物的化学形式。例如，化学溶解方法导致生成放射性的和化学活性的废物，主要为酸溶液的形式，需要对它们进行再处理。由于处理液体放射性和化学侵蚀性溶液工序繁杂，该方法未被采纳。在熔化方法中，材料的化学形式未变。熔化时高温和金属晶体结构的破坏可提高氚的提取率。这时容积结构转换为金属锭材，明显减小了废物体积，并相应降低了掩埋它们的价格。

由于氚在金属中分布的不均匀性，它的提取率和除氚速率不仅依赖于材料的性能，还依赖于材料样品的几何尺寸，以及它曾被氚污染时的环境参数。因此应当使用类似的样品进行除氚方法的试验对比。在研究工作[5]中进行了这样的比较：316L 型不锈钢(含降低了含量的碳)、因科镍 600、铍、铜(含降低了含量的氧)和铝铜合金样品，在 500℃温度下放置 12 h，其后在包含(50±2)%氚的氕气体混合物气氛、压力 0.05 MPa 和 200℃温度下维持 8 h，所有的样品板状规格为 100 mm×40 mm、厚度为 6 mm，对以下这些除氚方法进行了试验：

(1) 热解吸。

(2) 与气态氢的同位素交换。

(3) 用氢气同位素置换氚。

(4) 用火焰加热。

(5) 真空下熔化。

(6) 含惰性气体氩吹扫的熔化。

(7) 静态氢气下的熔化。

针对熔化的试验，在原始板材暴露于氚气中之后，从中切割下规格为 15 mm×7 mm 的样品，对于火焰加热试验，样品尺寸为 15 mm×40 mm，用放射荧光法测量除氚试验前后样品中氚的分布。

除氚的试验方法包括如下几种。在热解吸试验中，在 300℃温度下样品放置 5 h，用空气吹扫，基于预先的试验，该方法选作理想的方法。在同位素交换方面的试验中，包含样品的反应器，在其充填天然同位素组分氢之前先抽真空，样品在氢气中于 300℃和 500℃温度下维持 1 h，600℃和 700℃下维持 0.5 h。由于金属中的氚和气相中的氕进行了同位素交换，部分氚转移到气相中，排掉氚化氢，并用氢气置换。在反应器的自由体积中重复 5 次替换氚化氢的程序。

在同位素置换的试验中，氚化金属的样品固定在两个小室之间。一个小室中充填氢，压力为 0.2 MPa。而另一小室连续抽真空。在此条件下，氚化金属板对于氢的作用是充当扩散膜。氢从气相渗透到金属中，并逐渐置换掉其中的氚。

用火焰加热的试验中，置于罩下的样品用空气吹扫，用氢氧焰加热到约 800℃的温度(加热到这一温度用时 1.5～3 min)。开始从一面加热，其后从另一面加热，再两面一起同时加热，这之后用空气吹扫样品。氚从样品中分离进到吹扫空气中。经顺次安装的充填水的冷阱，通过起泡(作用)收集起来。对于一个冷阱中收集的氚的份额不少于 90%。

熔融试验中试验了上述三种不同的程序。在真空中熔化时金属样品置于石墨杯中，其后置于容积为 0.7 L 的石英反应器中。用感应炉加热石英反应器。真空下金属熔化时，在加热之前，反应器先抽真空，残余压力为 3 Pa。熔化的样品半小时内维持液态形式。冷却之后，样品分为两半，一半为了分析残留的氚，另一半为了重复熔化。

在用惰性气体进行吹扫熔化时，用氩气吹扫反应器(反应器中气体置换反应速率为 17 h^{-1})。样品 1 h 内维持在熔化状态。在前 30 min 氢收集在容器中,其后 30 min 借助于电离室分析氚。分析表明,氚的分离过程实际上在前 30 min 内完成。

在氢气中熔化时,在加热之前,反应器充填天然同位素组分氢气的压力达 0.05 MPa。样品熔化之后收集氢气用以分析氚。

在所有的实验中,通过对金属进行完全的酸溶解,然后中和酸溶液,并测量通过蒸馏从溶液中提取的化学纯水中的氚,来测量除氚样品中残留的氚。图 5-17 给出了在 300℃时空气流中为时 5 h 热解吸前后放射荧光法测得的氚分布曲线。

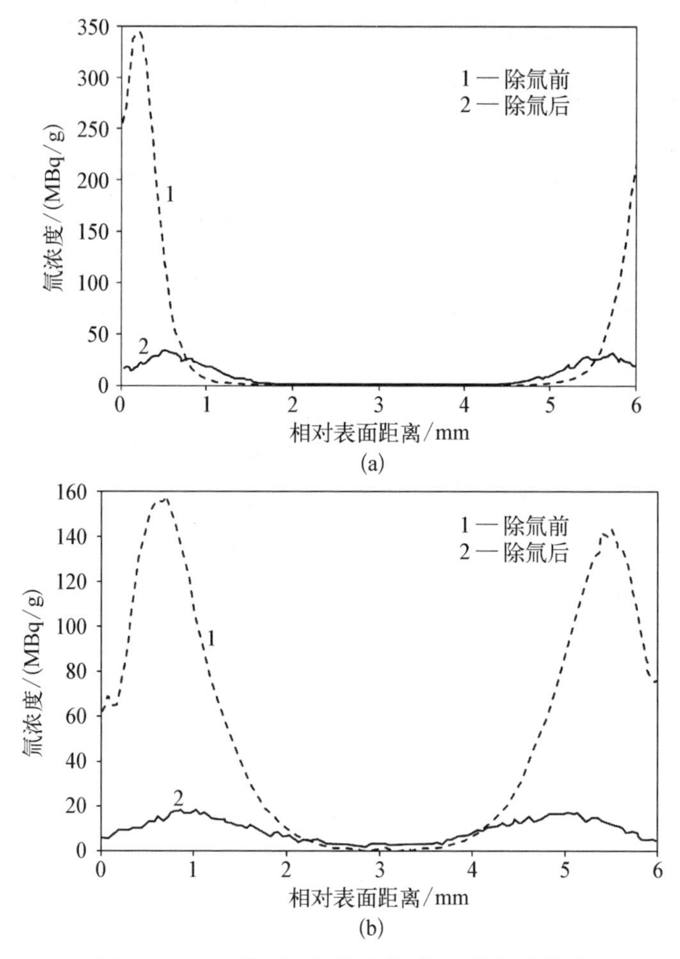

图 5-17　300℃时空气流中为时 5 h 热解吸前后放射荧光法测得的氚分布曲线

(a) 不锈钢;(b) 因科镍

为了评价除氚的效率，使用除氚因子和在除氚过程中从样品中提取的氚份额这两个参数以下列方程式相关联：

$$\mathrm{DF} = 1/(1 - F) \tag{5-1}$$

式中，$\mathrm{DF} = A_0/A_{\mathrm{end}}$ 为除氚因子；A_0 为样品中氚的初始含量；A_{end} 为脱氚样品中的氚残留量，$F = (A_0 - A_{\mathrm{end}})/A_0$ 为在除氚过程中从样品中提取的氚份额。

除氚因子 DF 对于评价从等离子体室提取氚的效率最为重要，而氚残留量 A_{end} 则是掩埋的放射性废物的主要特征，也可用于热核反应堆中对氚的物料衡算。

图 5-18 展示了 300℃温度下用时 5 h 用热解吸方法提取氚的情况。热解吸能去除主要的氚量（大于 60%），并大大贫化表面层的氚，但是观察到氚从表面层向金属内部迁移的现象。例如，因科镍样品内部氚浓度由于热解吸从 0.9 MBq/g 提高到 2.8 MBq/g。氚从表面层向金属内部的迁移使得其后金属的深度除氚更为困难。过程的动力学示于图 5-18，表明提取氚的速率在氚浓度降低时下降。

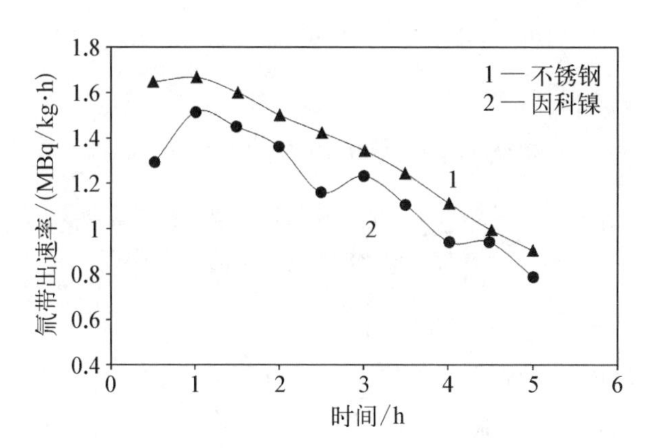

图 5-18　温度 300℃、空气流中用热解吸方法时氚从金属放出的速率

与气态氢同位素交换除氚时，首先从金属表面除氚净化，其后从金属内部扩散至表面的氚也被除去。在氢气环境中的第一次暴露中，主要的氚被从金属中移除。第一次暴露中排除的氚份额随温度升高而增长。对于其后的维持时间，该值实际上不依赖于温度。图 5-19 反映了在先后 5 次维持的氢气过程中的温度对残留在样品中氚浓度的影响。

表 5-1 中的数据表明，在约 500℃的适中温度下，使用与气态氢同位素交

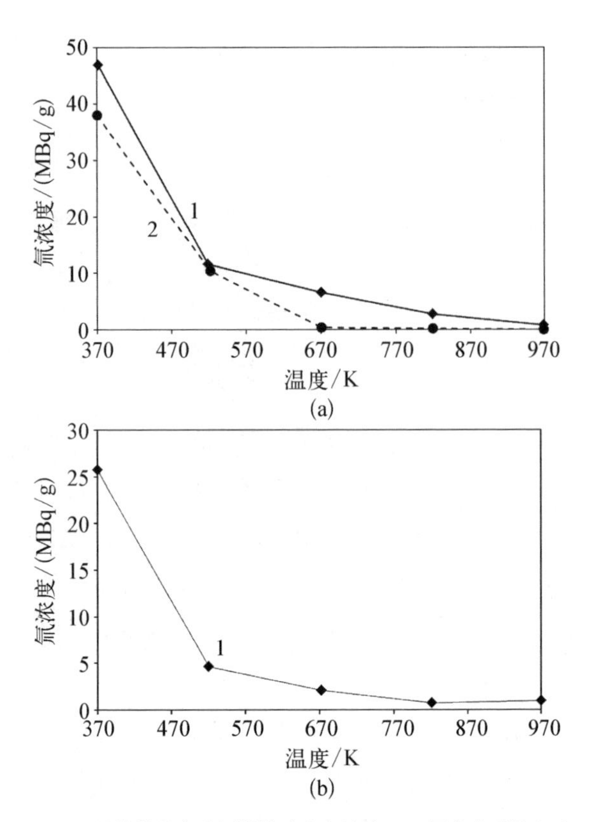

1—用放射荧光法测得的残存氚浓度；2—用完全酸溶解法测得的残存氚浓度。

图 5-19　先后 5 次维持在不同温度时两种大气中除氚金属样品里氚的残留浓度的关系曲线

(a) 不锈钢；(b) 铍

换的普通方法可以达到从金属中去除大部分氚的目的。该方法不仅从金属表层，而且从金属深层去除氚。正如图 5-20 所示的那样，过程的温度越高，残留的氚量越低，并且在其深层分布更均匀。

表 5-1　与气态氢同位素交换方法的金属除氚效率

金　属	温度/℃	$C_0^{①}$/(MBq/g)	$C_f^{①}$/(MBq/g)	F/%	除氚因子
不锈钢	300	46.8	11.5	75	4
	500		6.4	86	7
	600		2.8	94	16.5
	700		0.95	98	49

（续表）

金　属	温度/℃	$C_0^{①}$/(MBq/g)	$C_f^{①}$/(MBq/g)	F/%	除氚因子
因科镍	300 500 600 700	53.6	25.7 18.1 11.8 1.6	52 66 78 97	2 3 4.5 34
铜	300 500 600 700	1.6	0.265 0.04 0.035 0.03	83 97.5 97.7 98	6 40 44 49
铝铜	300 500 600 700	14	6.4 1.65 0.95 0.37	54 88 93 97	2 8 15 38
铍	300 500 600 700	25.8	4.5 2.0 0.68 0.93	82 92 97 96	6 13 38 28

① C_0 和 C_f 为样品除氚前后用放射荧光法测得的平均氚浓度。

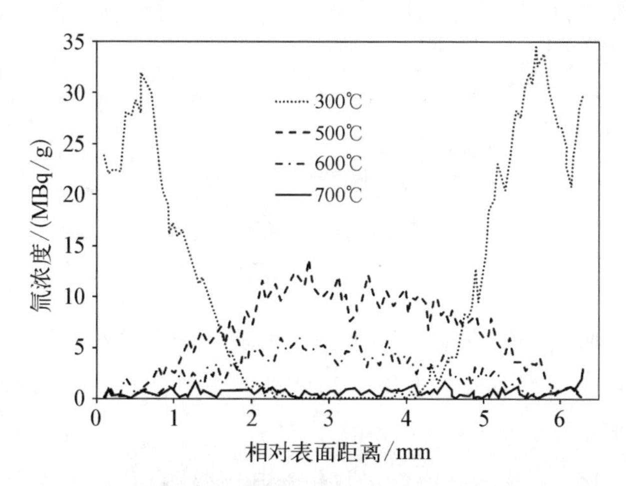

图 5－20　用放射荧光法测得的在不同温度下与氢同位素交换除氚之后不锈钢样品深部氚的分布[除氚前样品中氚浓度轮廓线示于图 5－17(a)]

同位素置换方法对于从等离子体室包壳去除氚非常有效。表 5-2 所示为用该法分离出氚的份额。

表 5-2 用同位素置换法从不锈钢中去除氚的份额(在处理 70 h 后)

样　　品	平均氚浓度①/(MBq/g)	F/%
原始的	46.8	
在 350℃温度下除氚的	5.5	88
在 450℃温度下除氚的	0.7	298

① 用放射荧光法测得的浓度。

如图 5-21 所示,采用放射荧光法测得的除氚样品中的氚浓度分布清楚地表明,氕将氚从含氢一侧置换到真空一侧。

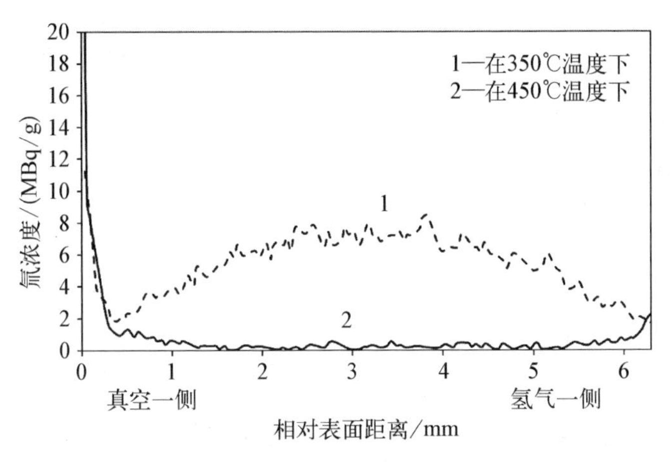

图 5-21 同位素置换方法除氚不锈钢中氚浓度曲线
(初始样品曲线示于图 5-17(a))

使用火焰加热,在几分钟时间内即可去除足够高份额的氚。氚的去除有两种机制:高温下的热解吸;金属中的氚与火焰中含氢原子的离子的同位素交换。该方法的效率示于表 5-3 中。

在金属熔化过程中进行除氚可仅依靠热解吸(在真空下或带有惰性气体吹扫),或者在金属中与有气态氢参与的氚同位素交换(在氢气中熔化时)。援引于表 5-4 的熔融方法比较表明,在氢气中熔化最有效。

表 5-3　火焰中加热金属除氚效率(在3个先后加热循环之后)

金　属	C_0[①]/(MBq/g)	C_f[①]/(MBq/g)	F/%
不锈钢	46.8	10.8	77
因科镍	53.6	46.3	14
铜	1.6	0.12	92
铝铜	14.0	2.0	86
铍	25.8	0.4	98[①]

① 浓度用放射荧光法测定。

表 5-4　熔化金属除氚方法比较

金　属	真空下(第一次熔化后)		C_f/(MBq/g)		F/%	
	F/%	DF	F/%	DF	F/%	DF
不锈钢	99.2	130	>>99.9	24 600	>99.9	38 720
因科镍	99.97	3 056	99.8	510	>99.9	25 400
铜	99.9	1 087	99.6	270	>99.9	>1 600
铝铜					>99.9	>5 000

表 5-5 给出提及的所有除氚方法的比较。从表中数据得出,用氢气置换金属中的氚和金属中氚和气态氢同位素交换可作为从等离子体室包壳中提取氚的有效手段。

表 5-5　金属除氚方法比较

方　　法	金　属	F/%	DF
300℃温度下空气吹扫热解吸	不锈钢 因科镍	78 82	4.5 5.6
300℃温度下与气态氢的同位素交换	不锈钢 因科镍 铜 铝铜 铍	75 52 83 54 82	4 2 6 2 6

（续表）

方　　法	金　属	$F/\%$	DF
500℃温度下与气态氢的同位素交换	不锈钢 因科镍 铜 铝铜 铍	86 66 97 88 92	7 3 33 8 12.5
350℃温度下用氢气同位素置换	不锈钢	88	8
450℃温度下用氢气同位素置换	不锈钢	>98	>50
火焰加热（3 次先后加热）	不锈钢 因科镍 铜 铝铜 铍	74 14 92 86 98	4 >1 12.5 7 50
真空下熔化	不锈钢 因科镍 铜	>99 >99.9 >99.9	130 3 060 1 090
氩气吹扫熔化	不锈钢 因科镍 铜	>99.9 >99.8 >99.6	24 600 500 300
氢气中熔化	不锈钢 因科镍 铜 铝铜	>99.9 >99.9 >99.9 >99.9	>38 700 >25 400 >1 600 >5 000

适宜温度下，在大气中的热解吸也得以能从金属中提取出很大份额的氚。但是，用它去除等离子体室氚的同时，也会在金属表层中生成氧化物。众所周知，金属氧化物善于保留氚，这样将使其后的除氚复杂化。除此之外，从真空调节的观点出发等离子体室包壳和部件表面状态的改变并非所愿。用惰性气体代替空气，并补充氢分子作为金属中包含氚的同位素交换中的活性试剂，这些负面的效应就能够避免。

火焰加热既没有用于等离子体室内部，也没有用于热室条件下的除氚。

熔化方法的各种改进不仅获得了在所试验方法之中最高的除氚率，并且也大大降低了氚化材料所占容量。但是，注意到设备在热室中受到各种大量限制，所有过程必须遥控，因而在热室条件下采用熔化的方法是否合适值得怀疑。

从实际采用等离子体室去除氚和在热室条件下等离子体室部件除氚的观点出发，最能接受的是热解吸方法。该方法曾研究得较为详尽[6]，为避免金属在与氧和水蒸气反应中氧化，曾用惰性气体和添加氢气来置换其中的空气。

将有可能用于等离子体室的模拟材料作为研究对象，样品规格尺寸在表 5-6 中给出。金属组件模拟了不同金属在等离子体室元件中的可能连接。

表 5-6　为研究含氢气体吹扫的样品参数

金　属	样品规格尺寸/mm			样品质量/g
	长	宽	厚	
不锈钢(316L 型)	120	120	49	5 645
牌号(CuCrZr-IG)铜合金	60	60	22	710
钼	40	40	10	309
牌号(S-65 VHP)铍	30	30	10	17
装配件	20	20	26	123
不锈钢	20	20	8.5	27
铜合金	20	20	7.5	34
钨	20	20	8.0	62
铜焊料	—	—	2	—

在氚饱和之前，先在真空(10^{-4} Pa)中，在 500℃温度下煅烧样品，为时 10 h。其后在约 48%氚和 51%氘以及 1%氕组成的混合物气体中、温度 200℃和 0.04 MPa 压力下，样品维持 4 h。

用除氚因子(或者从样品中分离出去的氚的份额)和从除氚样品中氚气化速率的降低作为除氚效率的标准，来与原始材料相比。在有干燥空气吹扫时温度对原始样品中氚的气化速率的影响示于图 5-22 中。

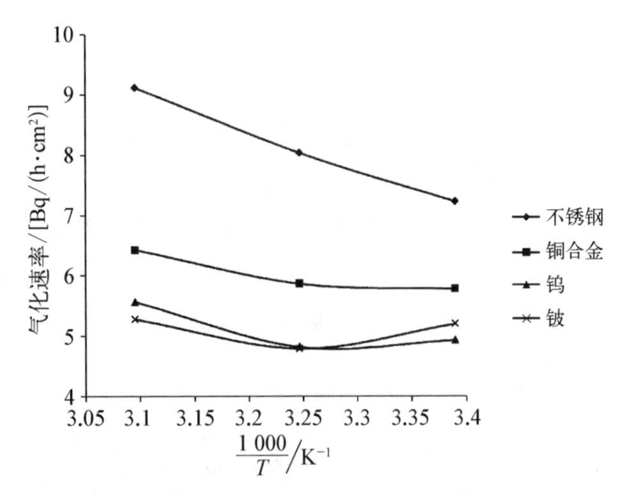

图 5-22 在干燥空气吹扫时温度对于氚的气化速率的影响(空气流量与在反应器中 1 h 更换一次的大气相符)

有趣的是，从金属中除氚的速率与其中的氚量没有相关性。例如，从金属组件中氚的气化速率大大有别于从包含在组件中的各个具体金属特性所预测的量值。表 5-7 比较了金属组件中氚的气化速率与对纯金属测得的氚的气化速率。

表 5-7 室温干燥空气吹扫下从纯金属和它们的组件中去除氚的速率(反应器中气体置换速率为 1 h^{-1})

金　属	氚的平均浓度/(MBq/g)	气化速率/[Bq/(h·cm^2)]	1 小时内占样品中氚总量的百分数/%
不锈钢	16.5	1 380	0.018
铜合金	40.3	324	0.003
钨	12.8	139	0.004
组件	120.7	190 000	0.866

很明显，与包含于组件中的纯金属相比，从金属组件排除氚的速率要高出很多。例如，在组件中氚的平均浓度是在纯金属中的 3～10 倍。组件中氚的气化速率比纯金属高 2～3 个数量级。

含气体吹扫的热解吸除氚中的质量迁移既基于氚从金属中的热解吸，也基于它与氢的同位素交换的多阶段过程。同位素交换反应在金属表面上进行。

$$T(Me) + H_2 = H(Me) + HT \tag{5-2}$$

在简化形式中除氚过程先后可由三个阶段组成：氚从金属内部迁移至表面，由表面解吸，其后由吹扫气流带走。在第一阶段可按传统的原子扩散或依赖于颗粒间扩散机理进行氚迁移。在第二阶段从金属表面或由热解吸，或由与氢的同位素交换除掉氚。应考虑到金属近表面层通常富集氧，后者在升高了的温度下会与氚发生催化反应，生成的氚化水也将从金属表面解吸。而在第三阶段解吸的氚以分子氢或水蒸气的形式将金属表面上的气膜迁移，并被吹扫气体带走。推测所有这些阶段的表观动力学可由假一级方程式描述：

$$R_T = K_{T_1}(C_{SS} - C_S) - K_{T_2}(C_{SS} - C_{bulk}) \tag{5-3}$$

式中，R_T 为氚在金属中的迁移速率；K_{T_1} 为氚从近表面层向表面迁移速率表观常数；K_{T_2} 为氚从金属的近表层向金属内部迁移速率表观常数；C_{SS} 为近表面层中氚的浓度，C_S 为金属表面上的氚浓度，C_{bulk} 为氚在金属内部的浓度，由于近表面层富集了氚，氚不仅会向金属表面层迁移，还会向它的内部迁移。因此，可以推测存在一个这样的温度，在该温度下氚优先向金属表面迁移。

由热解吸氚从表面排除的速率可由下式描述：

$$R_{TD} = K_{TD} C_S \tag{5-4}$$

式中，K_{TD} 为热解吸表观速率常数，包括以氢分子形式或水蒸气形式的氚的解吸。

氚以同位素交换从金属表面排除的速率可用下式描述：

$$R_{IE} = K_{IE} C_S C_{Sg}(H_2) \tag{5-5}$$

式中，K_{IE} 为金属表面上的氚和气态氢表观同位素交换常数；$C_{Sg}(H_2)$ 为靠近金属表面气体中氕的浓度。

气相中氚的迁移动力学遵循下式：

$$R_{vg} = K_{vg}(C_{sg} - C_{vg}) \tag{5-6}$$

式中，K_{vg} 为气相中氚的表观迁移系数；C_{vg} 为气体流体中氚的浓度；C_{sg} 为靠近金属表面气体中氚的浓度。

从化学工艺角度出发，过程的总速率(R)与各个连续阶段的速率有关，由加成水平决定：

$$\frac{1}{R} = \frac{1}{R_T} + \frac{1}{(R_{TD} + R_{IE})} + \frac{1}{R_{vg}} \tag{5-7}$$

上述所列阶段中的每一个阶段都可决定过程的总速率(R)。温度的变化对速率常数量值$K_{М}$、$K_{Т}$和$K_{И}$应当表现出最大的影响,它们随温度的升高应当有明显的增长。温度对于气相中质量传递速率,即对$K_{Г}$量值影响不大,此时,代表反应器中气体大气交换速率的吹扫气体速率的增加,应当对$K_{Г}$量值表现出最大的影响,而对所有其他阶段的速率影响不大。

金属热解吸除氚研究对过程温度和反应器的气体大气交换速率给予了特别关注。作为吹扫气体使用的是含5%氢的氩气。正如式(5-5)和式(5-6)表明的那样,气相中同位素交换和质量迁移速率应当随氢浓度的增加而增长。但是在吹扫气体中氢浓度的增加受它的易燃性和生成氚化氢量的限制。生成的氚化氢其后应进行再处理,以提取出氚。作为折中,取氢浓度为5%,这时氢和惰性气体混合物即使在很高的温度下也不自燃。试验结果在表5-8和表5-9中给出。在这些表中R量值是在室温下干燥空气吹扫时,除氚材料中氚的气化速率(单位$Bq/cm^2 \cdot h$)。初始材料的气化速率在表5-7中给出。

对于经受800℃温度和气体交换速率6 h^{-1}、为时24 h的热解吸的金属组件,曾测得的除氚因子为9.9。

金属的除氚会导致氚气化速率的降低(见图5-10)。纯金属气化速率降低与它们的除氚因子有关。而金属组件则不具有这种关联。对于组件来讲,气化效率下跌3个数量级,相比之下除氚因子约高2个数量级。

表5-8 含5%氢的氩气吹扫24 h不锈钢、铜合金和钨的热解吸除氚结果

除氚条件		不锈钢		铜合金		钨	
T/℃	反应器中大气交换速率/h^{-1}	DF	R_{end}	DF	R_{end}	DF	R_{end}
800	0.1	1.0	11.5	1.0	2.5	1.0	0.8
	0.5	1.3	9.9	5.9	5.9	1.0	0.8
	1.0	7.5	8.3	37.5	3.4	1.0	0.3
	2.0	10.2	19.3	70.5	3.2	1.7	2.2
	4.0	49.5	2.4	31.6	10.2	1.3	0.1
	6.0	32.7	32.1	47.2	6.7	1.9	3.9
200	6.0	3.1	8.4	1.1	203	1.1	57.7
500		1.5	23.6	7.2	57.4	3.3	46.2

表5-9　含5%氢的氩气吹扫铍的热解吸除氚结果

除氚条件		DF	R_{end}
T/℃	反应器中大气交换速率/h^{-1}		
800	4	1.0	0.36
	6	1.0	0.03
	10	1.0	0.40
	20	1.3	0.24
	40	2.2	0.14
	80	6.2	0.22
200	80	1.0	31.3
500		11.9	0.51

表5-10　金属除氚前后氚从金属中气化速率的比较(800℃温度下除氚，气体交换速率为6 h^{-1}，为时24 h)

样　　品	$R_0$①	R_{end}①	R_0/R_{end}
不锈钢	1 380	32.1	43
铜合金	324	6.7	48
钨	139	3.9	3.5
组件	1.9×10^5	149.4	1.3×10^3

① R_0、R_{end}为除氚前、后氚的气化速率，单位为Bq/(cm^2・h)。

图5-23展示过程的动力学，表明过程快速阶段在头12 h期间结束。在这一期间从不锈钢和铜合金中达到排除95%以上的氚。除氚样品中氚含量分析表明了它分布的均匀性。对金属组件也观察到了这一现象。

众所周知，暴露在气态氚气中的金属被氚污染，氚从金属中气化不仅有分子氢的形式，还有水的形式。

表5-11展示的是气化成水蒸气的氚量与室温下用干燥空气吹扫测量的分子氢形式的氚量之间的关系。显然，超出的氚量在室温下从金属中以水的形式除去。

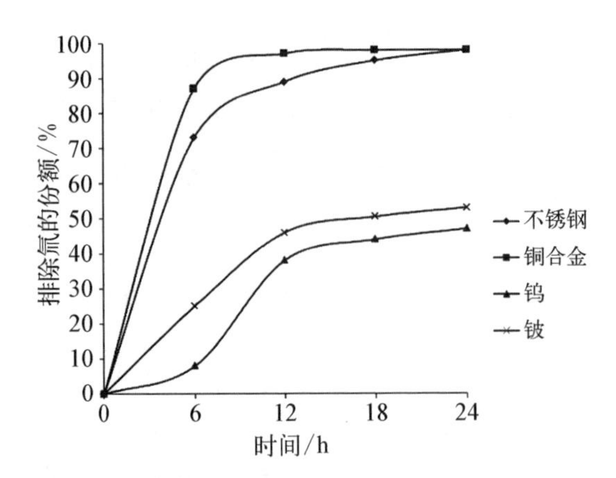

图 5-23　温度为 800℃ 时金属热解吸除氚动力学（除铍以外的所有金属气体交换速率为 6 h^{-1}，对铍气体交换速率为 40 h^{-1}）

表 5-11　以水的形式气化氚的量与以氢分子的形式气化氚量之比

金　属	以水形式排除氚量与以氢分子形式排除氚量之比
不锈钢	260
铜合金	131
钨	46
铍	13

正如表 5-12 表明的那样，含氢惰性气体吹扫金属热解吸除氚时主要的氚量在适中的温度下以水的形式分离出。随着过程温度的提高，以氢分子形式分离出的氚开始占优势。

表 5-12　在 800℃ 温度下、气体交换速率为 6 h^{-1} 除氚时，以水的形式分离出的氚量与以氢分子形式分离出的氚量之比

金　属	以水形式氚量与以氢分子形式氚量之比		
	除氚过程温度/℃		
	200	500	800
不锈钢	4.7	0.4	0.1
铜合金	54	0.6	0.4

(续表)

金　属	以水形式氚量与以氢分子形式氚量之比		
	除氚过程温度/℃		
	200	500	800
钨	20	1.1	0.2
铍①	1.4	1.3	0.8

① 铍除氚时气体大气交换速率为 80 h^{-1}。

对于从等离子体室取出的组件主要的放射性同位素是氚。它们除氚使用的方法范围很广，这是因为保护工作人员防护 γ 辐射的必要性不太高。

可能基于上述原因，它们主要属于由非金属材料制作的组件。作为示例，对经氚等离子体工作之后从 JET 等离子体室取出的碳板组件进行火焰加热除氚。加热由沿多点的气体喷焰器移动来实现。由于燃料混合物类型和流量，喷焰器的结构以及加热程序的优化，沿碳板和碳板横截面的温度分布曾足够均衡，在±10℃内波动。可对碳板的两面先后或同时加热。加热过程按样品容积平均温度和板沿加热器单次行程达到的最高温度如图 5-24 所示。利用圆柱形样品涡流侵蚀将它切成薄板，其后用燃烧和收集到的氚化水中的氚的方法来测量板横截面氚的分布。板横截面氚分布不均匀性展示于图 5-1。除氚结果如表 5-13 所示。

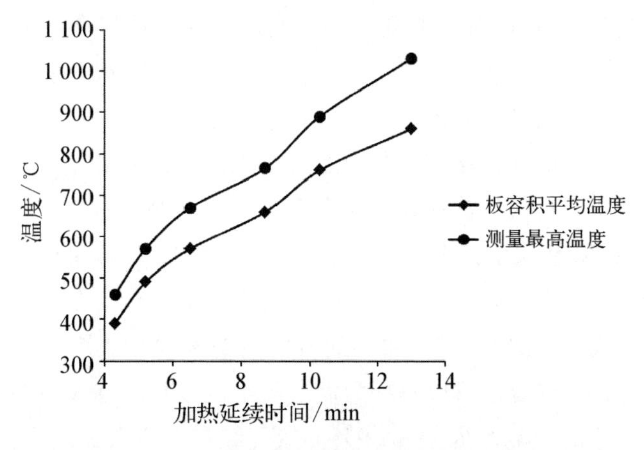

图 5-24　样品容积平均温度和板沿加热器单次行程达到的最高温度

表 5-13　火焰加热方面的除氚结果

试　验	温度/℃		平均残留氚浓度/(kBq/g)
	最　高	平　均	
1①	640	570	73
2①	920	800	40 32
3①	760	690	
4②	620 860 1 030	510 770 830	170 34 10
5②	1 030	830	43 30 30
6②	860	630	27 16 10

① 板沿加热器一次通过;② 沿加热器三次先后通过;用量热计法测得的薄板中氚的平均初始浓度为 38 MBq/g。

图 5-25 提供了除氚薄板中氚的分布轮廓曲线。试验 5 中除氚薄板中氚的残存浓度高于试验 6,尽管在后者中薄板加热的温度还低于试验 5。或许这也与金属除氚时类似,在高温下氚从表面层向板内部迁移和向表面迁移相比变得更快。

研究者曾对初始平均氚浓度为 74 MBq/g 的薄板进行先后 6 次加热除氚试验来验证达到更低残存氚浓度的可能性。在第 2、第 4 和第 6 次加热后测量薄板中氚的分布。每次加热最高温度为 740℃,而对整个板在最后 5 min 加热平均温度为 650℃。氚浓度曲线示于图 5-26。在第 2、第 4 和第 6 次加热后平均残存氚浓度分别为 56 kBq/g、27 kBq/g 和 50 kBq/g。在第 2 次加热后已经达到很低的残存氚浓度,并且加热到最后结果是残存氚浓度没发生太大幅度的降低。其数值的分散可以解释为氚沿初始板分布的巨大不均匀性对所取分析样品中浓度的影响。大于 99.9%的氚已经在第 2 次加热后就被排除掉。这样明火加热碳板除氚可以快速提取出主要的氚量。

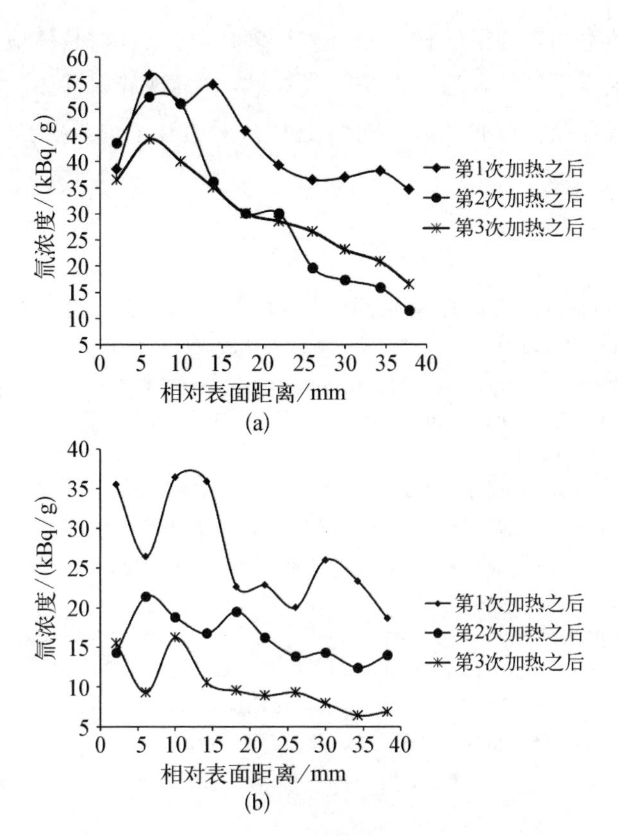

图 5-25　火焰加热除氚碳薄板中氚分布曲线

(a) 试验 5;(b) 试验 6

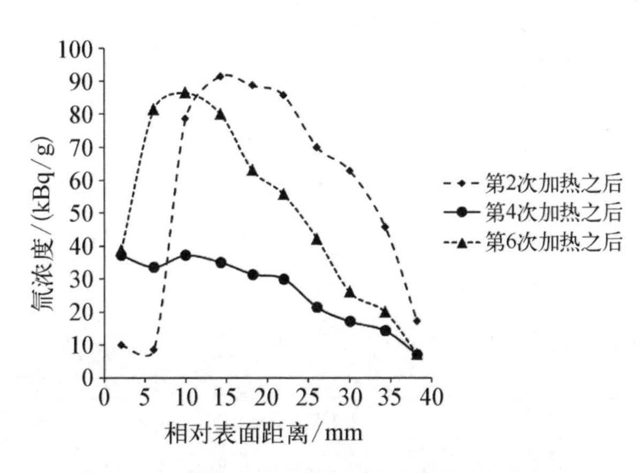

图 5-26　明火加热除氚之后碳板中氚分布曲线

等离子体室和它的组件材料除氚方法多样，可以针对具体应用选择最为合适的提取主要氚量的方法。但是应当注意，要实现放射性废物从高活度降低到低活度残存氚含量的材料，对于上述大多数方法来说，这仍然是一项难以实现的任务。

参考文献

[1] Perevezentsev A. и др. Detritiation of the JET carbon tiles by flame heating//Fusion Science and Technology. 2005. No. 48. P. 212 - 215.

[2] Perevezentsev A. N. et al. Comparative study of the tritium distribution in metals//Journal of the Nuclear Materials. 2008. No. 372. P. 263 - 276.

[3] Penzhorn R.-D. et al. Distribution and mobility of tritium in type 316 stainless steel//Fusion Science and Technology. 2010. No. 57. P. 185 - 195.

[4] Perevezentsev A. N., Bell A. C., Williams J., Brennan P. D. Detritiation studies for JET decommissioning//Fusion Engineering and Design. 2008. No. 83. P. 1364 - 1367.

[5] Perevezentsev A. N. et al. Experimental trials of methods for metal detritiation for JET//Fusion Science and Technology. 2007. No. 52. P. 84 - 99.

[6] Perevezentsev A. N. et al. Study of ITER vacuum vessel components//Fusion Science and Technology. 2017. No. 72. P. 1 - 16.

第6章
热核反应堆燃料循环——工作人员、公众和环境的防护

按照国际核安全法规(Nuclear Safety and Control Act, Radiation Protection Regulations),对核工程的工作人员、附近居民点公众辐射照射的剂量应当遵循可合理达到的尽量低原则,也就是我们熟知的 IAEA 阐述的 ALARA(as low as reasonably achievable)原则。各国核安全标准应当符合国际准则。在许多国家,从法律上明确规定了开展核设施设计、建造和运营时必须遵守 ALARA 原则[1]。

虽然专门针对热核反应堆的核安全法规尚未制定,但预计它们将符合潜在危险程度相同的裂变反应堆和乏燃料后处理厂的安全规程。这些文件内容包括安全准则清单和对假想事故概率的评估及防护措施,以保证对核设施系统运维和改造时的安全保障监督和维持措施的审定。

现代基本安全理念如下:

(1) 任何单一事故不应导致工作人员和公众受照剂量超过年允许限值。

(2) 从 ALARA 原则出发,放射性物质从工艺设备向环境的泄漏量应当最小化。

本章探讨这一原则在热核反应堆氚工厂设计时的实际应用。

由于原子和分子的尺寸很小,氢气很容易穿透固体材料,对金属也同样,特别是在较高温度下。由于氚具有很高的放射性比活度(2.146×10^{15} Bq/mol),所以即使只有少量气体氚从工艺设备中泄漏,也会导致该装置厂房受到很高的污染。因此,必须将氚包容在工艺设备中,这是一项困难而又必须解决的技术任务。这项任务对热核反应堆燃料循环至关重要,因此对含高浓度氚的大流量气体必须进行再处理。

2010 年,加拿大核安全监管机构曾发表了含氚材料再处理方面的专著[1]。专著评价了美国、加拿大和欧洲的氚处理装置在工作人员和环境防护方面的

工作实践和措施。氚处理装置的设计遵循了当时的核装置通用规则。为了保护工作人员,在大多数氚装置中,工艺设备安装在手套箱内。处理设施和工作厂房采用专门的放射性通风系统进行换气并在排至环境之前进行过滤。在氚向工作厂房排放的事故工况下,需要快速降低空气中的氚浓度以降低对工作人员的威胁。但是,普通的去除气溶胶所用的过滤器不能有效处理气态化合物形式的氚,因此不能有效地保护环境和公众。通过稀释和有效扩散大气中的污染气体,能部分实现保护环境的功能。为了改善环境,后来又引入了工艺气体除氚系统(СДГ)和手套箱气氛除氚系统。通过提高工艺设备密封性和对较高温度下工作的设备使用屏蔽的方法,能有效降低释放到手套箱气氛中的氚浓度。

现代含氚气体再处理装置中用于保护工作人员和环境的多级包容系统参见第1章图1-2,如洛斯-阿拉莫斯国家实验室中的 Tritium Systems Test Assembly(TSTA)、德国卡尔斯鲁厄(TLK)和日本原子能机构(JAEA)的氚实验室和加拿大达灵顿的 CANDU 反应堆重水慢化剂和冷却剂的氚提取装置等。采用这种处理方案,排向环境的氚量曾达到待再处理气体总量的0.01%左右,被认为是保护环境较好的指标[1]。类似的处理方案在俄罗斯联邦氚装置上也有使用[2]。

不久前,对于相对较小的氚再处理装置,当对工作人员和环境的威胁不大时,第1章1.1节所描述的事故排放氚场合的解决方案在所有地方审查中均能通过。

在欧洲热核反应堆 JET 氚工厂的设计和运行中也曾采用这种解决方案。除了应用于核装置的主要标准之外,对氚工厂还提出了额外要求,主要包括氚工厂任何系统的故障不应导致工作人员和公众的受照剂量超过规定的年剂量限值(对于工作人员是5 mSv,对于未接受辐射防护培训的工作人员和公众是1 mSv)。为满足这一原则,对涉氚设备的设计和制造均提出了很高的气密性要求。在较高温度下工作的容器要放到手套箱中,氚系统安装于氮气气氛的手套箱箱体中,从氚系统出来的气体和从被氚污染的手套箱气氛释放气体中的氚浓度高于100 MBq/m^3 时,在排至大气之前应通过气体除氚系统净化。在 JET 反应堆含氚等离子体工作时(DTE1 试验),燃料循环过程通过氚系统排放的气体中约含100 g 氚。氚工厂以很高的效率对这些气体进行了再处理,只有2.7 TBq(相当于7.5 mg T_2)进入到大气环境中。氚的排放量小于再处理气体总量的0.01%[3-4],这比现代氚装置运行实践好一些[1]。在 JET 反应堆含氚等离子体工作时,氚进入大气的途径如图6-1所示。氚是随氚工厂的工艺气体排放和反应堆厂房的通风系统进入大气的,其中的氚来自较高温度下工作的等离子体室壁的扩散。含氚废液是在工艺气体除氚系统生成的，还有反应堆厂房空气的冷凝水。含低浓度氚的废液流入泰晤士河；含高浓度氚的废液则进行再处理并提取氚。

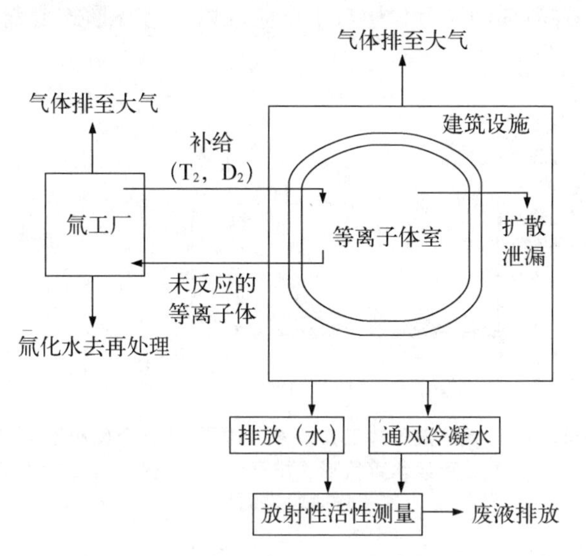

图 6-1　含氚等离子体工作时 JET 反应堆中氚主要的排放途径[3]

图 6-2 展示了不同工作阶段，氚从 JET 反应堆向大气的排放量。图中的

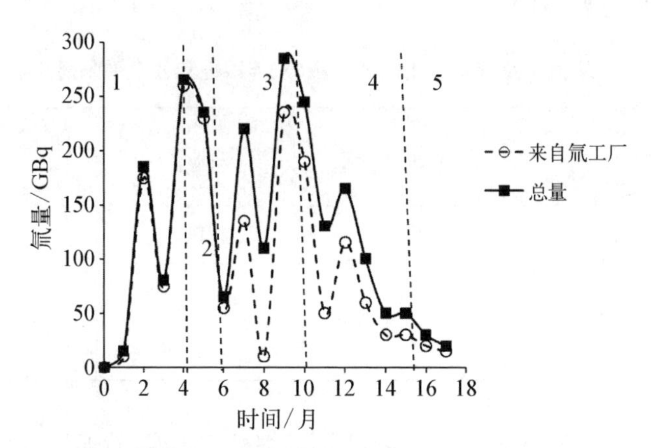

1—针对涉氚工作的氚工厂取证（装置启动和运行需要通过检查并取得国家机关的许可）；2—含氚等离子体工作周期开始；3—维修中性原子注入器；4—含氚等离子体工作及其后的等离子体室除氚阶段；5—更换收集器。

图 6-2　含氚等离子体工作中和工作后，从整个反应堆和单个氚工厂以气体氢的形式排至大气的氚[3]

数字代表反应堆工作阶段。

维修工作还包括对利用中性原子来加热等离子体的装置的维修和更换等离子体室的热屏蔽层。氚以分子氢形式泄漏的主要来源是氚工厂，同时，氚工厂以水蒸气形式泄漏的氚量少于整个反应堆以水蒸气形式泄漏总氚量的一半(见图 6-3)。

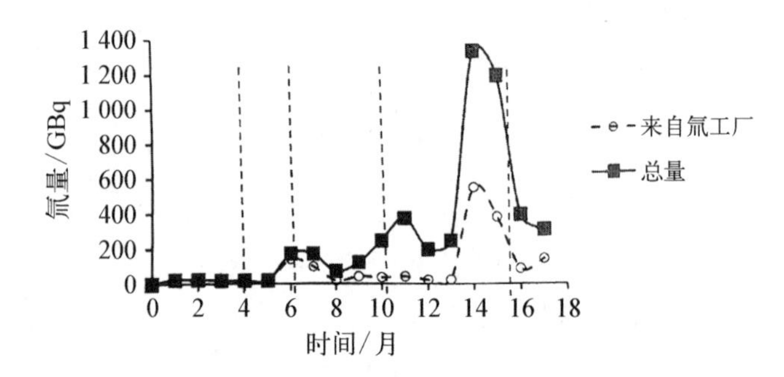

图 6-3　含氚等离子体工作中和工作后，从整个反应堆和单个氚工厂以水蒸气形式排至大气的氚量[3]（工作阶段与图 6-2 上的工作阶段相同）

图 6-2 和图 6-3 中氚从 JET 反应堆排放表明，氚进入环境时以水蒸气形式居多。氚的主要来源是维修过程，但氚排放至大气的总年排放量明显低于表 6-1 列出的允许限值。

表 6-1　从 JET 反应堆排出氚的月限值、年限值和公众受照剂量限值[3]

氚的形式	月限值/TBq	年限值/TBq	相应的公众个人剂量/$\times10^{-6}$ Sv
气体(不含水蒸气)	25	110	<1
水蒸气	20	90	6.3
液体	2	10	0.12

从 JET 反应堆工作经验分析得出的数据外推表明，对保护公众来说，现代氚装置上的处理量已超出允许的公众个人剂量限值，但对于工业规模的热核反应堆则太小了(参见示例 6.1 和 6.2)。在工业规模的热核反应堆中，必须进行再处理的大量氚既包括了热核反应堆正常运行工况，也包括了氚进入工作厂房的事故工况下氚长期进入环境的水平。以上的分析表明，在设计和运行

工业规模的热核反应堆时，即使在氚装置上采取屏蔽措施，仍可能出现公众个人剂量超出允许限值的情况。为了保证工业规模的热核反应堆遵守核安全规程，必须监督氚进入大气所有可能的途径，提高工艺气体除氚系统效率的方案参见 1.1 节中描述的方案 5。

图 6-2 和图 6-3 分别以分子氢的形式(在前 12 个月期间)和水蒸气的形式(从第 5 到第 16 个月的 11 个月间)给出了 JET 反应堆的氚排放数据。

示例 6.1　通过援引以上数据评价热核反应堆氚工厂再处理的氚总量达到多少时，可导致公众个人剂量为 1 mSv。

假定：

(1) 氚的排放和辐照剂量之间的相关系数取表 6-1 中的数据。

(2) 示例所取的时间周期内，JET 氚工厂处理了 0.1 kg 的氚。

评价：

(1) 总的氚排放为 0.2 TBq(以分子氢的形式)和 5 TBq(以水蒸气的形式)。

(2) 公众所受个人剂量：

对于分子氢形式的氚为 $(0.2/110)\times1\times10^{-6}\ \mathrm{Sv}/0.1\ \mathrm{kg}=1.8\times10^{-8}\ \mathrm{Sv/kg}$(再处理的氚)。

对于水蒸气形式的氚为 $(5/90)\times6.3\times10^{-6}\ \mathrm{Sv}/0.1\ \mathrm{kg}=3.5\times10^{-6}\ \mathrm{Sv/kg}$(再处理的氚)。

(3) 导致公众个人剂量 1×10^{-3} Sv(1 mSv)的再处理氚量为

$$(1\times10^{-3}\ \mathrm{Sv})/(3.5\times10^{-6}\ \mathrm{Sv/kg})=286\ \mathrm{kg}(T_2)/\mathrm{mSv}$$

示例 6.2　使用示例 6.1 的结果，评价导致公众个人剂量达到 1×10^{-3} Sv (1 mSv)时的热核反应堆中再处理的 D-T 混合物的处理量。

评价：

(1) 当量 D-T 混合物体积 $1\ \mathrm{Pa\cdot m^3}$ 含氚为 $1.3\times10^{-6}\ \mathrm{kg}(T_2)$。

(2) 导致公众个人剂量 1 mSv 的再处理氚量为

$$(286\ \mathrm{kg/mSv}\times1\ \mathrm{mSv})/(1.3\times10^{-6}\ \mathrm{kg}(T_2)/\mathrm{Pa\cdot m^3})=2.2\times10^{8}\ \mathrm{Pa\cdot m^3}$$

随着包括热核能在内的核能发展，与核装置安全相关的国家法律和国际协议以及减少对公众环境影响的要求将会更严格。例如，OSPAR 协议对使用天然水资源排放放射性物质已做出严格限制。然而，基于现有氚装置的运行经验,许多核安全专家认为,只有当风险能够进行定量评估,且评估结果无法接受[1]时,才可以启动工艺厂房空气除氚系统。但本书作者认为,这种方案不符合现代的核装置安全保证理念。

氚装置工作的事故状态概览[5]表明,大部分事故为火灾。核装置的安全分析审核中,必须包括抗震性审查。因此,进行氚系统设计时应当预先规定其防火措施,特别是地震引起的火灾。

6.1 集成氚系统

为了产生电能,热核反应堆必需的工作条件之一是燃料循环有效地运转。补给气和未燃烧的补给气再处理循环可参见第 1 章图 1-1。不论是热核反应堆正常运行时还是发生事故状态下,燃料循环中用于大量含氚混合物的储存和再处理的系统都是对热核反应堆工作人员和环境放射性污染的潜在威胁。为维持热核反应堆有效工作并进行安全监督,集成燃料循环系统应当不仅包括燃料混合气供给和对未燃烧等离子体气的再处理,还应包括对工作人员、公众和环境的防护系统。氚处理系统和防护系统的集成参见第 1 章中图 1-1 和图 1-2。含氚处理系统在第 5 章做了描述。本章介绍对工作人员和环境的氚辐射防护。

核设施设计和运行实践基于纵深防御(defence in depth),这些实践也用在氚装置及热核反应堆上。含氚材料再处理装置中的防御系统包括以下内容:

(1) 一级包容设备。除了满足基本功能要求之外,设备应当能够监督氚泄漏并使之最小化。氚泄漏率通常通过设计、加工高质量和高真空气密性的设备(即在真空下低泄漏速率)来降低。

(2) 在一级包容系统(特别是工作于高温下的设备)外使用二级包容系统。二级包容系统能回收从一次包容系统泄漏出来的氚,并降低氚进入工作厂房空气中的概率。

(3) 将一级包容系统设备放到手套(或无手套)箱中。箱体专用于监督和降低工作厂房空气的缓慢污染,并且能够保护在一级包容系统上进行操作的人员。

(4) 维持氚设备厂房的压力低于大气压,并对该厂房气体在排至大气环境之前进行除氚处理。该道屏障通过降低污染厂房进入大气环境的氚量来保护公众和环境。

防御屏障通常按级分类。例如,分成两级时,它们之间的边界是手套箱。

这样在第一级中包括箱体和其中放置的所有设备。第二级包括其余系统，即厂房、建筑物和维持负压的系统及空气除氚净化系统。第一道屏障主要是通过防止氚进入工作厂房空气来保护工作人员，而第二道是通过降低事故工况下氚从污染厂房进入大气的方式来保护公众和环境。

根据厂房长期缓慢污染的水平，大气除氚系统既可以采用一次净化模式，也可以采用气体循环净化模式，或者两种模式联合使用。一次净化和循环净化结合的典型示例是“热室”。按照国际规程(如ISO17873标准)，大气的净化应当包括前后两个阶段。如图6－4所示，含恒定的污染水平较高的厂房空气，经一次大气除氚系统(СДА)循环为初级净化，最终净化由第二个系统实现，经过第二个系统后必须排放气体以维持厂房负压。

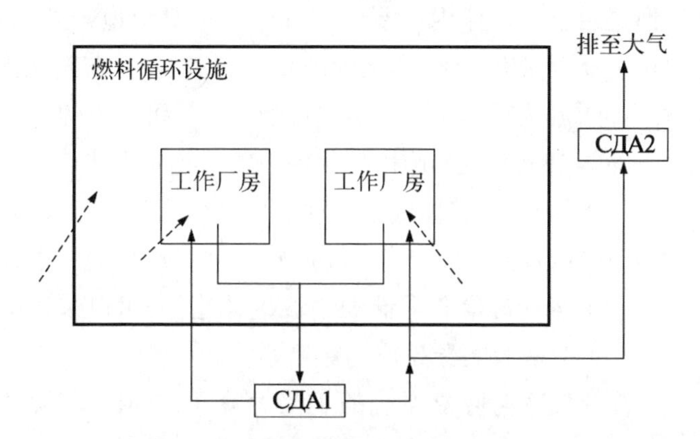

图6－4　工作厂房空气两段除氚系统应用展示(虚线代表泄漏的空气流，实线代表再处理的空气流)

正如前面提及的在防御系统第二道屏障中，工作厂房空气除氚系统不是必须运行的。氚装置运行时，如出现氚进入工作厂房的情况，保护工作人员是通过加大通风量实现的。处理大流量气体的空气除氚系统非常昂贵，且技术复杂。是否启用要通过评价工作人员和公众在热核反应堆正常运行和事故状态下可能受到的潜在辐照剂量进行判断。

正如JET反应堆工作实践表明的那样，由于氚工厂采用了气体除氚系统，工艺气体中的氚进入大气的量(见图6－2和图6－3)明显低于热核反应堆正常运行包括维修时进入大气的总氚量。工作厂房气体除氚系统无疑能降低热核反应堆对环境和公众的辐射作用。如果在设计阶段能证明，正常工况和事故工况下，即使不使用气体除氚系统，公众所受辐照剂量也符合国际和国家标准，则是否设置并启用该系统就取决于固定投资和运行费用。若不然，就必须启用气体除氚系统。

现代对涉氚工艺设备要求具有高密封性。由于氚的物理化学性质与普通氢气一样，涉氢工作装置使用的材料和设计原则完全适用于氚装置。不同点是在结构材料的选择上，要求材料对氚衰变的平均 5.6 keV 的 β^- 弱辐射作用是稳定的。

放置一级包容设备的手套箱体是屏蔽氚的第二道防线。如果箱体内的压力低于工作厂房空气压力，则箱体不仅是被动（物理）防御，还是动力学上的防御。这是在核装置中最为广泛采用的方案。它防止了氚从箱体进入工作厂房空气，由于空气是从厂房向箱体内泄漏的，为了降低事故排放氚的情况下空气与氢生成爆炸性混合物的概率，也为了防止箱体发生火灾，手套箱气氛建议使用惰性气体。但是由于向箱体内泄漏的空气中不可避免地含氧和水，如果手套箱气氛必须保证低含量氧和水，那么为防止空气泄漏，手套箱压力应高于厂房气压。此时应证明氚从箱体进入厂房空气的风险是可接受的。

手套箱气氛除氚系统的工艺选择与设备中氚的化学形式（气态氢、气态化合物、水蒸气、液态水等）以及箱体气氛中存在的氧含量是否足够氧化氚有关。在氚装置中，手套箱气氛的除氚绝大多数是通过将氚氧化随后以氚化水的形式分离。对于氧和水蒸气含量非常低的惰性气体箱体，可以采用第 3 章所描述的氢收集器或它们与热收集器集成的除氚系统。

手套箱气氛净化速率与除氚系统的工艺无关，而是取决于除氚效率和流经净化系统的气流量。对于采用除氚系统循环净化气氛的手套箱，其除氚动力学可用下式描述：

$$V\mathrm{d}C_{\mathrm{in}}/\mathrm{d}t = -G(C_{\mathrm{in}} - C_{\mathrm{out}}) \tag{6-1}$$

式中，V 为手套箱内气体体积；G 为流经除氚系统的气体流量；C_{in} 和 C_{out} 为除氚系统入口和出口的氚浓度（C_{in} 等于手套箱气氛中氚浓度）；t 为循环开始的时间。

对于除氚系统，一次循环净化氚的效率为 $F=(C_{\mathrm{in}}-C_{\mathrm{out}})/C_{\mathrm{in}}$。手套箱气氛在氚排至除氚系统之后的净化动力学用下式简要描述：

$$C/C_0 = \exp(-GFt/V) \tag{6-2}$$

式中，C_0 和 C 为箱体内循环开始前和开始后经 t 时间后手套箱体气氛中氚的浓度。

图 6-5 和图 6-6 展示了进入除氚系统的气体流量和氚进入系统的效率

对手套箱气氛除氚动力学的影响。显然，增加气体流量比提高效率能更快速去除氚。但是当 G/V 达到 8，且 F 达到 0.9 时，进一步提高则未显示出对除氚效率有明显影响。

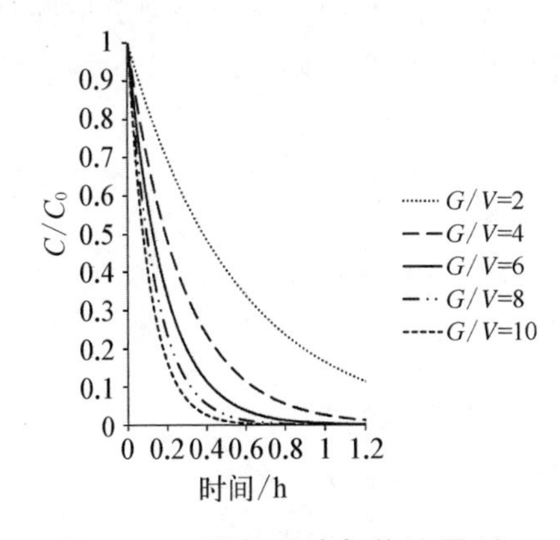

图 6-5　除氚系统气体流量（如 G/V 比值）对手套箱气氛除氚动力学的影响

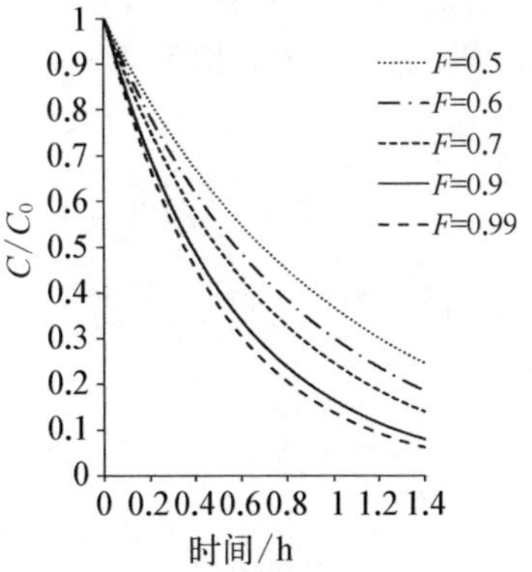

图 6-6　除氚系统除氚效率（F 因子）对手套箱体气氛除氚动力的影响（$G/V=2\ h^{-1}$）

但是应当记住，除氚系统的主要目的不是降低手套箱体气氛中的氚量，而是在氚进入工作厂房空气时降低它的辐射作用。

因此，为了评价辐射作用，除了氚的浓度之外，还必须考虑它的放射性毒性和由于除氚系统运行引起的氚浓度变化。例如，众所周知，氚化水蒸气的放射性毒性比分子形式的氚高几个数量级。图 6-7 展示了经除氚系统单次氧化的分子氢份额（F_0 因子）和氢氧化生成的水带走的份额（F_A 因子）对手套箱

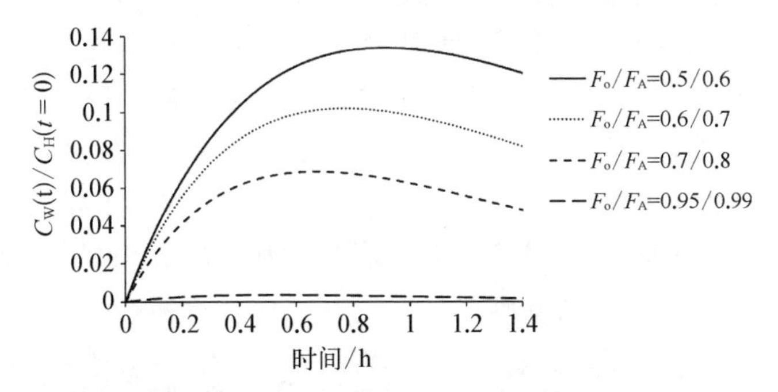

F_0—被氧化的氢份额；F_A—经除氚系统单次净化去除的水蒸气份额。

图 6-7　除氚系统（$G/V=2\ h^{-1}$）的初始氢浓度取 $C_{H(t=0)}=1$，手套箱气氛中氚水的浓度（C_w）相对氚气浓度（C_H）的变化

气氛中水蒸气浓度变化的影响。

手套箱气氛中氚的总放射性毒性是两个相反效应作用过程随时间变化的结果：从手套箱气氛中除氚和催化氧化为氚水后使放射性毒性提高。图 6－8 展示了被气态氚污染的手套箱，通过除氚系统将氢氧化后，大气中总放射性毒性的变化。总放射性毒性(PT)为给定化学形式的氚量乘以该形式的放射性毒性之和：

$$PT = V(C_H PT_H + C_w PT_w) \tag{6-3}$$

式中，PT_H 和 PT_w 分别为气态氚和氚水蒸气的放射性毒性。

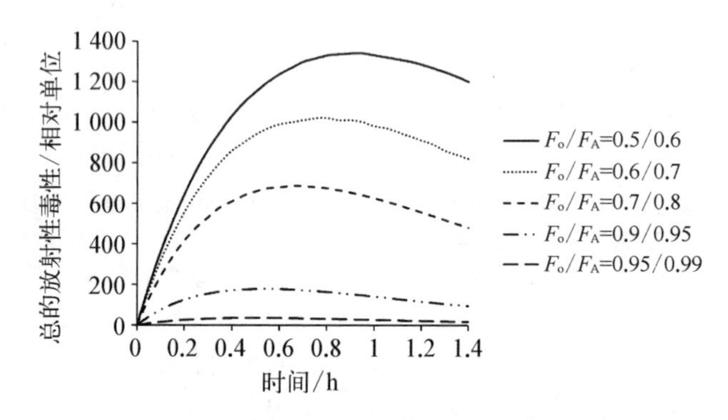

图 6－8 采用除氚系统，当 $G/V=2\ h^{-1}$ 时净化的手套箱总放射性毒性随时间的变化(水氚和气氚的放射性毒性之比为 10 000)

图 6－8 展示氚以气氚形式污染的手套箱除氚开始后，大气的放射性毒性一开始下降，但很快又急剧增长(增长了几个数量级)。其后又开始下降。以上规律也适用于由于分子氚的排放受到污染并通过氚氧化系统予以净化的工艺厂房。

与除氚系统运行前的状况相比，采用大气除氚系统的厂房中的工作人员受到更高辐照剂量的危险增大了。为了使厂房空气降到大气除氚系统工作之前的放射性毒性水平需要很长时间。只有增加氢的氧化因子和水蒸气的吸收因子达 0.9 及以上时，辐照效应才明显下降。因此，在氚污染厂房使用大气除氚系统，需要综合评定上述效应。

6.2 空气和气体除氚

氚以不同化学形式(气态氢、水蒸气、氚化碳氢化合物等)进入工作厂房空气之中。可以建立不同的气体除氚工艺系统。例如，对受分子氢形式污染的惰性气体，可以使用储氢容器或者钯膜除氚。但是储氢容器受化学杂质影响，正如第3章所描述的，杂质能明显降低收集器的吸附性能。钯膜对含量较低的氢几乎没有去除效果，并且膜材料和气体相互作用会导致泄漏，这是由于膜本身或它钎焊至反应器基材的位置漏气所致。气态杂质可通过“热收集器”去除。以氚化金属氧化物、氮化物和其他化合物形式生成的固体放射性废物，只有在处理少量气体且杂质含量非常低的情况才具有优势。为了回收热收集器和气体反应时生成的氚化氢，还必须额外使用氢收集器(见示例[6])。第3章给出了这种应用的示例。

氚再处理装置中使用最多的气体除氚方法是吸收干燥法[5]。该方法要求先将氚从气态化合物转变为水蒸气，广泛采用的方法是催化氧化法。分子氢在150～200℃温度下能有效氧化，其他化合物在450～500℃温度下才能被氧化。通常采用铂基或钯基催化剂。为了达到所要求的氧化效率，必须保证气体和催化剂的接触时间。

总的除氚因子可用除氚系统入口氚量与其出口氚量之比表示：

$$DF = \frac{G_{in}C_{in}}{G_{out}C_{out}} \tag{6-4}$$

式中，G和C分别代表气体流量和其中氚的浓度。下标符号in和out代表除氚系统的入口和出口。

在除氚系统气体流量不变的情况下，有

$$GC_{out} = GC_{in}(1 - F_0F_A) \tag{6-5}$$

除氚因子可用下式表示：

$$DF = (1 - F_0F_A)^{-1} \tag{6-6}$$

通常需要优化催化剂的类型、反应器中催化剂层长度、反应器的工作温度和气体与催化剂接触时间等因素，使F_0明显大于F_A。干燥器中气体的除氚效率取决于它的干燥程度，即干燥器入口气体中水蒸气的分压与出口分压之比。吸收器通常在-90～-70℃露点范围工作。在这样的露点下，水蒸气的压力在9.5×10^{-3}～0.25 Pa范围内。对于温度为15～30℃、相对湿度为50% RH，水蒸气分压为1×10^3～2×10^3 Pa的空气，干燥至露点时的除湿因子在2×10^5～4×10^3范围内。但是通过对气体和氚设施厂房的实际除氚运行发现，干燥器实际运行过程中观察到的除氚因子明显低于除湿因子。

干燥剂吸附水蒸气达到饱和后必须进行再生。再生是将干燥器在室温下的运行工况转为热解吸的再生工况，再生后又重新进入运行工况。曾有研究者利用最高处理能力为 500 m^3/h 的 JET 热核反应堆的空气除氚系统，对吸收效率开展研究[7]。研究表明，在含氚等离子体 JET 反应堆工作之后，空气除氚系统的除氚因子在 23～1 700 范围内。这大大低于同一干燥器的除湿因子 10^5，造成这一现象的原因，可能是再生之后干燥剂中残余水的存在及与此相关的“记忆效应”[8-9]。再生通常是将干燥器加热到 300～350℃，水蒸气分压增加，然后再通入气体吹扫，或者抽真空进行去除。抽真空对大尺寸干燥器及使用大量干燥剂、生产率高的装置则无法采用。气体吹扫时通过冷却和收集冷凝液去除氚化水。干燥器的再生可通过组织不同气流方向进行：再生气流方向和运行时的气流方向相同或者相反。再生既可以利用待除氚气体，也可以选择其他气体。使待除氚气体单次通过需要再生的干燥器，冷却该气体以去除过量的水蒸气，然后进入正在运行的干燥器。如果再生时使用特定气体，那么在再生最后阶段，向大气排放之前应对该气体进行除氚处理。

无论采取哪种再生过程，干燥剂不可避免会残留氚化水，残留量对应于干燥器再生温度下气体中水蒸气的分压。残留水量及氚的同位素浓度决定了再生后干燥器中残留氚的污染程度。残留水中的氚可与干燥气体中非氚化水蒸气发生同位素交换反应[9]，运行时氚又从干燥剂又交换到气体中，从而降低了除氚率。在其他条件相同的情况下，再生干燥剂中残留水的污染程度取决于再生工况。在顺流再生时，被水蒸气饱和的再生热气体的流动方向与运行时相同。这时干燥器吸附的所有氚化水从干燥器污染最大的一端流向污染最小的一端后再被带出。在这种情况下，干燥器“干净”部位的污染效应明显高于逆流再生，使待除氚的气体单次通过，并使用已除氚的气体再循环的流程如图 6－9 和图 6－10 所示。两种情况都采用逆流再生，第一种情况(见图 6－9)是加热待除氚的气体，通过干燥器 1，冷却含氚冷凝水，然后被干燥器 2 吸收。

在第二种情况下(见图 6－10)待除氚的气体直接流向正在运行的设备。待再生的干燥器 1 用再生热气循环吹扫。

用分子筛类干燥剂吸收水蒸气的缺点之一是很难同时满足 JET 反应堆高效、经济合算和可靠性高的要求。主要原因是改变干燥器工作状态和气流方向而频繁切换阀门所导致的故障[10]。如果干燥器再生时频繁通入热气流，则它们发生故障的概率会高得不可接受。

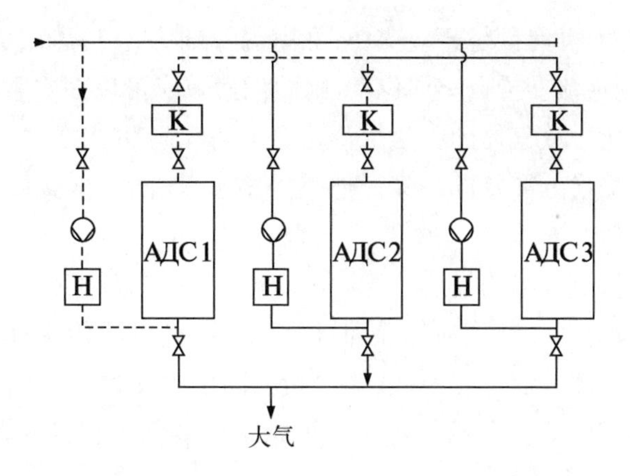

АДС-1—干燥器再生；АДС-2—干燥器运行；АДС-3—备用系统；H—加热器；K—冷凝器。虚线表示再生气流，实线表示待除氚气流。

图6-9　在逆流单次通过工况下，用待除氚气体再生干燥器的过程

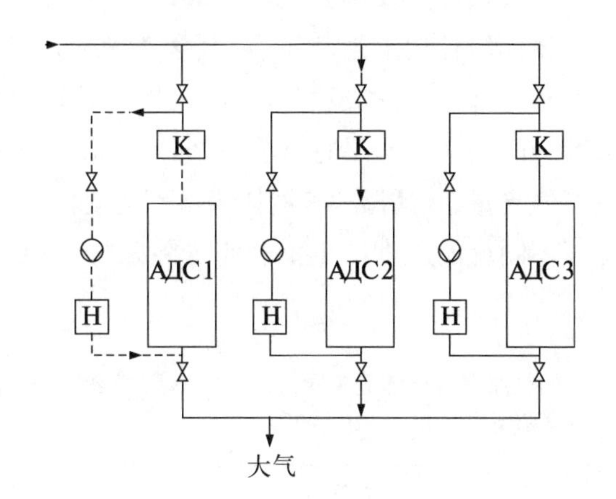

АДС-1—干燥器再生；АДС-2—干燥器运行；АДС-3—备用系统；H—加热器；K—冷凝器。虚线表示再生气流，实线表示待除氚气流。

图6-10　在再循环工况下用特定气体再生的过程

与吸收干燥法相比，另一种方法是使用类似于精馏柱设备的同位素交换工艺去除氚化水蒸气和液体水，避免了使用阀门等主动装置，能明显提高这类系统的可靠性。

氚化水蒸气(HTO_g)和未氚化液体水(H_2O_l)之间的同位素交换反应式为

$$HTO_g + H_2O_l = H_2O_g + HTO_l \tag{6-7}$$

该反应是可逆的，并且同位素效应小(在室温下约为1.1)。氚优先进入液相。但是，如果采用逆流交换分离同位素，则同位素效应可以多次重复。采用填料型或板式塔净化排放气体的方法广泛用于有毒工业生产之中，这种方法也用于精馏和化学交换分离轻同位素。但是采用水-氢同位素交换反应除氚则是最近的事。

该方法的特点和结构描述如下：空气除氚过程与精馏柱分离氢同位素的过程相似，反应式(6-7)在液体表面进行。氚在柱中的传质过程包括氚化水分子从气相到液体表面、蒸气和液体之间的同位素交换反应和氚化水分子从表面迁移至液相内部。为了加速相交换过程，需要增大相接触表面积，即使用接触装置。

在大多数情况下，需要除氚的气体并未被水蒸气饱和。气体与柱下部的液态水接触时，通过水的蒸发增加气体湿度直至饱和。如果不能提供水蒸发所需能量，则水的蒸发吸热会导致柱温下降。如果不能提供能量，可以认为这一过程是绝热的，在气体沿柱向上运动时，蒸气含量增加，这时柱下部的液体将由于蒸发而减少，柱冷却直至达到稳定状态。此时，温度、气体中蒸气流量和液体流量已不随时间变化，而只沿柱体在高度上变化。当柱下部气体达到饱和时，柱上部的蒸气含量、气体温度和液体流量不再变化。

表6-2给出了不同初始湿度的不饱和空气除氚柱在稳定状态下气体中蒸气含量及其温度。

表6-2　不同初始湿度气体流中稳态温度和水蒸气含量(进入柱子的空气流量为100 m^3/h，温度为20℃)[10]

相对初始湿度RH/%	0.1	5	10	20	30	50	70	90	100
入口气体中水蒸气流量/(g/h)	1.83	93.3	186.7	374.2	563.3	942.5	1 326	1 713	1 908
出口气体稳态温度/℃	6	7	8	9	11	14	17	19	10
当RH=100%和稳态温度下气体中水的蒸气流量/(g/h)	743	790	833	942	1 048	1 276	1 517	1 775	1 908
蒸发的水量/(g/h)	741	697	646	568	485	334	191	62	0

在气体上升到除氚柱之前可通过水蒸气使气体饱和。这时除氚柱的温度、气体中水蒸气含量和液体流量沿柱在高度上恒定，这种工况可以认为是绝热的。为了使气体饱和，可使用单独的直立饱和器。由于气体和液体之间的直接接触是最有效的热交换和质量交换形式，因此推荐用于气体加湿。水蒸发的能量可通过加热饱和器补给水和增加饱和器循环流量获得，如图 6 - 11 所示。

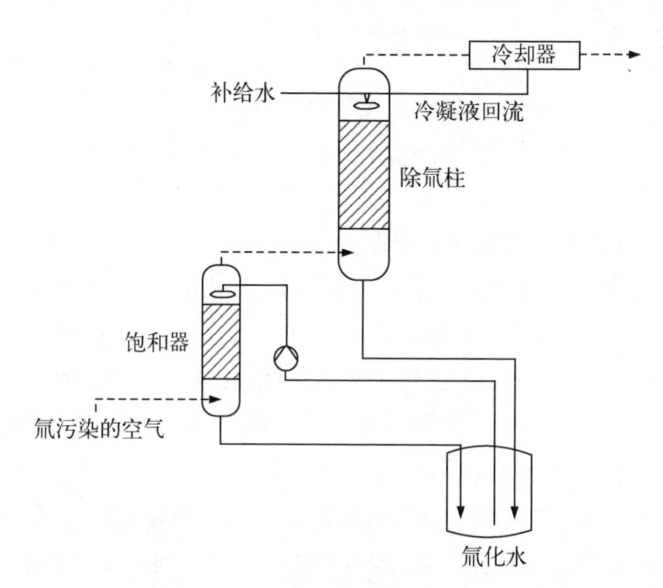

图 6 - 11　含饱和器的除氚柱流程图

在绝热工况下运行的除氚柱与同位素分离精馏柱相似，可通过逆流计算时使用的“$x - y$”图谱（还有广为熟知的 McCabe - Thiele 图）分析计算分离度。该图谱如图 6 - 12 所示。对于逆流柱的除氚柱的除氚效果，由下式表述：

$$\mathrm{DF} = [\lambda/(\alpha - \lambda)][(\alpha/\lambda)^{N+1} - 1] \tag{6-8}$$

$$\mathrm{DF} = Z_{\mathrm{in}}/Z_{\mathrm{out}} \tag{6-9}$$

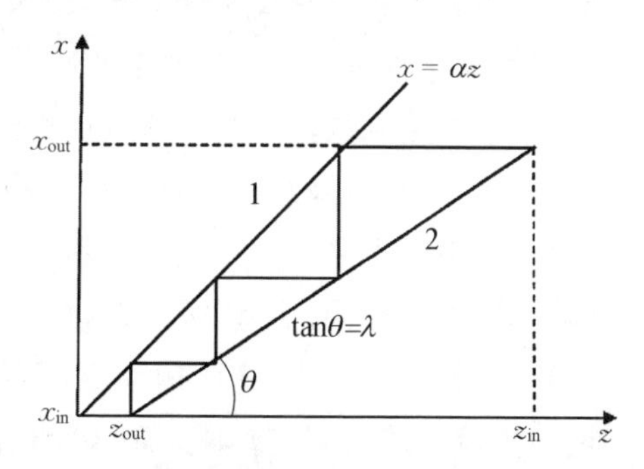

1—同位素平衡的曲线，$x = \alpha z$；2—沿柱浓度变化的工作线。

图 6 - 12　绝热条件下逆流柱 McCabe - Thiele 图($x - y$ 图)

式中，DF 为分离度或者柱入口和出口蒸气中氚的原子浓度(Z)之比；$\lambda = G_{H_2O}/L_{H_2O}$ 为气体中水蒸气摩尔流量(G_{H_2O})与液体的摩尔流量(L_{H_2O})之比；α 为反应式(6 - 7)中的热力学分离系数；N 为理论塔板数（$N=H/\mathrm{HETP}$，H 为柱子填料层高度，HETP 为理论塔板高度）。

从 $x-y$ 图上可见，为达到分离度除氚因子[或者柱入口与出口蒸气中氚的原子浓度（Z）之比]所必需的理论塔板数等于蒸气中氚浓度从 Z_{in} 到 Z_{out} 范围内平衡线和工作线之间所描述的梯级[12]。针对方程式（6－8）中理论塔板数（N）的表达式由 $x-y$ 图上的相关分析导出：

$$N=\left[\ln\frac{Z_{\mathrm{in}}-\dfrac{X_{\mathrm{out}}}{\alpha}}{Z_{\mathrm{out}}}\right]\Big/\ln(\alpha/\lambda) \tag{6-10}$$

式中，X 为氚在液相中的同位素浓度。

空气除氚和水精馏之间明显的区别是惰性组分，即空气的存在。空气不参与同位素交换过程，但影响氚的传质速率。惰性组分的存在决定了柱直径。选择气体除氚接触结构时要考虑三个主要参数：再处理气体流量、除氚深度和生成的氚化水量。在给定的再处理气体流量下，柱直径限定了接触结构所允许的气体线速度。柱直径也影响了接触结构的选择。柱高是由除氚深度和接触结构保障的传质速率决定的。通常气体除氚系统需要保证净化因子高达 1 000 甚至更高。在水和水蒸气之间发生氚同位素交换反应的同位素效应很小的情况下，要求分离柱高度能够保证获得相当大的分离级。或者在相对不高的分离柱中，使用能获得较高传质速率的接触结构，或者使用低效但接触面积大的结构。

传质速率通常与相接触的比表面成正比。因此，对空气除氚柱推荐使用那种气体和水之间有较大接触比表面的装置。淋洗密度和柱直径决定了氚化水的量，氚化水是由空气除氚装置产生的，后续应进行处理，或者作为放射性废物处置。除氚装置的效果和处置价格限制了除氚系统的运行成本。从降低氚化水水量出发，最好使用直径尽量小的柱子，即采用高气体速率的高效柱，质量传递阻力主要集中于气相。因此，在气体速率高、淋洗密度小的情况下，通常选这样的结构：比表面大、水浸润性好和传质速率高。通常对于气体流动阻力小的接触结构，气体速率更高，例如，板式塔的传质速率就很低。相应地，对大流量的气体进行再处理要获得高分离度就需要采用很高的柱子，但直径相对很小。对气流阻力高的接触装置，例如细堆积填料，不能在高气体流速下工作，但通常传质速率高。因此对于同一分离任务，要求柱子直径比板式塔大，但高度要小。综合考虑，可使用规整填料，它同时满足高气体流速（达几米每秒)、高传质速率的要求。空气除氚就选了这种填料。结构填料可以由不同材料制作,有金属、塑料和专用无机材料。除氚装置所用填料应当具有很好的亲水性。除了陶瓷材料之外,所有其他材料亲水性都很差。瑞士 Sulzer Chemtech 公司 CY 型金属填料由青铜制作,并对表面进行了化学处理,具有独一无二的亲水性,已在除氚柱上做过试验,并与用不锈钢制作的同型号填料的效率做过比较。两种填料都曾广泛应用于水精馏。用传统的表面酸蚀方法可以改善钢制填料的浸润性。试验表明,青铜制填料的传质速率高于不锈钢填料。不锈钢填料的理论塔板高度比化学处理的青铜填料高 1 个数量级。因此,在空气除氚柱中推荐使用青铜制 CY 型填料。试验表明该填料可在空气速率达 2 m/s 情况下工作,未出现较大气体阻滞。

在室温、气体速率为 1.1 m/s 时,对该填料测得的 HETP 量值约为 0.08 m。由式(6-8)计算表明,在高 10 m 的填料柱中,$\lambda=1$ 时,除氚因子达到 1.6×10^6。该值比能使气体干燥到露点的-90℃的干燥箱的除氚因子(2.9×10^5)高 4 倍。

空气除氚系统产生的氚化水量是优化工作参数的重要判断标准。正如在第 4 章中指出的那样,水的除氚装置工艺复杂,固定投资和运行费用高。氚化水作为放射性废液的处置费用更昂贵。因此,降低氚化水的产生量应当是设计大流量空气再处理除氚装置时的主要要求之一。可接受的除氚柱产生的氚化水量是与待除氚气体中所含水蒸气量相近的一个量值。物料平衡表明,除氚柱在绝热、$\lambda=1.0$ 的条件下工作,补给气体预先在饱和器中用水蒸气饱和。饱和器中的水来自除氚柱,这时生成的氚化水量就等于待除氚气体中水蒸气的含量。当 λ 增加到高于 1.0 时,产生的氚化水量将小于待除氚气体中的水蒸气含量。在这种工况下,除氚柱产生的氚化水比干燥器要少。但是按照式(6-8),增加 λ 的负面效果是降低了除氚因子。在稳定状态下,柱子的氚物料平衡可以评估出 λ 值的上限。

$$L_{H_2O}(x_{out}-x_{in})=G_{H_2O}(z_{in}-z_{out}) \tag{6-11}$$

由于补给水是由天然同位素组成的,即实际上不含氚,这就使装置能够最大限度除氚(即 $z_{out}\ll z_{in}$)。λ 差不多等于 z_{out}/z_{in}。从除氚效率出发,λ 最大值对应柱出口水中最大氚浓度(x_{out}),这时水与入口水蒸气达到同位素平衡,并且 $x_{out}=az_{in}$。图 6-13 显示,当 $\lambda=\alpha$ 时,整个除氚柱在相同效率下工作,即在各个分离级上,水蒸气中氚浓度的变化沿柱在高度上恒定。使 λ 值高于 α

没有意义。当 z_{in} 固定时，λ 值的增加使 x_{out} 接近热力学平衡值 ($x_{out}=\alpha z_{in}$)，即柱的下部和上部比中间部位有更大的氚浓度变化。

在和饱和器串联的绝热工况下，除氚柱有一个有趣的现象，即气体在饱和器中除氚。为了保证除氚柱的绝热工况，饱和器应当向除氚柱供给工作温度下含饱和水蒸气的气体。通常湿润气体的工程解决方案是采用吸收柱与液体水直接接触，这种方案在饱和器中使用。为了保证气体湿润，水蒸发所需能量通过加热饱和器的水来实现。为了避免气体过热，补给水的温度略高于除氚柱温度，而饱和器出口气体温度和湿度由补给水流量调节。这样的解决方案如图 6-11 所示。热量计算表明，为了浸润气体，补给水流量应远远超过气体中水蒸气的流量，即饱和器中 λ 值应远低于 1。因此，对应式(6-8)，饱和器本身即使塔板数不大，也能表现出足够大的分离度，即在进入除氚柱之前已有一部分初始气流中的氚在饱和器中被除掉了。因此氚在饱和器循环水中积累，从饱和器进入除氚柱的氚量依赖于进入饱和器的气体湿度。湿度越低，从除氚柱进入饱和器的水蒸发得越多，并以水蒸气的形式返回到除氚柱。

在将不饱和的气体直接供给除氚柱时，饱和过程将在柱中进行。由于柱壁和气体以及填料接触面积很小，同时温度梯度小，经柱壁引入的热量不足以提供水蒸发所需的热量。如果气体除氚前不预先加热，则直接在除氚柱中饱和的过程将接近等压过程。正如前面提及的，对于绝热效果好的柱，这个过程可看作是绝热的，并且由于水蒸发和气体润湿会导致柱冷却。在这种工况下，气体的冷却和润湿动力学如图 6-13 所示。

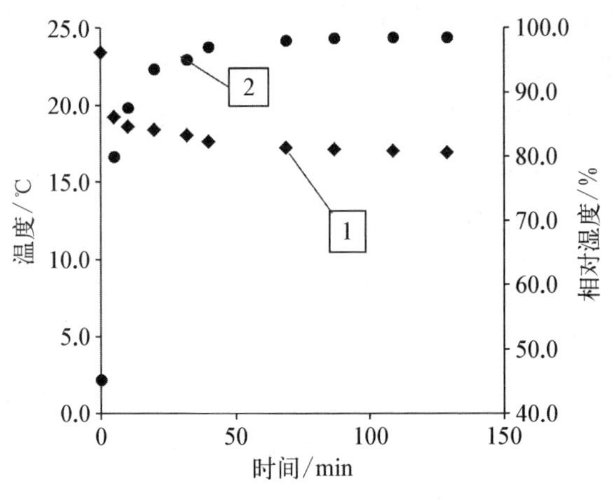

1—温度；2—相对湿度。气体速率为 1.1 m/s。

图 6-13　柱出口气体参数变化图

补给空气温度－25℃和相对湿度40%，补给水流密度为100 kg/m²h，填料层高度为0.96 m，使用CY型填料，初始是干燥的。

在较宽的初始湿度范围内，气体饱和是在柱底部填料层高度小于1 m处发生的，其余填料层将在稳态、绝热工况下工作，但是温度低于初始气体温度。对于绝热、稳态的气体温度见表6－2，相对湿度从0.1%到100%的变化导致温度仅增长14℃。这样除氚柱在绝热工况下，工作温度范围很窄。达到稳态所需的时间取决于气体的初始湿度、柱中速率和塔本身的阻力。

下面我们研究除氚柱的空气除氚效率。为了描述除氚柱中液体水和水蒸气之间氚同位素交换的传质速率，使用在精馏柱工作效率分析中的传统参数（见第4章）：理论塔板高度（HETP）、传质单元高度（HTU）、总的传质系数（按气相推动力计算，K_{or}），它们的计算式如下：

$$\mathrm{HETP}=H/N \tag{6-12}$$

$$\mathrm{HTU}=\mathrm{HETP}(\alpha-\lambda)/[\alpha\ln(\alpha/\lambda)] \tag{6-13}$$

$$K_{or}=G_{H_2O}/(S\cdot \mathrm{HTU}) \tag{6-14}$$

式中，H、S分别为填料层高度和截面面积。

补给不饱和气体的除氚柱在绝热工况和等压工况下的差别有以下4点：

（1）气体饱和器对于恒温工况下工作的柱子是单独部件，而对于绝热工况下则是柱本身的一部分。在两种情况下高1 m的填料层足以浸润气体。

（2）在等温工况下，从外部向饱和器供热以提供润湿气体所需能量。在绝热工况下，能量需求会导致柱、气体和液体降温。

（3）恒温工况下，柱的工作温度沿高度恒定，可以选择在等于或高于环境温度下运行。绝热工况下，柱的工作温度实际上沿高度恒定，并低于环境温度，发生气体饱和而产生温度变化的柱下端除外。温度的绝对值依赖于待除氚气体的湿度。

（4）在相同气体流量下，除氚柱将在不同温度下工作，并且沿填料的液流会有所不同。气体除氚柱的传质过程类似于水精馏过程。但是气体除氚柱的工作参数，诸如工作温度、气体速率、液体流密度等明显区别于水精馏柱的工作参数。例如，对于表6－2中的气体初始湿度和气体线速度为1.1 m/s时，为维持$\lambda=1.0$，补给液体的喷淋密度依赖于柱子的工作温度，应当在30～80 kg/m²·h范围内，这低于或接近青铜制CY型填料推荐的最低淋洗密度（50 kg/m²·h）[13]。

除氚柱中气体速率比水精馏柱中蒸气速率高许多倍。由于工作参数差别很大，针对精馏柱测定的传质速率不适用于气体除氚柱。

在饱和气体除氚柱中进行的同位素交换过程中，氚仅向一个方向迁移，即从水蒸气向液体水中迁移。在这一思路下，该过程与精馏柱中轻元素分离或化学同位素交换相似。因此，在除氚柱中的除氚效率可以按精馏柱分离的方程计算，但要考虑到交换介质中的氚含量总是处于微量浓度水平。

在不饱和气体除氚柱中，气体和液体之间的接触会稀释水蒸气中的同位素浓度，这是由于在润湿过程中增加了同位素在气体中的含量。稀释程度取决于柱出口和入口水蒸气分压之比 $(p_{H_2O})_{out}/(p_{H_2O})_{in}$。式(6-9)通过氚同位素浓度表示的除氚因子(程度)对再处理不饱和气体的柱应当高于处理饱和气体的柱。在再处理不饱和气体时除氚因子[分离度或者柱入口与出口蒸气中氚的原子浓度(Z)之比]增长效应由于润湿过程中水蒸气含量的增加而下降，用柱入口和柱出口氚流量比值表示的总除氚因子 (DF_{Σ}) 为

$$DF_{\Sigma}=\frac{(G_{H_2O}Z)_{in}}{(G_{H_2O}Z)_{out}}=DF\frac{(G_{H_2O})_{in}}{(G_{H_2O})_{out}}=DF\frac{(p_{H_2O})_{in}}{(p_{H_2O})_{out}} \tag{6-15}$$

DF 依赖于初始气体中水蒸气的含量。

选择气体除氚柱论证的运行工况时，应该考虑到给柱供热的必要性和温度曲线。经柱壁供热或加热补给水没什么效果。例如，通过加热补给水补偿气体饱和的热损失，需要加热到几百度，那么相应地除氚柱就需要在高压下工作。

充填青铜制 CY 型填料柱，在气体润湿过程中，热传递系数无论对干燥的还是润湿的填料都是 170 kJ/(m^2 · K)。由此看出，填料上的液膜不影响热传递速率。对于氚同位素交换反应，填料上液膜的存在是必要条件。膜的厚度决定了柱中的总液体滞留量。

柱中水滞留变化的动力学用除氚柱启动后柱出口水流量随时间变化的形式示于图 6-14。柱内填充了干燥的或预先润湿的填料。在初始为干填料时，一开始补给水出现滞留以建立液膜。只有在达到必需的液体滞留量后，水才能从柱中流出。图 6-14 中对于初始为干填料的曲线表明，水沿柱的运动对应于活塞流工况。

在“润湿”填料的时间内，除氚柱不能进行氚的同位素交换。因此，对用于工作厂房空气事故的除氚柱，需要保持填料在所有时间内均处于润湿状态。

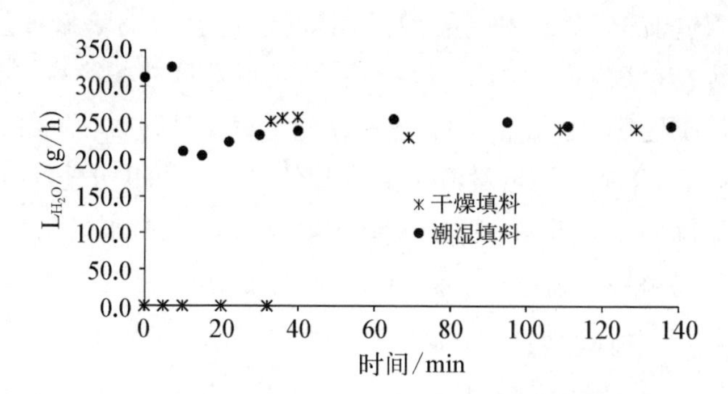

图 6－14　不包含空气补给，柱出口水流变化动力学图示

注：气体速率为 1.1 m/s，温度为 25℃，相对湿度为 40%。

这很容易做到，例如，水循环流经除氚柱。

填料上的液体滞留量依赖于气体的线速度和淋洗密度。滞留量对淋洗密度的依赖关系如图 6－15 所示。当向处于“待命”工况下的空气事故除氚系统除氚柱供给气流时，柱中滞留的水将一直增加，直至达到稳定状态，如针对湿填料的图 6－14 上的曲线所示。在此期间，尽管水的滞留量在变化，但是除氚柱仍可以充分有效地除氚。在稳定状态下，液体滞留量（$\sum L$）与淋洗密度（L）之比用下面的方程式描述：

$$\sum L[\text{kg/m}^3]=5.27\,L^{0.38}[\text{kg/(m}^2\cdot\text{h)}] \tag{6-16}$$

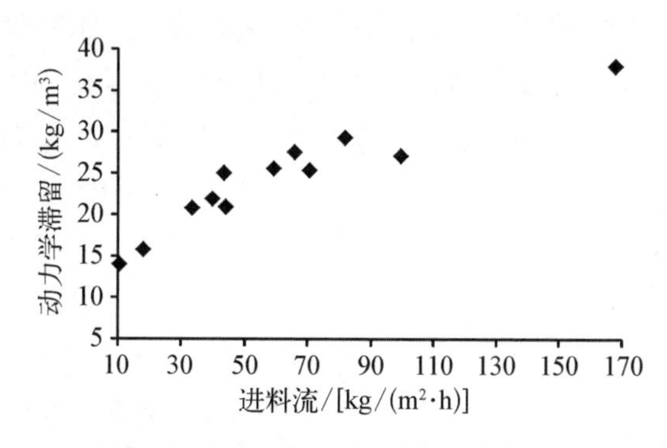

图 6－15　青铜 CY 填料上动力学水滞留对淋洗密度的依赖关系

注：柱中空气流速为 1.1 m/s，直径为 32～110 mm，填料层高度为 1～2 m。

由于气体在填料下层被水蒸气快速饱和，除氚柱大部分将在绝热工况下工作，无论补给气体是在除氚柱内还是在进入除氚柱前就已经饱和。在恒温工况下，除氚柱内的气体饱和将导致柱温降低，这会影响除氚过程的传质速率。试验验证结果表明，与恒温工况相比，同一个除氚柱在绝热工况下表现出更高的空气除氚速率(见表 6-3)。这一结论不论是针对含相同补给水的除氚柱，还是针对出口生成相同流量氚化水的情况都成立。很明显，绝热工况不论是从达到更高除氚因子出发，还是从降低生成氚化水的水量出发都更有效。这一事实很容易解释。请注意，降低运行与绝热工况下除氚柱的温度将导致水蒸气流量减少，这样 λ 值降低，按照式(6-8)，除氚率增加。

表 6-3 除氚柱在恒温工况下和绝热工况下的工作参数比较(气体速率为 1.1 m/s)

工况	气体温度/℃		气体初始相对湿度/%	喷淋密度/[kg/(m²·h)]		λ	DF
	下部	上部		上部	下部		
恒温	19.1	19.2	100	62	56	1.06	1 830①
绝热	19.5	13.0	40	76	54	0.41	293 430①
恒温	19.0	19.2	100	75	73	0.89	2 330②
绝热	21.1	15.1	58	78	58	0.71	14 690②

① 填料层高度为 4.8 m，氚化水流量相同。
② 填料层高度为 1.9 m，补给水流量相同。

气体除氚过程中，传质速率取决于三个主要参数：水蒸气在气体中的扩散速率、水蒸气的压力和氚在水膜表面的同位素交换反应速率。同位素交换反应通常进行得很快。因此，对采用亲水性好的青铜 CY 填料的除氚柱，传质阻力主要集中在气相。绝热工况下，即使在整个湿度范围内变化，除氚柱的工作温度变化也只有 14℃(见表 6-2)。由于工作温度变化范围很窄，水蒸气在空气中扩散过程的活化能低，该过程对总传质速率变化的影响不大。这样，总传质速率随温度变化的主要推动力是水蒸气压力。如图 6-16 所示，水蒸气压力和传质系数对温度有明显的相关性。

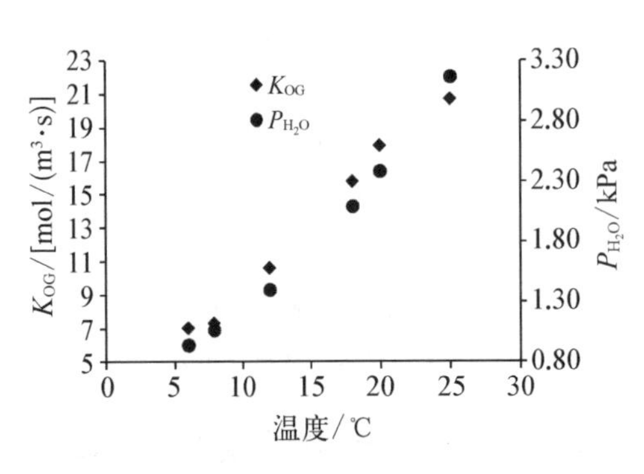

图 6-16 除氚柱工作温度范围内蒸气压和传质系数的温度依赖关系

增加气体线速度能强化传质过程，如图6－17所示，试验也证明了这一点。

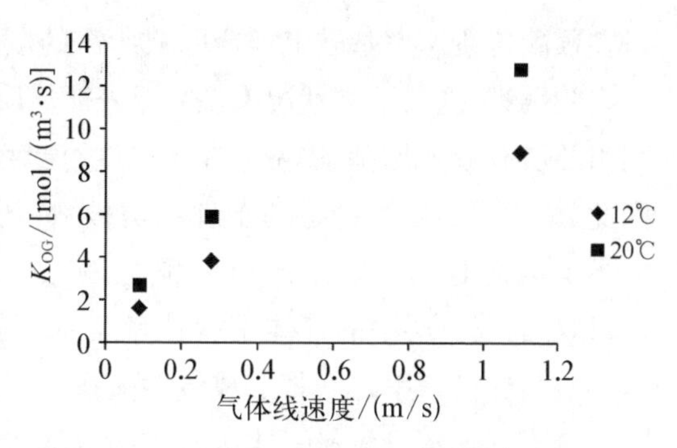

图6－17　传质系数对气体线速度的依赖关系

从优化生成氚化水水量出发，更倾向于降低喷淋密度。如果降低待除氚气体流量，同时要求维持相同除氚率，那么为了维持填料上的液膜，必须保证喷淋密度不低于最小值。CY型填料生产商瑞士 Sulzer Chemtech 公司建议喷淋密度不低于 100 kg/m² · h。图6－18上的传质系数表明，在空气除氚过程中，青铜制CY填料能够在比推荐的喷淋密度最小值还低1个数量级的情况下有效工作。数据是在同时降低气体流量和补给水流量时获得的。当喷淋密度为 3.6～40 kg/m² · h、空气的线速度为 0.09～1.07 m/s 时，增加喷淋密度，传质系数的增长与图6－17中的气体线速度对传质系数的影响有关。喷淋密度从 40 kg/m² · h 增加到 90 kg/m² · h 时，传质系数的微小降低可能是由填料上水膜增厚引起的，随后趋于稳定。

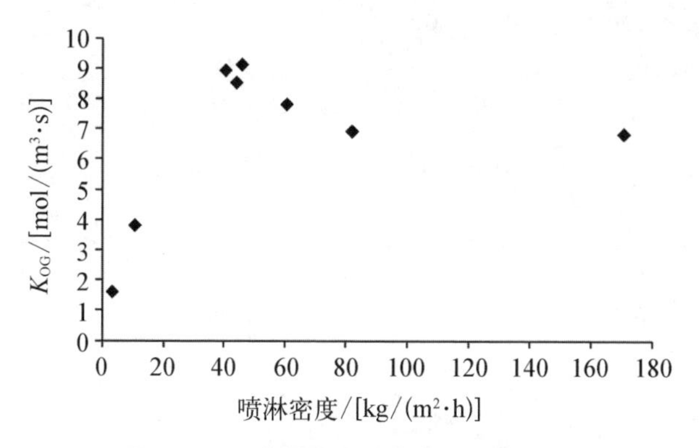

图6－18　喷淋密度对传质系数的影响
（柱子工作温度为12℃）

空气除氚系统应当保证除氚因子，除氚因子的设计限值通常不应小于1 000。达到这一目标需要采用足够高的填料层，选择填料层高度必须知道气体流量、温度和湿度的变化范围。补给水流量是可以监督控制并对待除氚气体参数变化反馈的唯一参数。在除氚柱入口气体参数的整个变化范围内，可以在预测传质速率基础上评定除氚所需的填料层高度。但是选择传质速率有一定的困难，这与下列状况有关：即表征传质速率的式(6－12)～式(6－14)中列出的所有参数均随初始气体线速度、温度、湿度、喷淋密度的变化而变化。因此，填料层高度不论是基于理论塔板数，还是基于数学模拟，均与传质速率的不确定性有关。如果经过除氚柱的水蒸气流量用高度为传质单元高度(HTU)的填料层中的气体交换速率表示，则可以显著降低这一不确定性，传质系数与交换速率之间将变成线性关系。

考虑到水蒸气流量正比于气体的流量及水蒸气压力：

$$G_{H_2O} = G(p_{H_2O}/p_{\Sigma} - p_{H_2O}) \tag{6-17}$$

式中，G 为气体流量；p_{H_2O} 和 p_{Σ} 为水蒸气压力和柱总压力。在除氚柱单位容积中水蒸气的交换速率可用以下方程式表示：

$$Q = G_{H_2O}/(SHTU) = Wp_{H_2O}/[(p_{\Sigma} - p_{H_2O})HTU] \tag{6-18}$$

式中，Q 为气体经高度为 HTU 的填料层时的水蒸气交换速率；S 为柱的截面积；W 为气体的线速度。

图 6－19 显示了传质系数对 Q 因子的依赖关系，Q 因子在温度为 12～30℃、气体线速度为 0.1～1.1 m/s、喷淋密度为 3.6～80 kg/m^2·h 的范围内是单一线性关系，相关系数为 0.99：

$$K_{vg} = 0.48Q - 0.30 \tag{6-19}$$

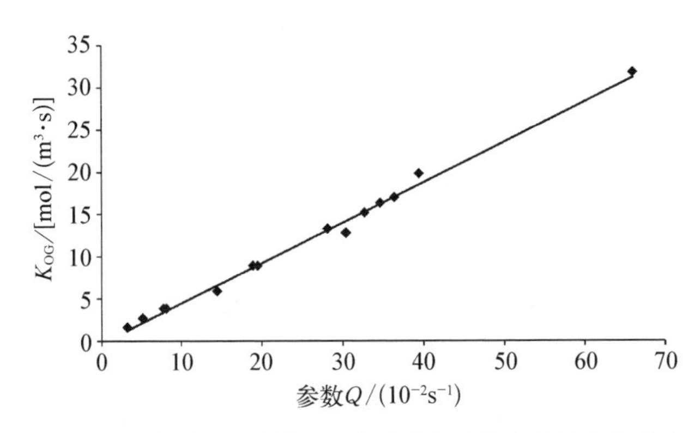

图 6－19　传质系数对填料层中水蒸气交换速率的依赖关系

通过这一关系可以预测除氚柱在很宽的工作参数范围内具有所期待的传质系数。为了计算 Q 因子，必须知道进入除氚柱的气体流量、温度和总压力。

在同样的工作条件下，为计算 Q 因子所必需的传质单元高度(HTU)与除氚塔中气体线速度的依赖关系在图 6－20 中给出，也呈线性关系，相关系数为 0.94：

$$HTU = 4.30W + 3.44 \tag{6-20}$$

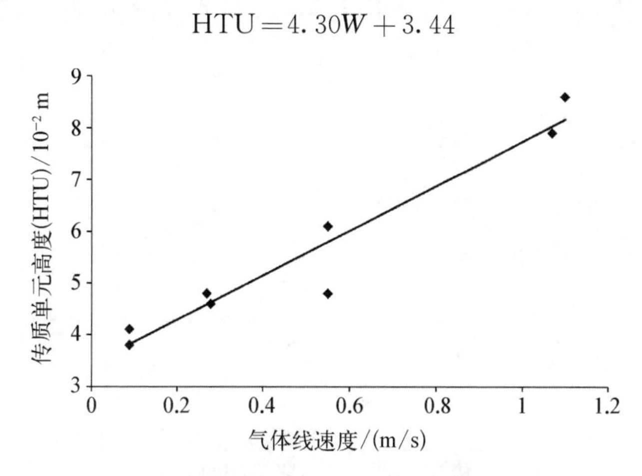

图 6－20　传质单元高度(HTU)对气体线速度的依赖关系

在氚污染气体进入除氚柱后，氚将在柱内积累，柱出口气体中的氚浓度将逐渐增大。在入口气体流量和补给水流量恒定的情况下，除氚柱达到稳定状态。此时沿柱在高度上的温度和氚浓度已不随时间变化。达到稳定状态动力学，在恒温工况下的参数如图 6－21 所示：填料层高度为 4.8 m，补给空气相对湿度为 100%，除氚柱温度为 19℃，喷淋密度为 68 kg/(m^2·h)，除氚柱气体速率为 1.1 m/s，入口蒸气中氚的浓度为 5.9×10^9 Bq/kg。稳定状态下的除氚因子达到 2.6×10^4。对于填料层高约 5 m 的除氚柱达到稳定状态需要至少 10 h。

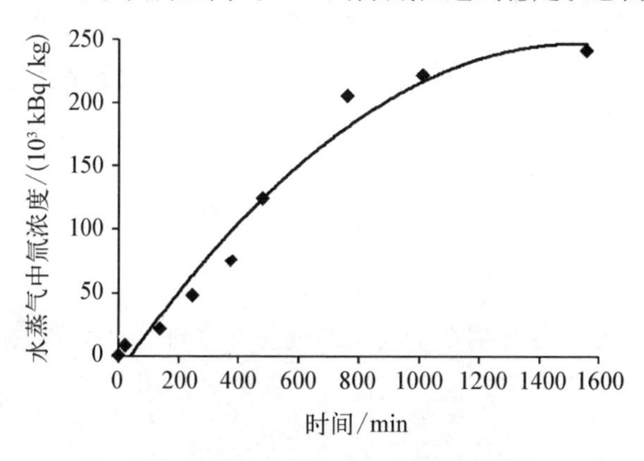

图 6－21　除氚柱出口水蒸气中氚浓度变化的动力学图示

在发生事故时切断补给水流的情况下，除氚柱出口气体中氚的浓度将快速增大；重新供给水后，除氚柱很快回到初始状态。这种情况如图 6-22 所示：填料高度为 4.8 m，在 20℃温度下，气体线速度为 1.1 m/s，补给水流量为 110 kg/(m^2 · h)，在恒温工况下工作，入口水蒸气中氚浓度为 3.0×10^7 Bq/kg。

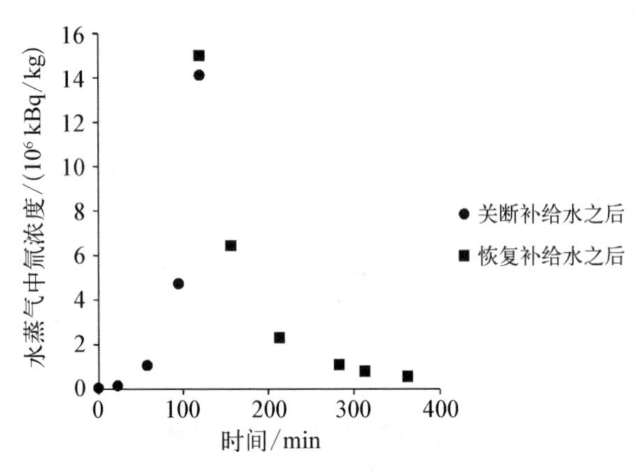

图 6-22　除氚柱出口在断开和恢复供给补给水时水蒸气中氚浓度变化动力学图示

事故造成氚进入热核反应堆厂房空气时，主要化学形式是分子氢和水。

在气体除氚系统的催化反应器中，大量使用了铂基和钯基催化剂，常用载体为无机物。这种催化剂不论对分子氢，还是其他含氢气体化合物，在氧化方面均表现出很高的催化活性。在上述催化剂存在的条件下，为了有效地催化氧化氢，反应器的工作温度范围通常选择为 150～200℃。含氢化合物的氧化要求更高的温度，通常要求 450～500℃。这样的温度足以氧化甲烷，甲烷是最难氧化的气态碳氢化物，而它又有可能存在于待除氚的气体中。

6.3　催化反应器

很多铂基和钯基催化剂在空气中的催化活性都已详细研究过。速率常数(K)的温度依赖关系可用下面的阿伦尼乌斯公式描述：

$$K = K_0\exp(-E/RT) \tag{6-21}$$

式中，K_0 为指前因子(s^{-1})；E 为表观活化能；R 为理想气体常数；T 为温度。

对于两种铂- γ-Al_2O_3 催化剂的活化能值援引表 6-4 中的数据。为了计算，假定反应为一级反应，许多催化剂均已得到这部分的实验验证。

$$\ln(1-F)=-K\tau \tag{6-22}$$

式中，F 为转化率；τ 为气体经过催化剂层的时间(接触时间)。

表 6-4　空气中的氢在铂催化剂下的氧化动力学特性(含初始氢浓度在 $50\times10^{-6}\sim2\,000\times10^{-6}$ 范围内直流工况下的测量结果)

催化剂编号	铂含量/% (质量分数)	K/s^{-1}	$E/(kJ/mol)$	K①$/s^{-1}$
1	0.3	9.1×10^4	35 ± 3	23
2	0.5	1.76×10^3	11 ± 1	107

① 在 200℃温度下。

通过速率常数可以看出，在适宜温度和气体线速度小于 1 m/s 的情况下(针对催化反应器实际所取的值)，催化剂层长度明显小于 1 m 时，氢的氧化率能达到 0.999。其他研究者观察到这样的现象：铂含量增加可促使催化剂的催化活性增强，表 6-4 中的数据可证实这一点。需要指出的是，在空气中氢浓度下降时，观察到的速率常数明显降低，如图 6-23 所示。因此，设计大气除氚系统的催化反应器过程中，在选择气体和催化剂的接触时间时，应予以考虑，因为空气中分子氢的含量很低，即使在氚污染很严重的情况下，实际的浓

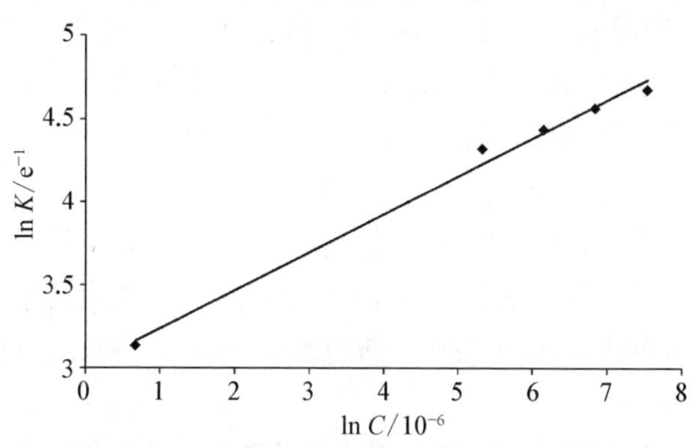

图 6-23　200℃下，使用表 6-4 中的 2 号铂催化剂，空气中氢的上氧化速率常数对氢浓度的依赖关系

度值也是很低的(10^{-6} 量级)。

由于火灾事故排放氚时，厂房大气中将产生燃烧产物。火灾是氚再处理装置的主要风险[4]。因此，现代对工艺厂房发生气氛事故除氚的要求包括审查火灾场景。这一要求在很大程度上使空气除氚装置的设计复杂化。下面我们研究发生火灾时的空气除氚系统催化反应器的工作情况。

火灾主要是建筑物或控制系统电气柜中使用的电气电缆绝缘层着火所致。使用最广的电缆电气绝缘材料是有机聚合物。这些聚合物材料燃烧时会以气态混合物和气溶胶的形式释放碳氢化合物。气态碳氢化合物的化学组成取决于聚合物的化学组成和燃烧工况，缺氧增加了着火时聚合物分解过程中焦化(即聚合物在无氧下的热分解)的贡献。现代核装置的电气柜设计为密闭运行，并且使用强制冷却系统。因此着火时，控制柜中的空气有限，这就导致燃烧时发生缺氧情况，增加了聚合物焦化的贡献。厂房火灾可能出现这样的场景：燃烧的气体产物将在某种程度上阻止空气进入燃烧点。可以预测，在这种情况下以相对恒定速率燃烧，使火灾发展更快的不是加速燃烧，而是空气中氧的导入速度。

在现代核装置中，不论是针对工作厂房还是电气柜，都规定使用喷洒水、水性气溶胶、惰性气体和专门气体等不同类型的灭火系统。消防系统类型的选择可能是对空气除氚系统产生负面效应的次生因素，最常用的是水或惰性气体。电气柜中灭火系统通常使用含卤素的气体，但卤素气体或它们的分解产物在催化反应器中会毒化催化剂和除氚系统的其他材料。

现代核装置安全分析报告应当包括提供不可能发生火灾的证明，或者对一个假想事件的后果进行分析。在绝大多数情况下火灾是无法杜绝的。如果火灾防止不了，则需要启用灭火系统，但这需要时间。发生火灾时，生成的烟雾气体、气态燃烧产物和气溶胶在厂房中与含氚空气混合。参考核装置上对这类事件的解决方案是及时除氚净化或火灾后净化厂房大气，应当启用大气除氚系统对含氚空气和烟雾气体进行再处理。

空气除氚系统部件对火灾场景最为敏感的是催化反应器。下面评价空气中可能存在的高浓度氢或烟雾气体对催化反应器工作能力的影响。通常由于地震或火灾等外部因素作用，发生一级包容设备损坏，导致氚以分子氢的形式向工作厂房排放。

对使用固定催化剂层的反应器，通常只监测为维持工作温度而施加的加热功率。在催化反应器中，含氢气体的氧化是温度效应很大的放热反应，表征为较大的热效应和活化能。因此，它们的氧化对反应器而言是一个威胁，处于热失控状态(thermal runaway)。这种工况的特征是反应器工作参数对变化高度敏感和催化剂温度变化不受控。催化剂温度的提高影响了反应器的工作能力，也成为空气除氚系统的内部危险源，这对专用于保证核安全的系统而言无法接受。

基于谢苗诺夫基础理论、反映化学反应速率常数与温度关系的阿伦尼乌斯公式和弗朗克-卡曼聂茨克理论模型的热爆炸理论，人们开展了许多研究工作讨论催化反应器的稳定问题。在现代诠释中，在稳定状态下，如果随着温度增长，系统行为受控就被认为是次临界；如温度增长不可控则认为是超临界的。次临界状态是稳定的，而超临界则是不稳定的。为了评价系统是处于稳定状态还是不稳定状态常常使用谢苗诺夫数 Ω。

$$\Omega = B/\beta \tag{6-23}$$

式中，B 为反应热，无量纲：

$$B = -\Delta H C^{i}/(C_{p}\rho_{r} T_{\alpha}\varepsilon) \tag{6-24}$$

式中，ΔH 为反应焓(J/mol)；C 为反应物浓度(mol/m^3)；C_p 为气体混合物平均比热容(J/K・kg)；ρ_r 为气体混合物密度(kg/m^3)；T_α 为环境介质绝对温度(K)，$\varepsilon = RT_\alpha/E$ 为在环境介质温度下化学反应活化能(无量纲)；R 为通用气体常数(J/K・mol)；i 为初始条件值。β 为散热速率，无量纲：

$$\beta = US_{V}/[C_{p}\rho_{r}k(T_{\alpha})\varepsilon(C^{i})^{n-1}] \tag{6-25}$$

式中，U 为总的散热系数(W/m^2・K)；S_V 为反应器单位容积外表面面积；$k(T_\alpha)$为温度 T_α 时的化学反应速率常数；n 为反应级数。

判断稳定性标准时常常使用谢苗诺夫数临界值(Ω_K)。如果式(6-23)计算的谢苗诺夫数 $\Omega < \Omega_K$，则系统将处于稳定状态。如果 $\Omega > \Omega_K$，则系统不稳定。

就催化反应器而言，我们认为最合适的确定系统稳定性的方法是通过反应介质最高温度对反应器工作参数变化的敏感性来评价。有人在研究工作[14]中建议按参数 Π 对最大相对温度的一阶导数来评价敏感性。参数 Π 指以下5个参数中的任何一个：谢苗诺夫数、化学反应热、化学反应级数、使用催化剂时化学反应的活化能和反应器初始温度。这时，敏感度在最大相对温度下的绝对值 $S_{\psi\max}$ 可以表示为

$$S^{*}_{\psi\max} = \frac{\mathrm{d}T_{r\max}}{\mathrm{d}\psi} \tag{6-26}$$

式中，T_{rmax} 为最大相对温度：

$$T_{rmax}=\frac{T}{T_{\alpha}} \tag{6-27}$$

式中，T 为反应混合物的温度。

为了更方便地定量分析敏感度，建议使用敏感度值

$$S^{*}_{\psi max}=\frac{d\ln T_{rmax}}{d\ln \psi}=S^{*}_{\psi max}\psi/(T_{rmax}) \tag{6-28}$$

我们通过研究表明，如果式(6-24)中的参数 $B>7$ 或者活化能值 $\varepsilon<0.1$，则可预测反应器进入了热不稳定工况。

基于催化反应器工作对参数变化敏感性分析，下面针对在氚以分子氢形式排放至工作厂房气氛的两种事故（一级包容系统发生损坏、厂房发生火灾）状态下的空气除氚系统催化反应器进行探讨。

分析目的：分析装填了已知催化特性的催化剂的反应器在给定火灾场景时进入热不稳定工况的概率。如果存在这种可能性则不能允许运行。分析还评价了烟雾气体组分和催化剂性质对进入热不稳定工况的影响。使用这种评价方法还可对催化反应器处于稳定状态的火灾场景进行评价，并且评价超出这一范围的火灾发生的概率。

6.3.1 烟雾气体组成对催化反应器运行工况的影响

正如前面提过的氚装置厂房中，主要的着火源是动力电缆和控制系统电缆的有机聚合物绝缘材料，这些材料燃烧会生成不同挥发性的碳氢化合物。碳氢化合物的组成依赖于燃烧工况和温度。缺氧增加了焦化的贡献，即聚合物在缺氧时发生的热分解。现代核装置中，发生火灾的厂房会中断空气供给。在系统控制柜中，为降低火灾概率及其后果，正常运行工况下要求关闭柜门，即限制空气的进入。烟雾气体组分、生成速率和进入除氚系统的浓度与很多参数有关：所使用的电缆型号、电气绝缘的化学成分、火灾场景、氧气的可达性等。因此，准确预测火灾期间烟道气的含量和化学成分，实际上是不可能的。在评价催化反应器可能的行为时，其他不确定因素是缺少催化剂上碳氢化合物氧化反应动力学特性方面的信息。众所周知，混合物中碳氢化合物的氧化不同于单一化合物。因此，即使有个别碳氢化合物的氧化动力学信息，预测催化剂在碳氢化合物混合物氧化的行为也存在很大的不确定性。

在现代核装置中主要采用卤素含量低的绝缘电缆。下面是核工业使用的

低卤素含量电缆得到的试验研究结果。该电缆的电气绝缘的主要化学化合物是含$(C_2H_5-)_n$形式的饱和聚合物，它在氧量不足以将聚合物完全氧化的空气中燃烧时的产物包括灰分(44%质量)、水(7%质量)、油状气溶胶(22%质量)，气态碳氢化合物(27%质量)。化学分析表明存在含碳数达10(即分子上10个碳原子)的气态碳氢化合物。约70%质量的气态碳氢化合物是甲烷和乙烯。一些碳氢化合物的氧化参数如表6-5所示。

表6-5　氢和一些碳氢化合物完全氧化的反应热

化合物		氧化反应	氧化反应焓的变化/(kJ/mol)	空气中自燃温度/℃	空气中火焰温度/℃
化学形式	标准生成焓/(kJ/mol)				
H_2	N/A	$2H_2+O_2=2H_2O$	−241.8	500～540	2 050
CH_4	−74.7	$CH_4+2O_2=CO_2+2H_2O$	−802	580	1 950
C_2H_2	228.2	$C_2H_2+2.5O_2=2CO_2+H_2O$	−1 258	310	2 630
C_2H_4	52.5	$C_2H_4+3O_2=2CO_2+2H_2O$	−1 323	450	2 350
C_2H_6	83.8	$C_2H_6+3.5O_2=2CO_2+3H_2O$	−1 429	520	1 950
C_3H_4	184.9	$C_3H_4+4O_2=3CO_2+2H_2O$	−1 849	—	—
C_3H_6	20.0	$C_3H_6+4.5O_2=3CO_2+3H_2O$	−1 925	460	—
C_3H_8	−104.7	$C_3H_8+5O_2=3CO_2+4H_2O$	−2 043	460	1 980
C_4H_{10}	−125.6	$C_4H_{10}+6.5O_2=4CO_2+5H_2O$	−2 657	210	—
C_5H_{6ne}	134.3	$C_5H_6+6.5O_2=5CO_2+3H_2O$	−2 827	640	—
C_8H_8	−717.9	$C_8H_8+10O_2=8CO_2+4H_2O$	−3 397	490	—
C_8H_{10}	29.9	$C_8H_8+10.5O_2=8CO_2+5H_2O$	−4 387	430	—
$C_{10}H_8$	150.3	$C_{10}H_8+12O_2=10CO_2+4H_2O$	−5 052	540	—

需要指出，空气中的气态碳氢化合物在以无机化合物为载体的铂催化剂上的氧化活化能通常在 30～100 kJ/mol 范围内。

催化反应器进入热不稳定工况的概率可以用参数 B 进行评价。该参数的评价适用于氧化反应热为表 6-5 中数据、环境温度为 25℃的场合。从图 6-24 可见，空气中反应物浓度很低时，活化能在 10～100 kJ/mol 变化范围内，只有反应焓和反应活化能较大时，参数 B 才可能达到超临界工况（$B=7$），即反应器达到热不稳定工况的概率很低。

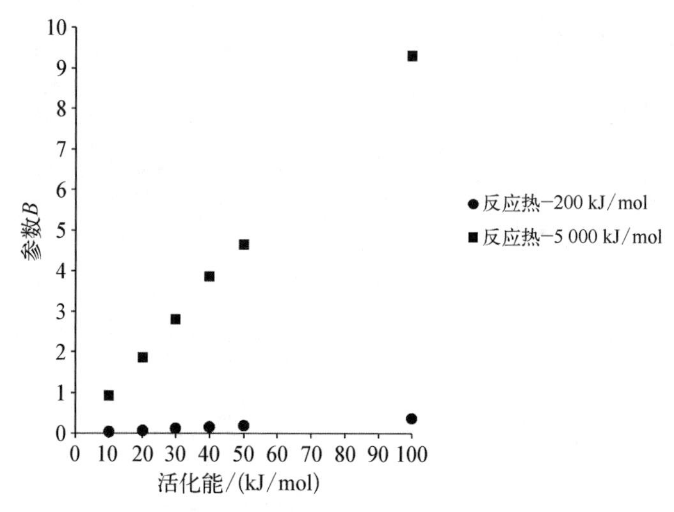

图 6-24　空气中碳氢化合物浓度较低（0.01 mol/m³）时参数 *B* 对活化能的依赖关系

与图 6-24 相反，图 6-25 表明，在碳氢化合物浓度较高时，即使在焓和活

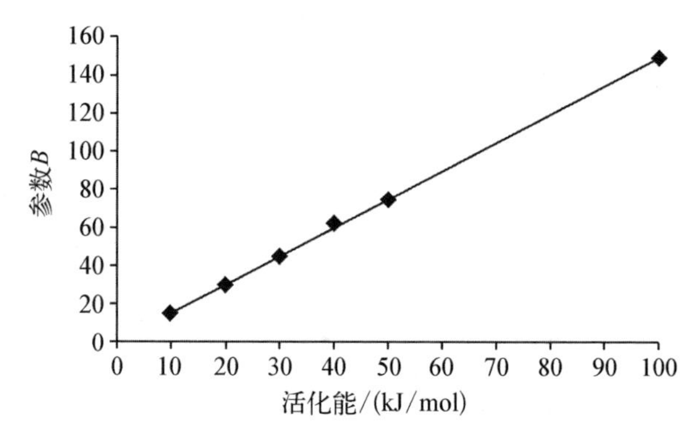

图 6-25　空气中反应物浓度高（4.0 mol/m³）、反应热低（−200 kJ/mol）时，参数 *B* 对活化能的依赖关系

化能很低的情况下也能进入不稳定工况。对高反应焓，反应器可在活化能为任意值的情况下进入超临界工况(见图6-26)。能够观察到在反应焓值适中和低活化能的情况下，空气中碳氢化合物含量很低(0.1 mol/m^3 或更高)时，参数 B 超出临界值、反应器进入不稳定工况(见图6-27)。

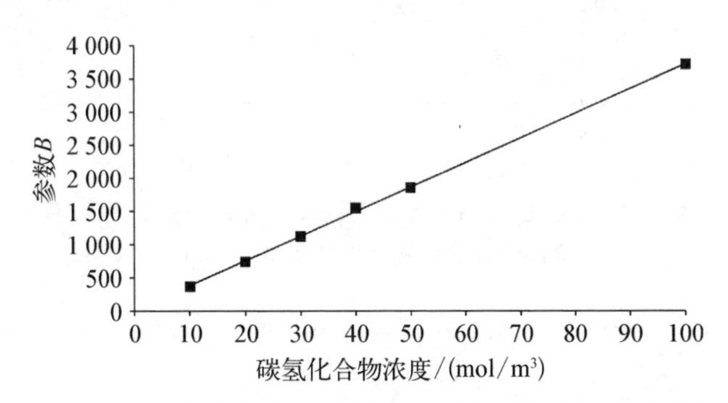

图6-26　空气中反应物浓度高(4.0 mol/m^3)和反应热高(−5 000 kJ/mol)时，参数 B 对活化能的依赖关系

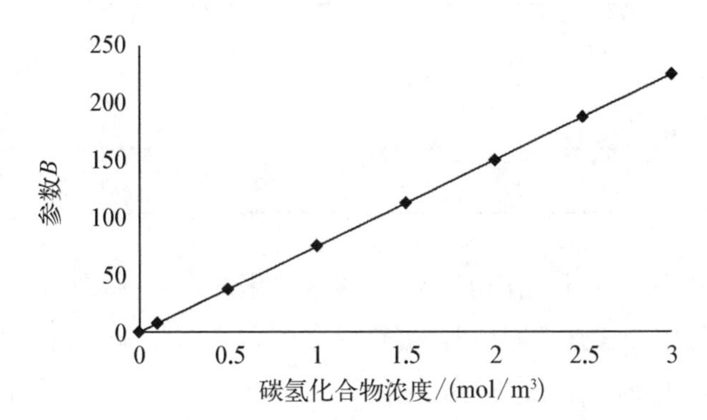

图6-27　参数 B 对碳氢化合物浓度的依赖关系(反应焓为1 000 kJ/mol、活化能为40 kJ/mol)

正如图6-28所示，对于中间值反应焓和活化能的反应，参数 B 超过临界值好几个数量级，即反应器进入热不稳定工况的概率非常大。

可以得出结论，空气除氚系统的催化反应器在处理含烟雾气体的空气时进入超临界工况的概率很大。

6.3.2　催化剂性能的影响

针对氢和甲烷在大气中的氧化，评价了催化剂的催化性能对反应器进入

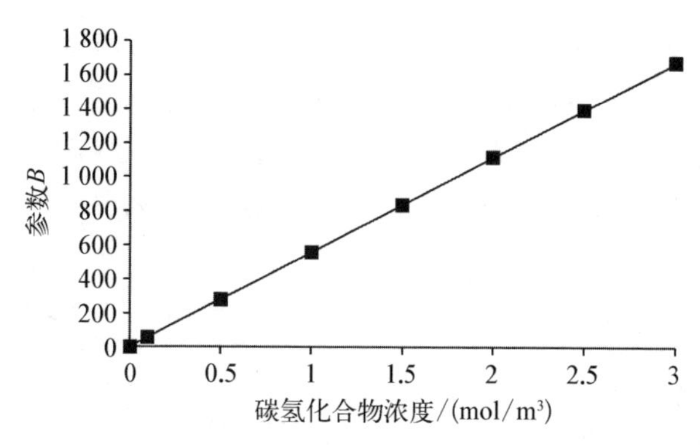

图 6-28　参数 B 对碳氢化合物浓度的依赖关系(反应焓 3 000 kJ/mol 和活化能 100 kJ/mol)

热不稳定工况的影响。在表 6-4 中给出两种催化剂对氢的氧化动力学参数。表 6-6 给出了甲烷的催化氧化参数。

表 6-6　甲烷在空气中 200℃ 时的催化氧化参数

催化剂	甲烷初始浓度 C_0/(ppm)	K/s^{-1}	E/(kJ/mol)
1	500	4.4	51±5
2	1 000	110	34±3

图 6-29 显示，在初始温度(200℃)时，催化剂 1 活性较小，然而在氢浓度超过其在空气中的爆炸下限值时，催化反应器也有一定概率进入热不稳定性工况。这与催化剂具有很高的活化能有关。催化剂 2 在 200℃下活性更强，

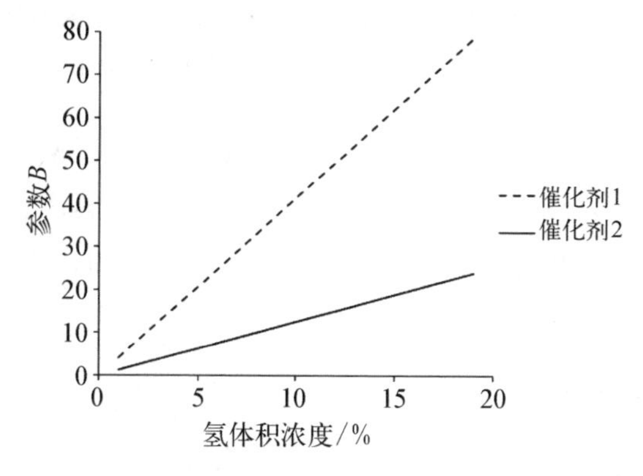

图 6-29　空气中氢浓度对不同催化剂参数 B 的影响

但活化能要小一些，只有氢体积浓度明显高于10%时，才可能出现这样的情况。

图6-30显示碳氢化合物在空气中氧化时，参数B对碳氢化合物浓度的依赖关系。参数B的计算是基于这样的假定条件，即氧化碳氢化合物的有效活化能与甲烷的相同。碳氢化合物混合物氧化的热效应取甲烷和乙烯的算术平均值(见表6-5)。

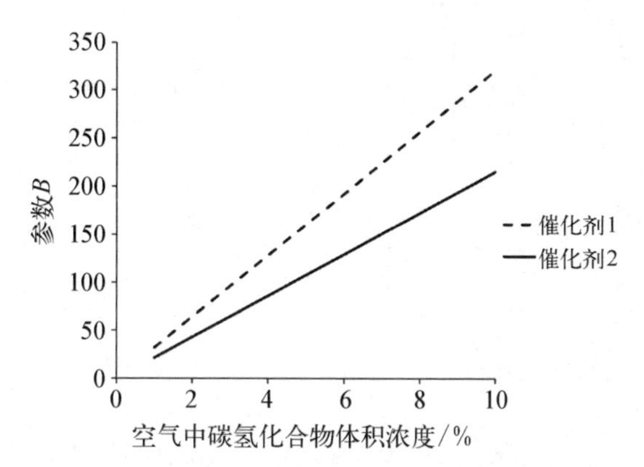

图6-30 空气中碳氢化合物浓度对不同催化剂参数*B*的影响

从催化剂活性影响进入热不稳定工况的观点出发，碳氢化合物的氧化表现出与氢的氧化相同的趋势。对于含高活化能的催化剂，催化反应器进入热不稳定工况的概率明显更高。

上述评价表明，再处理被氚污染的空气时，在发生火灾的事故状态下不能预测空气除氚系统催化反应器进入热不稳定工况的概率。这一结论已由事故模拟试验证实。

通过在电气加热炉中，用空气吹扫卤化物含量低的电缆、在塑料完全氧化而氧气不足条件下的燃烧模拟火灾。燃烧过程持续了约两小时，在炉中温度约400℃时，气态碳氢化合物释放速率达到峰值。用空气稀释气体混合物生成物，并在进入催化反应器之前，先加热到工作温度。鉴于涉氚装置中，所有空气除氚系统装备有气溶胶捕集过滤器，在试验装置中，燃烧炉排出的气体混合物先经高效过滤器过滤。催化反应器充填催化剂2(见表6-4)。

通过以恒定流量氢气供给到催化反应器的空气流中，模拟未发生火灾时氚以分子氢的形式排放至工作厂房的事故。试验中不论是否含有催化反应器，开始的温度均为200℃。试验结果如表6-7所示。

表 6－7　火灾事故中催化反应器行为模拟的试验结果

编号	G/(m^3/h)	KΦ	C_{CH}/(mol/m^3)	W/(m/s)	Re	温度增加/℃			
						气体流中		催化剂层中	
						反应器入口	反应器出口	入口	中间点
1	0.3	4	2.3	0.1	280	45	10	380	190
2	0.65	8	1.1	0.2	600	530	315	1 090①	570
3	1.35	17	0.5	0.5	1 250	970	1 030	>2 000②	1 050
4	4.15	50	0.2	1.4	3 850	20	420	170	—
5	12.15	150	0.06	4.2	11 250	0	0	0	20

① 气体在反应器入口套管中燃烧。
② 气体在整个反应器中长时间燃烧。

表 6－7 中的参数含义如下：G 为进到催化反应器的总空气流量；KΦ 为氧因子，即空气中的氧量与试验时供到催化反应器中气体碳氢化合物量的摩尔比(计算时，假定气体碳氢化合物是燃烧电缆绝缘层质量的 27%)；C_{CH} 为反应器入口空气中碳氢化合物的摩尔浓度，即电缆整个燃烧时间内(例如 2 小时)的浓度平均值；W 为在室温下计算出的反应器中气体的线速率。雷诺数 Re 按以下公式计算：

$$Re=(dW\rho_g)/[\mu\psi(1-\beta)] \tag{6-29}$$

式中，d 为以相同球形颗粒计算的催化剂颗粒直径；ρ_g 为气体混合物密度；μ 为气体动力学黏度；ψ 为表征催化剂颗粒形状偏离理想球形的经验系数(对于圆柱形颗粒，$\psi=0.91$)；β 为单位反应器容积中的催化剂体积百分数。

设计人员在催化反应器的不同位置上设置了热电偶，记录最大温升对雷诺数的依赖关系，如图 6－31 所示。在反应器所有位置，温度随雷诺数的提高而升高，直至雷诺数达到约 2 000。雷诺数通常看作是散装催化剂反应器中，气流从过渡工况向湍流工况变化的指示。在湍流工况下，气体搅动加速了气相中的质量传递，能够增加过程的总速率。因此这样的工况对化学工业中催化反应器来说是最受欢迎的。继续增加空气流量不能使过程总速率增加，还会由于加热的空气流带走反应器的热量而降低了催化剂的活性。

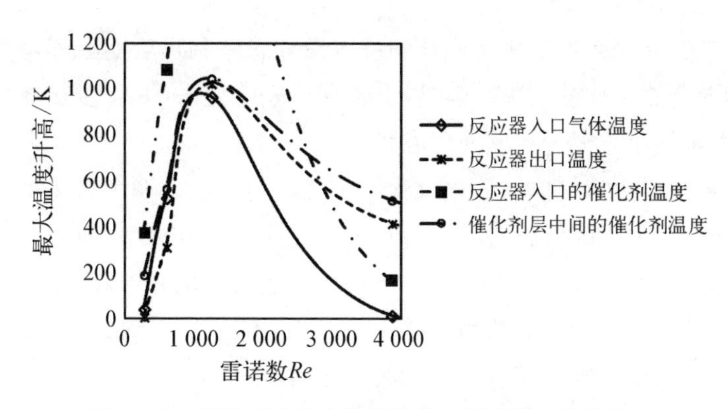

图6-31　催化反应器中温度增高对雷诺数的依赖关系

反应器中气体速率低时，表6-7中试验1的催化剂层入口位置的温度高于中间位置的温度，这表明碳氢化合物的氧化在催化剂的前沿层中进行得很快。催化剂和气体之间的热交换也进行得很快。如果气体的温度变得足够高，则可发生碳氢化合物的自燃[15]。空气中一些碳氢化合物的自燃温度见表6-5。在表6-7的前3个试验中，催化剂入口的绝对温度高于表6-5中的大多数碳氢化合物自燃所必需的温度。由于气体燃烧，反应器中的温度会急剧升高，达到空气中碳氢化合物燃烧的温度，这正是在表6-7中前3次试验所观察到的。由于碳氢化合物混合物在空气中燃烧(试验3)，反应器内部部件和安装于反应器入口之前的阻火器曾部分熔化。这一结果表明，在一定的试验条件下，空气除氚系统的催化反应器可能是整个系统的内在危险源。

表6-7和图6-31展示了反应区及相应反应面的移动。随着气体速率的增高，从催化剂的迎面层向深部迁移。发生这种移动是由于催化剂层迎面区段受催化剂入口气体流温度低的影响所致。其后果是热从催化剂前沿迁移至深部，这导致反应区温度增高，高于绝热量值[15]，并加速达到碳氢化合物自燃温度。

为了评价氚以分子氢的形式释放至工作厂房气氛且未发生火灾的情况下催化反应器内部的安全性，应当考虑在温度升高时，分子氢在空气中爆炸限值的变化。这一临界值从约20℃温度下的4%体积，变化到200℃温度下的2.9%体积，以及400℃温度下的1.9%体积。考虑到依赖于反应器结构内的空气中，1%的氢氧化导致催化剂温度增加50～80℃。当氢的含量达到3%～4%体积时可达到这一临界值，并可引起反应器内部气体发生爆炸。

现代空气除氚系统催化反应器的总体设计思路和运行实践都是基于防止出现易燃混合物工作的情况。但是，由于现代安全要求的变化，在催化反应器设计时，也包括审查混合物的处理方案。

除氚系统中含氢气体的催化氧化系统普遍包括前后两个催化反应器。如图 6-32 所示，为了降低放热反应引起的反应器过热的概率，前面的催化反应器在较低的温度下工作，通常为 150～200℃（足以氧化分子氢）。后面的反应器在更高的温度下工作，通常为 450～500℃（足够氧化其他的含氢气体）。为了节约能源，在反应器之间装有节能换热器。

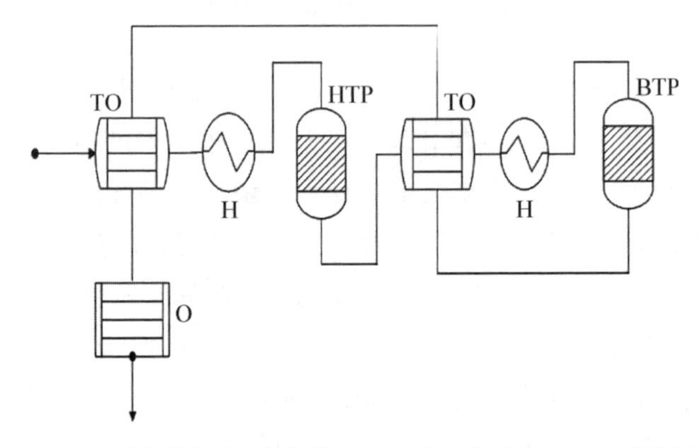

TO—热交换器；H—加热器；HTP—低温反应器；BTP—高温反应器，O—冷却器。

图 6-32　现代空气除氚系统中典型的催化反应器布局示意图

正如以上研究表明的那样，对催化反应器应当选用氢氧化反应活化能低的催化剂。这将有助于降低按图 6-32 工作的低温反应器在氢排放至工作厂房尚未发生火灾的事故工况发生热不稳定的概率。但是，如果发生了火灾，这就不够了。发生火灾事故后，图 6-32 中的催化剂不可避免地表现出热不稳定性问题，或者说存在潜在风险，甚至整个低温反应器都出现很高的、不可控的温度升高风险。高温反应器和节能热交换器根本不应当用在存在火灾隐患的空气除氚系统中。这是由于催化反应器的运行温度不需要超过 200℃。为防止大多数事故，氚排至大气时仅要求氧化分子氢。如果碳氢化合物在低温反应器中开始氧化，则节能热交换器的作用只是提高不可控的温度增长和自加速过程的概率。

下面给出一些能减少反应器中温度急剧升高的解决方案。例如，在反应器工作温度下，使用碳氢化合物氧化反应催化活性低的催化剂。通常这可通过降低催化剂中活性组分(铂或者钯)的含量实现。但是如前所述,临界参数不是活性组分含量,而是活化能。简单地降低活性组分的含量可能导致事与愿违的结果。除此之外,在适宜温度下,易被氧化的氢的存在使催化剂温度升高,这就很容易使碳氢化合物开始氧化。对于未假定火灾场景和空气中碳氢化合物组成未知的情况,选择活化能低的催化剂并不是最优解决方案。

另一个解决方案是采用对碳氢化合物不活泼但能有效地催化氧化氢的催化剂。例如,使用核电站的催化反应器中的憎水催化剂。这种催化剂能在室温下工作。但是,试验表明,在存在烟雾气体的空气中,反应一段时间之后,在室温下不论是亲水催化剂,还是憎水催化剂,在氢的氧化反应中均会失去催化活性。例如,反应维持一段时间之后,在室温下空气中,憎水铂催化剂氧化氢的速率从 $1.5\ s^{-1}$ 降至 $0.3\ s^{-1}$。

最后,探讨通过提高进入空气除氚系统的流量来稀释烟雾气体。为降低温度增长效应所要求的稀释程度可以按表 6-7 上的数据予以评价。试验 4 中催化剂温度接近一些碳氢化合物的自燃温度。在该试验中,进入反应器的空气体积与燃烧的电缆质量比是 10 m^3/kg。在试验 5 中空气流量的增加使温度完全没有增加。此时进入反应器的空气量和燃烧电缆的质量比为 30 m^3/kg。这些量值表征了防止单位质量易燃材料温度增长所必需的空气流量限值。为再处理从较大火情的厂房排出的空气,必须确保大流量的稀释空气源并相应设计能够稀释烟雾气体的空气除氚系统。这些也决定了在工作厂房中使用的空气除氚系统所能维护的最大可燃材料量,这一数量的可燃材料不会引起催化反应器的温度进入不可控状态。例如,对最大处理量为 500 m^3/h 的 JET 反应堆空气除氚系统厂房,易燃材料量不应超过 50 kg,最好是 15 kg。在气体进入空气除氚系统前就稀释烟雾气体的解决方案并不合适,因为这将大大增加需要再处理的气体量。

应当指出,在化学工业中,催化反应器结构构造和现代解决方案保证了催化反应器与易燃补给气体混合物运行的可行性[15]。针对空气除氚系统采用的催化反应器,这种解决方案是可行的:不仅仅加热反应器,还要控制反应器的热导出速率。设计人员采取了一系列的技术措施以实现这样的操作。最有效的解决方案是基于反应器本身进行热交换,同时利用外部的冷却剂循环回路将热导出。这种解决方案如图 6-33 所示。如果催化剂的温度低于给定的工作温度,通过加热补给气体以保证热量供给,热量的导出由流经外部回路循环的冷却剂予以保证。当催化剂的温度超出反应器给定的工作温度时,停止补给气体加热,开启外部冷却回路的冷却剂循环。可以选择含热容大的惰性气体作为冷却剂,如氦气。外部回路冷却器的冷却能力应当能够应对最大假定火灾事故。

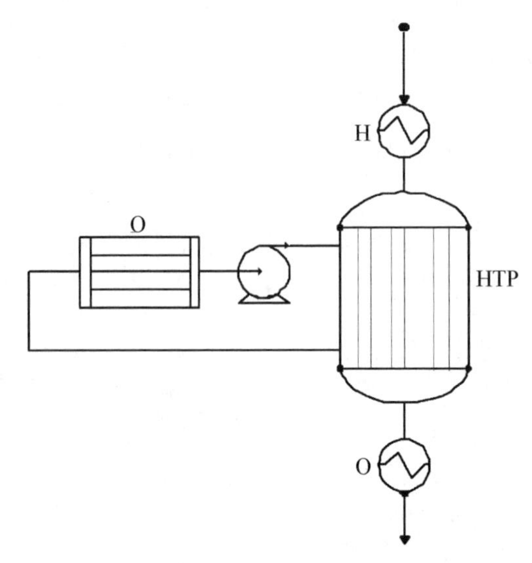

HTP—低温反应器;O—冷却器;H—加热器。

图 6-33　含热量供给和导出控制的催化反应器流体系统可能的解决方案

6.4　热核反应堆组件中的氚测量

热核反应堆发生事故时,氚是工作人员和公众的主要辐射源,也是主要环境污染源。作为放射性物质,氚是国际原子能机构(IAEA)和国家监督机构规定的安全监管对象,也是有关放射性物质扩散监管法规监管的对象。监测热核反应堆系统中氚存量的必要性主要有以下 4 点:

(1) 为防止工作人员和公众受到不可接受的辐照剂量,即超出允许剂量限值的氚排放至工作厂房空气的事故。

(2) 状况监控,即避免整个反应堆或者各独立系统中的氚总量超出监管机构在热核反应堆运行许可证中规定的临界值。

(3) 防止非法从燃料循环中提取氚。

(4) 在燃料循环中,保证有足够的氚维持反应堆正常运行。

为了防止异常事故发生,国家调控机构通常会限制“可转移氚”量,即在设备失效时释放到手套箱或工作厂房空气中的氚。该值根据事故后果确定，主要是基于工作人员或居住在热核反应堆附近的公众短期和长期受照剂量进行确定(见示例1.1)。

对于核设施，通常需要进行平衡区的物料衡算，即在设施的各平衡区以可靠的置信度和测量精度建立物料衡算。对热核反应堆的最低要求是确定氚的物料平衡是正确的。燃料循环包括氚工厂、内循环和外循环三部分。现在我们探讨这些区域中氚的平衡。

燃料循环中氚的总量可以用下面的物料平衡方程式表达：

$$A_{FC}=A_{IMP}+A_{SS(T)}+A_{PC}+A_{PPC}+A_{ISS}+A_{GDS}+A_{ADS}+A_{WDS}+A_{TBS}+A_{HC}-A_{EXP}-A_{DEC}-A_{FUS} \quad (6-30)$$

式中，A_{FC} 为衡算周期里燃料循环的总氚量；A_{IMP} 为上一周期后进入热核反应堆燃料循环系统的氚量；$A_{SS(T)}$ 为储存系统中滞留的氚量；A_{PC} 为等离子体室组件中滞留的氚量；A_{PPC} 为等离子体化学净化系统中滞留的氚量；A_{ISS} 为同位素分离系统中滞留的氚量；A_{GDS} 为收集并储存在气体除氚系统中的氚量；A_{ADS} 为收集并储存在空气除氚系统中的氚量；A_{WDS} 为水除氚系统中的氚量；A_{TBS} 为氚增殖系统中滞留的氚量；A_{HC} 为上一衡算周期后从等离子体室组件提取和从热室进入燃料循环进一步再处理的氚量；A_{EXP} 为从热核反应堆排出的氚量；A_{DEC} 为上一衡算周期后由于放射性衰变而损耗的氚量；A_{FUS} 为上一衡算周期后在热核聚变反应中反应掉的氚量。

热室氚的衡算方程可用下式描述：

$$A_{HC(t)}=A_{HC(t-1)}+A_{IMP(HC)}-A_{HC}-A_{DEC}-A_{W} \quad (6-31)$$

式中，$A_{HC(t)}$ 和 $A_{HC(t-1)}$ 为本次衡算 $A_{HC(t)}$ 和上次衡算 $A_{HC(t-1)}$ 时热室中的氚量；$A_{IMP(HC)}$ 为上一衡算周期后从等离子体腔室进入热室的氚量；A_{W} 为待处置放射性废物中残存的氚量。

对于从等离子体室提取出的和从出口到热室的同一根组件的氚衡算用下式描述：

$$A_{IMP(HC)}=A_{HC}+A_{W} \quad (6-32)$$

如第5章所述，除氚以后，组件中氚的分布不论是沿表面还是沿深度方向都是均匀的，浓度比除氚之前要低得多。这就能通过测量组件中的一个样品中的氚含量去评估整个组件中氚的总量，即找出 A_{W}。在组件除氚时，提取出的氚量，即 A_{HC} 量值，很容易测出来。

A 的不确定度取决于式(6-30)右侧各分项的不确定度。A_{IMP} 和 $A_{IMP(HC)}$ 通常具有很高的准确度，因为通常对输入和输出氚的测量使用高精度且重复性好的氚分析方法。下面探讨其他氚测量方法。

在等离子体中已经反应的氚量 A_{FUS} 和氚增殖模块中通过中子辐照锂产生的氚量 A_{TBS} 不可能直接实际测量。但是热核聚变反应中生成的中子的量可通过热核反应测量，也就是等离子体中燃烧掉的氚量和氚生产系统中生成的氚量。

储存系统中的氚量 $A_{SS(T)}$ 评定依赖于氚储存方法。以金属氢化物形式储存的氚主要使用 PVT－C 法或量热计；以气态形式储存的氚采用 PVT－C 法测量最准确。

气体和空气除氚系统以及水除氚系统收集的氚量(分别为 A_{GDS}、A_{ADS} 和 A_{WDS})的评定则比较容易实现。由于这些系统中的氚以水的形式收集，水量和氚在水中的浓度都能准确测量。为测量水中氚的浓度，通常使用精度和重现性较好的液体闪烁法。

同位素分离系统的氚量无法直接测量，只能通过间接法评定。例如，对于级联低温精馏柱，在稳定工况下，产品接近同位素丰度，即目标同位素丰度大于 99.9%时，使用计算机编程能够很容易计算出沿柱的同位素浓度曲线。利用工作条件下填充柱的填料上的液体氢滞留量和液氢回流量，可计算出柱中的氢量。计算机编程的置信度和核准液体氢的滞留量在热核反应堆氚工厂系统调试过程中可进行校验。

对未燃烧的等离子体的化学净化系统和等离子体腔室本身滞留氚量的测量问题最大。利用间接信息，无论是测量还是预测化学净化系统中的氚量，目前都是不可能的。为了确定该系统的氚量，应当在工业规模热核反应堆运行前就标定好。

等离子体室中的氚量主要取决于等离子体热屏蔽组件中滞留的氚量。这些组件在处理等离子体的过程中保留的氚和氘的比例取决于它们的化学成分。JET 反应堆的运行经验表明，对于碳基组件，该比例可达到等离子体室补给的百分之几十。当使用难熔金属时，滞留的氚量要低得多。当研究堆运行时，工作一定时间后等离子体腔室中滞留的氚量由供给等离子体腔室和返回的氚量之差所决定。即式(6-30)不是用来确定给定时刻燃料循环中的氚量，而是为评价处于等离子体室的总氚量。

从热室返回到燃料循环的氚量，主要是等离子体室组件在被作为放射性废物送往处置填埋点之前的除氚过程中提取出来的氚量。这些氚最大可能是以液体水的形式收集起来，并且采用与 A_{GDS} 和 A_{ADS} 相同的方法测量。

由于氚的放射性衰变，从燃料循环中损失的氚量按放射性衰变速率方程式很容易计算出来。

$$\mathrm{d}N/\mathrm{d}t = -\phi N \tag{6-33}$$

式中，$\mathrm{d}N/\mathrm{d}t$ 为氚的衰变速率；N 为在 t 时刻氚的量；ϕ 为衰变常数，它依赖于半衰期 $T_{1/2}$。

$$\phi = 1/T_{1/2} \tag{6-34}$$

氚的半衰期 $T_{1/2}$ 约为 12.3 a。这时，有

$$N_{(t)} = N_{(t-1)}\exp(-\phi - \Delta t) \tag{6-35}$$

式中，Δt 为 $t-1$ 和 t 时刻之间的时间间隔。

氚衰变的量按以下公式计算：

$$A_{DEC} = N_{(t-1)} - N_{(t)} = N_{(t-1)} - [1 - \exp(-\phi - \Delta t)] \tag{6-36}$$

为了最准确地进行氚的衡算，所用测量方法的置信区间对表征量值的准确性具有重要意义。现代定量测定氚的方法是基于它的放射性性质。下面介绍在氚设施上应用最多的气体和液体测量方法。

量热法利用氚放射性衰变热进行测量，对于纯氚，该值为 1.94 W/mol(T_2)。为了获得准确的数据，通常将储氚容器放入量热计中，达到平衡状态后测量。测量精度为几毫克氚[16]。针对 ITER 反应堆研制了连接到氚储存系统的氢化物容器的氚测量方法。例如通过测量储存容器吹扫气的气体温升的方法。

量热法在 JET 反应堆氚工厂的氢化物储存容器的应用结果表明[17]，与常规测量方法相比，在线量热法的测量偏差在−8%～+40%范围内。吸附和解吸的热效应使测量结果偏差较大，而且再现性差。因此氚工厂实际应用在线量热法的可能性很小。

气相色谱法。该方法需要一定的测量时间，并且需要将待测样品制备成气体样品。采用气相色谱法测量氢同位素已经在 JET 反应堆实际应用。从降低耗样量和缩短分析时间进行优化后的气相色谱法很有应用前景。

利用在线或非在线电离室可以测量气体中的氚浓度(后者包括样品取样)。电离室过去十分广泛地应用于氚装置中,现在也广为应用。它们的主要用途是监测工作厂房空气中的氚。表 6-8 中将该方法和气相色谱法的测量结果进行了比较。

表 6-8 厂房空气中氚浓度的气相色谱法和电离室法测量结果[18]

样 品	气相色谱法/%	在线电离室/%	非在线电离室/%
1	7.6	26.5	8.6
2	1.8	9.4	3.4
3	2.3	8.4	2.8

很明显,电离室测量结果偏高,不能用于氚的物料衡算。测量气体容积和气体同位素组成的方法称为体积法(PVT-C)。需要将待测气体充填到已标定容积的容器中,测量气体的压力、温度、化学组成和同位素组成,气体的体积用理想气体方程确定:

$$N=\frac{pV}{RT} \tag{6-37}$$

式中,R 为理想气体常数;V 为容器标定的容积;p 为气体压力;T 为气体温度。

为了测量储存容器中的氚量,PVT-C 法需要将氚解吸到已标定的容器中,测量后应当从容器中去除,两个过程均耗时较长。因此该方法在热核反应堆燃料循环条件下未必合适,而测量一定压力下容器中氚量的 PVT-C 法则大大简化且测量迅速。由于气体的压力和温度是连续测量的,所有时刻气体的量均已知。如果气体的化学浓度和同位素丰度未知,则需要进行测量。

热核反应堆运行中所采用的氚监督方式和测量方法严重不足。实验装置 JET 和 TFTR 很难满足反应堆中氚监测的准确测量需求。这就限制了反应堆的试验项目[18],甚至在日产率很小时,氚的再处理中(不超过总量的 20%)就可能出现为改变等离子体氚量而周期性停运,以及氚在系统中的分布和 JET 中总量不相符合的情况[16]。

液体氚的测量。人们对液体闪烁法及其仪器设备已经开展过很多研究,不仅可以测量水，还可以测量各种复杂的化学组分，或者由其他衰变放出β粒子和γ光子的放射性核素均能以很高的精度测量。

相比裂变反应堆，要了解给定时刻燃料循环中以及各系统中的氚量，对于工业规模的热核反应堆要困难得多，因为氚处于恒定的燃料循环中。各个系统中氚的测量误差决定了等离子体中的氚量误差。

氚测量的不确定度包括两类。第一类是系统工作参数波动引起的。例如，PVT法中气体的温度、气体的流速和同位素组分，液体在低温柱中的滞留等。第二类包括氚测量方法的精度和重现性，如取样代表性、制样误差、测量过程的统计学误差、分析程序的误差等，误差表明测定量值在多大程度上接近真实值。这类误差既包括系统误差，也包括偶然误差。总的误差评定应当包含这两类误差。

测量结果的不确定性可通过绝对误差和相对误差来表达。绝对误差通常通过标准偏差σ表示。例如，对于方程$f=\sum_{i}^{n} a_i x_i$，标准偏差可表达为

$$\sigma_f^2=\sum_{i}^{n} a_i^2 \sigma_i^2+\sum_{i}^{n} \sum_{j}^{n}{}_{(j=i)} a_i a_j \rho_{ij} \sigma_i \sigma_j \tag{6-38}$$

式中，ρ_{ij}为变量x_i和x_j之间的相关系数，它的变化范围为$-1\sim+1$。

如果$f(y, x)$是两个变量y和x的非线性方程，则式(6-38)中绝对误差可以表示为

$$\left(\frac{\sigma_f}{f}\right)^2=\left(\frac{\sigma_y}{y}\right)^2+\left(\frac{\sigma_x}{x}\right)^2+2\left(\frac{\sigma_y}{y}\right)\left(\frac{\sigma_x}{x}\right)\rho_{yx} \tag{6-39}$$

如果变量y和x相互之间不相关，则$\rho_{yx}=0$，式(6-39)变为

$$\left(\frac{\sigma_f}{f}\right)^2=\left(\frac{\sigma_y}{y}\right)^2+\left(\frac{\sigma_x}{x}\right)^2 \tag{6-40}$$

如果变量是正相关，则$\rho_{yx}=1$，式(6-39)变为

$$\frac{\sigma_f}{f}=\frac{\sigma_y}{y}+\frac{\sigma_x}{x} \tag{6-41}$$

比较式(6-40)和式(6-41)，按式(6-41)计算的相关变量的相对误差，任何时候都大于按式(6-40)计算的非相关变量的相对误差。因此，必须清楚氚的物料衡算方程式中的变量是相关还是不相关的。在燃料循环中变量式

(6 - 30)中，如 A_{PC}、A_{TBS}、A_{HC}、A_{FUS} 无疑是相关的，其余的可以认为是不相关的。

在进行氚监测时还有一个困难是如何降低等离子体室内和热核反应堆氚总量测量的误差累积。这是针对实验堆提出的要求，对工业规模热核反应堆也有同样的要求。某一平衡区氚的物料衡算与另一平衡区衡算结果的相关性，以及氚从一个平衡区向另一个平衡区的转移，都不可避免地产生误差累积。随着时间的推移，误差累积量可能达到与测量值同一量级。如果热核反应堆系统在燃料循环中的不确定度无法满足安全要求，则有必要停堆以核查各平衡区的氚量。

A_{IMP}、$A_{SS(T)}$、$A_{GDS}+A_{ADS}+A_{WDS}$、A_{EXP}、A_{DEC} 的测量精度远远高于式(6 - 30)中其他量值的测量精度。因此，它们对 A_{FC} 量值相对误差的贡献相对不大。考虑到式(6 - 30)中其余量值均相关，燃料循环中氚量的相对误差可用下式简化表示：

$$\begin{aligned}\sigma(A_{FC})/A_{FC} \approx\ & \sigma(A_{PC})/A_{PC}+\sigma(A_{PPC})/A_{PPC}+\sigma(A_{ISS})/A_{ISS}+ \\ & \sigma(A_{TBS})/A_{TBS}+\sigma(A_{HC})/A_{HC}+ \\ & \sigma(A_{FUS})/A_{FUS}\end{aligned} \tag{6 - 42}$$

如果燃料循环中氚的相对误差 $[A_{FC}(1+\sigma(A_{FC})/A_{FC})]$ 评定之后，超过了政府机构准许的临界值，热核反应堆应当停运，采取措施降低误差。为减少这类非生产性停堆，测量过程相对误差应维持在尽量低的水平。

在线和实时测量补给等离子体室气体、从等离子体室抽取出的气体、补给同位素分离系统和分离产品的流量和同位素丰度能在很大程度上降低误差积累。需要解决的主要技术问题是如何在很小的取样量下获得精度高、重现性好的化学组成以及同位素丰度的快速测量的设备和方法。到目前为止已知的分析方法中只有微色谱仪可以满足上述要求。

从核安全的观点出发，在热核反应堆正常工况下和事故工况下，保护公众和环境的氚屏蔽系统应当在通过鉴定后应用。这类系统包括工作厂房空气除氚系统和用于物料衡算和监督事故工况下厂房空气中的氚监测系统。按照国际规则，鉴定是获取反应堆运行许可证必不可少的条件[19]。在更广泛的意义上，鉴定意味着在所有运行条件，包括正常工况、偏离正常运行工况和事故工况下，系统必须都证明具有保证安全运行的能力。

有如下三种鉴定方法：

1）试验法

这种方法最受欢迎，它包含系列试验。这些试验在热核反应堆的设备上进行。试验条件包括正常运行条件和反应堆设计中的假想事故。试验条件和试验顺序都要在标准中详细描述。

2）分析法

该方法要求有分析模型，由监督许可的政府部门批准。该方法应用于下列情况：

（1）分析整体机械完整性。

（2）对简单部件的评价分析（如管道部分、容器等）。

（3）单一因子影响评价（如地震震动、温度等）。

（4）在地震负荷条件下的机械完整性评价（指不具备试验条件的）。

（5）易于模拟的设备以及不具有复杂功能的设备。

3）经验法

该方法是对其他方法的补充。它的局限性在于要求装置的设计及其运行条件与参考的经验装置的参数相同。

毫无疑问，可以将这三种方法结合使用。由于对第一个工业规模热核反应堆缺乏经验限制了前两种方法的使用。仅第一个方法展示了比较详细防止辐射污染、保护公众和环境的工艺，其装置和系统是可接受的。

截至目前，暂时还没有鉴定热核装置的经验和标准，在 ITER 反应堆获得许可时有可能获得一些有益的经验。

参考文献

[1] Evaluation of facilities handling tritium, Canada's Nuclear Regulator, Report INFO - 796, 2010, 49 P.

[2] Беловодский Л. Ф., Гаевой В. К., Гримановский В. И. Тритий. М.: Энергоатомиздат, 1985. 247 с.

[3] Bell A. C., Williams J., Neilson J. D., Perevezentsev A. Detritiation processes needed for JET operation and their wider applicability//Fusion Science and Technology. 2002. No. 41. P. 626 - 631.

[4] Laesser R. et al. Overview of the performance of the JET Active Gas Handling System during and after DTE1//Fusion Engineering and Design. 1999. No. 47. P. 173 - 203.

[5] DOE Handbook, «Tritium handling and safe storage», DOE - HD - BK - 1129 - 2008, USA, 343 p.

[6] Hsu R. H. Confinement and tritium stripping systems at APT Tritium Processing, Westinghouse Savannah River Company, WSRC - RP - 97 - 0087, Rev. 1, 1997. 92 P.

[7] Sabathier F. , Brennan D. , Skinner N. , Patel B. Assessment of the performance of the JET Exhaust Detritiation System//Fusion Engineering and Design. 2001. No. 54. P. 547 - 553.

[8] Malara C. , Ricapito I. , Edwards R. A. , Toci F. Evaluation and mitigation of tritium memory in detritiation dryers//Journal of the Nuclear Materials. 1999. No. 273. P. 203 - 212.

[9] Allsop P. J. , Senohrabek J. A. , Miller J. M. , Romaniszyn E. F. The effects of residual tritium on air-detritiation dryer performance//Fusion Technology. 1992. No. 21. P. 599 - 603.

[10] Stork D. et al. Systems for the safe operation of the JET tokamak with tritium// Fusion Engineering and Design. No. 47. 1999. P. 131 - 172.

[11] ASHRAE Handbook Fundamentals, American Society of Heating, Refrigerating and Air-Conditioning Engineers. 2009, Atlanta.

[12] Coulson J. M. , Richardson J. F. Chemical Engineering. Vol. 2, Butterworth Heinemann, Fourth edition, 1999. 979 p.

[13] SULZER Chemtech, Structured Packings for Distillation, Adsorption and Reactive Distillation, Products Catalogue, 2015(http://www. sulzer. com).

[14] Morbidelli M. , Varma A. A generalized criterion for parametric sensitivity: application for thermal explosion theory//Chemical Engineering Science. 1988. Vol. 43(1). P. 91 - 102.

[15] Eigenberger G. Fixed-Bed-Reactors, Ullmann's Encyclopaedia of Industrial Chemistry, v. B4, 1992, 199 - 237, Wiley-VCH Verlag GmbH.

[16] Bell A. C. , Brennan P. D. JET tritium inventory-control and measurement during DT, shutdown and DD operational phases//Fusion Engineering and Design. 2001. No. 59 P. 337 - 348.

[17] Perevezentsev A. , Hemmerich J. Tritium accounting by in-situ calorimetry of the JET uranium containes//Fusion Science and Technology. 2002. No. 41. P. 797 - 800.

[18] Bell A. C. et al. Tritium inventory control — the experience with DT tokamaks and its relevance for future machines//Fusion Engineering and Design. 2003. No. 66 - 68. P. 91 - 102.

[19] Equipment qualification in operational nuclear power plants: upgrading, reserving and reviewing, International Atomic Energy Agency, safety reports series No. 3, 1998.

第 7 章
燃料循环和安全系统的模拟

上述诸章中针对燃料不同的储存和再处理系统工艺及设备的研究证明，可推荐与现代实验反应堆相比大大简化的工业规模热核反应堆的燃料循环。

在工业规模反应堆中可以标出三个主要的场景：

(1) 含燃烧等离子体的正常工作。

(2) 等离子体室调节(如去除组合体表面的杂质，降低等离子体室中维持的氚量)。

(3) 等离子体室中的维修工作。

对于发电的工业规模热核反应堆来说，达到商业效率要求带有负荷因子进行运转，即等离子体燃烧时间与反应堆处于正常运行工况的总的时间之比要接近于 1。对于现代的(JET、TFTR)和将来的(ITER)研究性反应堆，未提出这样的任务。托卡马克或仿星器热核反应堆具有很高的负荷因子，要求等离子体连续燃烧或者在长脉冲和脉冲之间很短的时间间隔工况下工作。具有等离子体惯性约束的热核反应堆应当具有高频脉冲下工作的能力。

除了等离子体燃烧工况之外，从等离子体室抽出的未反应的燃料流的波动程度，是强烈影响燃料循环所有组成部分的工作状况的因素。在含等离子体连续燃烧和连续抽出未反应的燃料混合物的工作着的热核反应堆中，燃料循环将在稳态工况下发挥作用。在含等离子体脉冲燃烧和用再生泵抽出未反应的燃料混合物的热核反应堆中，燃料循环将在准稳态工况下运行。传统地使用至今的低温泵仅工作于周期性工况下，因为它需要再生。不久之前曾展示了使用不需要再生泵的可能性，例如，过去广泛使用于真空技术中的水银扩散泵[1]。

低温泵既可以作为低温吸附板，也可以作为低温冷凝板使用。前者气体是在温度高于其液化或凝固温度的低温下被吸收剂吸收，而后者是在比液化或凝固温度低一些的温度下工作，低温板的工作温度可以是接近液体氦或氮的温度。在JET反应堆中[2]，燃料混合物组分（氢同位素）是用低温冷凝泵抽取的，该泵的板的工作温度接近液体氦温度（约－269℃）。但是，对于含相对较大燃料燃烧速率的反应堆，由于生成的氦[见反应式(0－1)～式(0－6)]“覆盖”了板，将导致抽取速率大大降低。因此对于ITER反应堆预先规定使用低温吸附泵，低温吸附泵将抽取包括氦在内的所有气体。很大的气体抽取流量和受限的泵的吸收容积要求定期进行泵的再生。在将板加热到约－173℃时，氢的解吸将足够快地进行。因此低温吸附泵工作于循环工况之下：冷却到工作温度，在抽取工况下工作，加热用于氢的解吸，氢的解吸重新冷却到工作温度。一个泵再生时，应当启用另一个泵从等离子体室中抽取气体。由于等离子体室容积很大，几何学上从等离子室均匀地抽取未燃烧的燃料和杂质需要同时使用好几台泵。

从等离子体室抽出的未燃烧的燃料，要求在将它输送到氢同位素分离装置之前予以化学净化。正如在第3章中显示的，在适用于大气体流量的且具有高处理率的方法中，利用钯合金膜扩散分离对氢气进行净化是最合适的。鉴于氢透过钯膜的速率随膜的入口侧氢的压力和膜双侧压力差的增加而增长[见式(3－1)]，为了保证气体所要求的净化速率，钯膜反应器必须在其入口维持足够高的压力，而在出口维持足够低的压力。为了降低从等离子体室抽出气体的气体流波动对氢气压力的影响，通常规定在净化系统入口气体要预先予以缓冲。

未燃烧燃料中的气态杂质在约－173℃温度下不解吸，并且将在吸收剂中积累起来。这将导致板吸附容量和抽取速率的降低。为了降低吸收泵上的负荷，通常用低温冷凝泵抽取气体混合物，将非氢气体杂质预先从中去除。工作温度为－196℃的泵曾用在JET反应堆中[2]，并规定将用于ITER反应堆。冷凝板的再生要求将其加热到室温或更高。由于未燃烧的燃料中杂质气体的含量和泵的容量相比不高，它们的再生需求相对较少。

等离子体室调节的必要性或许由以下三个主要原因决定：

(1) 以改善点火和维持等离子体燃烧条件为目的而净化等离子体组合件表面，去除吸收的气体。

(2) 为了维持等离子体室中保留的氚量在反应堆运行许可证准许的临界限值范围之内。

(3) 在维修工作准备时降低等离子体室的氚污染水平。

为调节等离子体室所尝试的不同方法之中[3]，值得一提的有如下几个：

(1) 含氘(无氚)等离子体的工作。采用该方法主要是为了降低等离子体室中氚的量。

(2) 用低能电离气体处理组合件表面。该方法的应用主要是为了完成两个首要任务。气体电离可以不同的方式实现：电阻加热、无线电频率加热、电子回旋共振加热、辉光放电等。作为气体介质，通常使用氘和氧，氘置换等离子体室组合件中俘获的氚。

(3) 用气体吹扫等离子体室，使其热力加热。使用能参与和氚同位素交换(如气态氘、水蒸气等)的气体时，按这种机制去除氚，将额外地导致氚的热解吸。该方法可用于解决上述等离体室调节的三个任务。

很明显，从等离子体室出来的氚流与前面提到的热核反应堆工作场景方案用的量值之间，有几个数量级的差别。尽管未反应燃料的处理需要化学净化系统，但经等离子体室电离处理后或热吹扫后的气体可能会直接输送到气体除氚系统。

从以上所做的研究和探讨可做出结论，在等离子体正常工作时，燃料循环将在正常工况或准正常工况下工作。在进行不与未燃烧燃料再处理相关的操作，如为排除积累的杂质气体的低温冷凝泵的再生、调节等离子体室元素、去除等离子体室积累的氚等这样的操作时，燃料循环系统将在待机工况下工作，但气体和水的除氚系统除外。当燃料循环处于这一工况时，我们将更详细研究和探讨气体和水除氚系统的工作。

在与未燃尽的燃料再处理不相关的操作中生成的气体流中氚的质量含量，即使在这些气体的比放射性足够高时，相对来说仍是很低的。这些气流用化学净化系统再处理是既困难又不合理的任务。气体流中空气元素的存在使得应用 CXO(化学净化系统)可能性的概率变得很小。因此，气体除氚系统是用于这种气体流除氚的主要系统。在气体除氚系统中最大的氚流量可以预料与用于排除等离子体室积累的氚所用的气体流相当。在研究工作[3]中表明，用空气吹扫为从等离子体室组合件释放氚给出了最佳的结果。氚从等离子体室组合件中脱气的初始速率，在第 5 章中评估出的是每天为组合件中总氚量的 1%量级，氚主要以水蒸气的形式进入气流中。在使用大气空气作为吹扫气体时，在气体除氚系统中生成的水中氚的浓度将在几百居里每千克的水平上。氘作为燃料混合物的元素也将在等离子体室组合件中积累，并和氚一起进入气体除氚系统中，进入气体除氚系统中的气体化合物形式的氚和氘将变换为水的形式。

如果用气体除氚系统对与未燃烧燃料后处理无关的所有操作中所产生的气流进行去氚化操作，将会产生氘含量足够高的高放射性氚化水，然而，这样的水中，主要的氢同位素是氘。填埋高放射性毒性的水在经济上不可行，因此，应对其再处理，目的是使氚返回到燃料循环中。此类再处理的产物应当是满足热核反应堆燃料要求的气态氚和对于重复利用或排至环境均能接受的残存氚含量的氘。在第 2 章中我们研究探讨过各种不同的储存大量气体氢同位素的方案，对于含氚量低的氘我们使用以重水形式的储存方法。这种水用第 2 章和第 4 章探讨过的工业电解方法可很快变换为气体氘，这时气态氘的化学纯度是很高的，它的量和气流均很容易调节。

为了从水中去除氚，要求预先在水除氚系统(CДB)中浓缩及其后在氢同位素分离系统中获得纯净的气态氚。因此，同位素分离系统(CPИ)应当设计成不仅用作未燃烧燃料中氢同位素的分离，还要用作从水除氚系统来的氢气流的再处理。气体除氚系统会使水中存在氘，其浓度水平高于天然水中氘的浓度水平，将对水除氚系统和同位素分离系统的设计和工作产生很大的影响。

从同位素分离并获取纯氚的可靠性、高生产率和高效率的观点出发，当今为了分离氢同位素除了低温精馏别无他途。为了处理量不多的气体，可以利用诸如气体色谱等其他的同位素分离方法。氢同位素分离的具体实施必须和反应堆的安全保障一起探讨。低温精馏氢同位素分离系统不可避免地将有几百摩尔氚的滞留，而其主要的量又处于生产氚产物的柱子之中。同位素分离系统中所有氢同位素的总量可以达到几百甚至上千摩尔。如果同位素分离装置安置于含空气大气的厂房中，则它的密封性丧失将导致几十立方米的气态氢与空气相混合，并可能生成爆炸性混合物。爆炸对燃料循环其他系统、建筑物的完整性和环境等方面都会造成负面后果。因此，安全规则规定了对装置的设计和运行的要求，满足这些要求可保障预防产生不可接受的事故后果。对于研究性反应堆来说，满足这些要求的通用解决方案是引入系统中对氚和所有氢同位素量的限制，对于氢的低温精馏装置保证履行这种要求足够困难。另一个解决方案基于同位素分离系统密封丧失事故时防止氢爆炸和氚进入环境中，这时，同位素分离系统中氚量和氢的总量的限制不是必须的。这一途径通过将同位素分离系统安置于含惰性气体并能承受所有液体氢蒸发时所产生压力的真空密封金属容器中，这得以能保障同位素分离系统的安全，并去除对分离产物中氚含量的工艺限制。装置可以生产所有三个产物：具专门技术规格、能直接将其用于燃料循环且无须额外处理的氚和氘，以及其后除氚并排至环境介质的氕。

燃料循环工作简略的组织方案如图 7-1 所示。未反应的燃料混合物和杂质气体由真空系统抽取，主要包含氢同位素的气体流，如未反应的燃料混合物供给化学净化系统，该系统中氢同位素化学净化及去除杂质后导入同位素分离系统。含残留氚量的气态杂质气体供给气体除氚系统以初步除氚，其后至大气除氚系统，以在排放至环境之前最终除氚。含痕量氚的气体流，如等离子体室吹扫气体，直接从真空系统导向气体除氚系统。气体除氚系统也接收从其他系统来的气体流和手套箱吹扫气体流并进行除氚，手套箱中安置有这些系统（如化学净化系统）。大气除氚系统净化以气体形式存在的，来自氚污染厂房的空气。气体除氚系统和大气除氚系统将含氢气体转化为水，然后把水导向水除氚系统进行再处理。

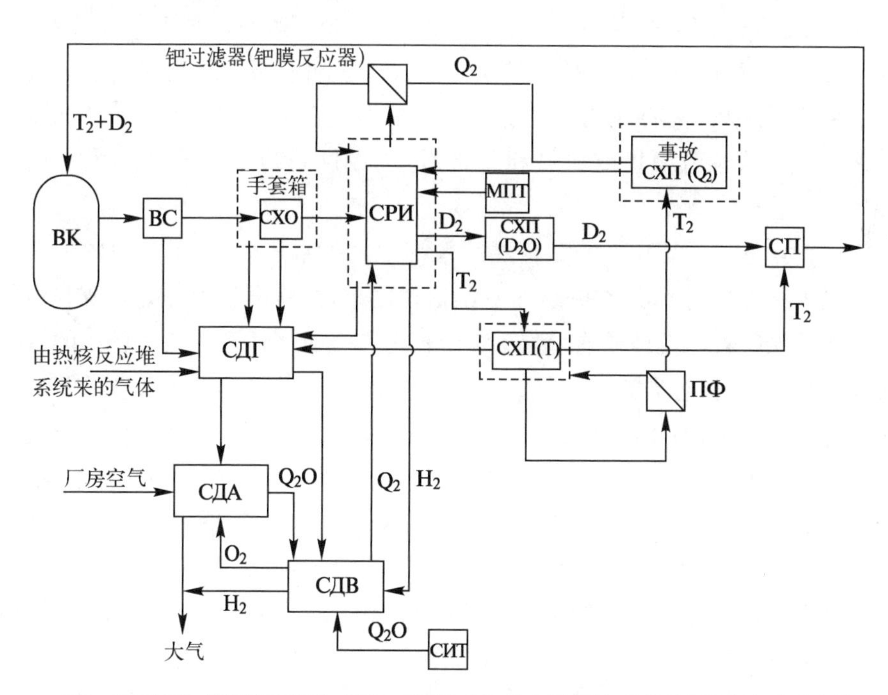

ПФ—钯过滤器，即钯膜反应器；虚线—高真空密实性金属容器，并设计用作氚与惰性气体混合物气氛中高压下工作；ПерЧат. Бокс—手套箱；Газ из систем ТЯР—由热核反应堆系统来的气体；Воздух помещении—厂房空气；Аваринная—事故的；Атмосфера—大气；ВК、ВС、СХО、СРИ、СИТ、МПТ、СХП、СП、СДГ、СДА、СДВ 请见缩略语表。

图 7-1 热核反应堆燃料循环简略方框图

同位素分离系统再处理氢同位素混合物，以获取三种产物：① 氚产物——高同位素丰度的氚-导向氚储存系统[CXΠ(T)]。② 氘产物——含可接受的低氚和氕含量的氘-导向氘储存系统。③氕产物——含可接受的低氚含量的氕-导向水除氚系统除氚，并排向环境。作为气体氚的储存工艺采取使用压力容器的方案。这一工艺的明显优越性在第 2 章中做过描述。作为氘的储存工艺采取将它以低残余氚和氕含量的液态重水的形式储存。为了从液态重水中生产气体氘，采用的是水的电解方法。

水的除氚系统承担来自气体除氚系统、大气除氚系统和从等离子体室组合件氚提取系统来的氚化水以及来自同位素分离系统的气态氢的再处理。利用电解方法使氚化水变换为气态氢和氧。氧预先去除残存量的水蒸气和气体氢，再导向大气除氚系统以最终除氚，并排放至环境。主要的气体氢流供给同位素交换柱以除氚，并排放至环境。部分气体氢流在去除残留水蒸气和气体氧的补充化学净化后输送到同位素分离系统，该系统去除其中的氚和氘，然后将氚和氘已贫化的氢气流返回水除氚系统的水同位素交换柱中。为维持热核反应堆闭合燃料循环中氚和氘的物料平衡，从水除氚系统进到同位素分离系统的氢流，其中氚和氘的浓度应当可以保证，即使在正常工况下工作的同位素分离系统中从氢流中提取出氚和氘之后，水除氚系统中也不会产生它们的积累。

同位素分离系统和氚的储存供给系统中发生事故时，处于其中的大量氚可能进入工作厂房气氛之中，为了杜绝这样的事件，将同位素分离系统和氚的储存供给系统置于设计成能承受系统密封全丧失时所达到的最大压力的密实金属容器之中，该容器充填惰性气体。在考虑容器真空密实度水平的情况下来选择气体压力，对于高气密性容器，压力可以低于厂房空气压力，对于气密实性不很高的容器，惰性气体压力可高于厂房空气压力。在任何情况下，漏进容器的氧可经带有“热吸气器”的反应器循环，连续地或周期性地从惰性气体中去除。为了分离出同位素分离系统和氚的储存供给系统事故密封丧失情况下从这些系统进入容器大气中的气体氚，预先设计其及时与惰性气体隔断，具体方法是经钯膜反应器(基于钯合金膜)循环并压缩纯氚至事故储存系统。在为进行维修工作打开容器之前，含残留量氚的惰性气体经大气除氚系统排至大气中。

下面探讨主要燃料循环系统中哪些需要模拟。

未反应燃料的化学净化系统(CXO)对其同位素组分随时间取平均值，并将氢同位素气流供给同位素分离系统。含等离子体工作时，同位素分离系统将处于稳态或准稳态状况下工作，不要求它在动态工况下工作，要它在动态工况下工作是实验性热核反应堆的计划。稳定状态下模拟通过氢的精馏来分离它的同位素已研制得足够好，在氚储存系统和氢同位素事故储存系统中，气体压缩方法的使用得以能保障它们按任何组合要求进行气体的接收和供给工作。这时，为选择用于储存氢同位素系统的设备，不需要对其模拟。基于水蒸气吸收方法，气体除氚系统的设计，通常按照经很好研制过的保守解决方案予以实施，即利用水蒸气吸收过程的热力学和动力学特性，在这种情况下也不需要进行过程的任何模拟。基于洗涤器柱子中新的除氚工艺的气体除氚系统和大气除氚系统的设计，既要求在动态工况下，也要求在稳态工况下模拟它们的工作。对于基于 CECE 过程的水除氚系统也要求进行模拟。

综上所述可得出以下结论，工业规模热核反应堆燃料循环工作的模拟可归结为动态工况下大气除氚系统的模拟，以及稳态工况下水除氚系统和同位素分离系统的模拟。其他系统的工作不需要模拟。图 7-2 展示了燃料循环中这些系统之间的关联。

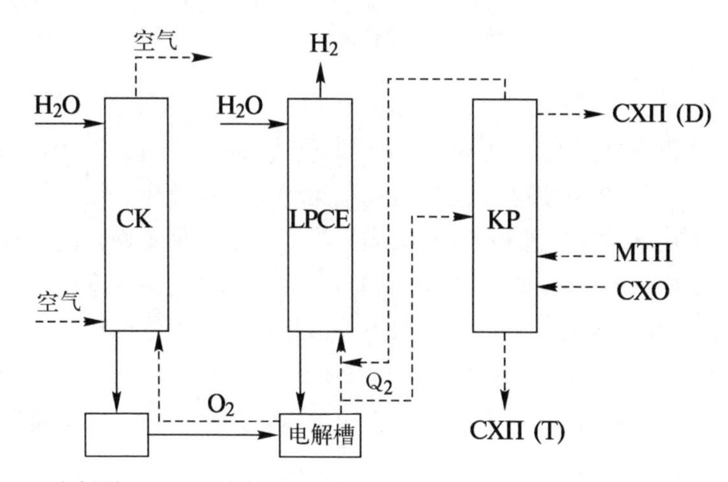

洗涤器柱子(CK)—大气除氚系统；LPCE 柱—水除氚系统；精馏柱(KP)—同位素分离系统中柱子的级联；Q_2—任一氢同位素混合物。

图 7-2　大气除氚系统、水除氚系统和同位素分离系统的集成方框图

7.1　大气除氚系统

大气除氚系统中，不管是在热核反应堆正常运行还是在氚事故排放至工作厂房时,进行气体再处理的工作都将是对量和组分变化着的气体流进行再处理。因此在大气除氚系统中洗涤器柱子的模拟应当模拟柱子的动态状况。专门为清除事故时使用的洗涤器柱子的模拟,应当包括启动周期以及对输入气体流和水流参数变化的应答。对于热核反应堆正常工作时恒定运行的柱子,主要是对输入气体流量参数变化的应答的模拟。

柱子启动周期期间其出口气体中典型的氚浓度变化动态曲线示于图 7-3。

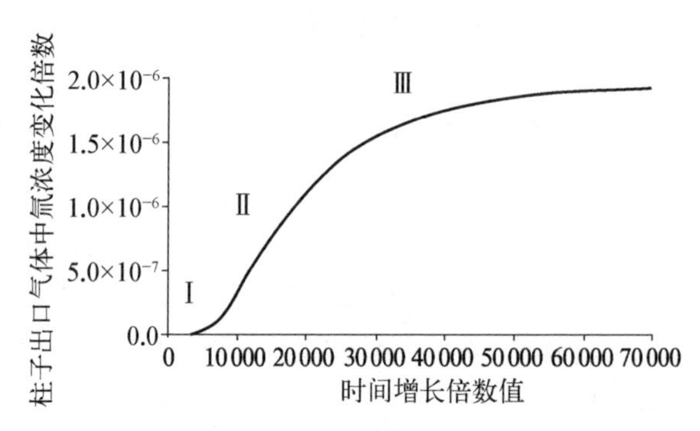

图 7-3 启动周期期间洗涤器柱子出口除氚气体中典型的氚浓度变化动态曲线

可以区分三个特征性的区段。在柱子启动后的开始时期(Ⅰ)柱子出口的氚浓度低于发现的限值,因为填料上的水一开始不含氚,并且因为与水蒸气的反向同位素交换,实际上全部氚从沿柱子运动的气体流中去除。在这一时期氚在填料上的水中剧烈地积累,并形成沿柱子的氚浓度谱面。随着这一周期的结束,氚在柱子出口出现,它的浓度上升,沿柱子高度的浓度谱面接近稳定状态,这正是第Ⅱ区段所展示的。如果补给气体中氚的浓度以及补给气体和水流量均不变,则柱子达到第Ⅲ区段所展示的稳定状态,即带有恒定的沿柱子高度的氚浓度谱面,以及柱子出口和水中的恒定氚浓度。达到第Ⅲ区段意味着启动周期结束。

所测得的除氚因子,即柱子入口水蒸气中氚同位素浓度和它在柱子出口的比值,在柱子启动周期期间将从无限大变到由式(6-15)所决定的稳定值。启动周期的持续时间随柱子中填料层长度的增加而增大,这是由填料上滞留的水量增加所决定的。

补给气体流中氚浓度变化时,柱子出口处的已净化气体流中氚浓度的变化动态,将有别于图 7-3 所显示的情况,并分成含饱和器工作的柱子或无饱和器的柱子。在补给气流中含变化氚浓度的场景,包括氚事故排放之后工作厂房气氛的净化，经大气除氚系统的气体吹扫等离子体室除氚，热室大气的除氚，热室中储存着从等离子体室中提取出的遭受氚污染的组合件。

现在我们就大气除氚系统对这一场景做更详细的探讨。在大气除氚系统工作时，为维持发生了事故氚排放的厂房内空气的给定压力，应引入新鲜空气。厂房大气中氚浓度(C)由以下微分方程式描述：

$$V(\mathrm{d}C/\mathrm{d}t) = -GC \tag{7-1}$$

式中，G 为新鲜空气流入厂房的速率；V 为厂房中的空气体积。该式具有类似于方程式(1-8)的解：

$$C = C_0 \exp(-Gt/V) \tag{7-2}$$

氚的浓度可用空气体积比活性单位(C)来表达，或者空气中水蒸气质量单位(C_n)来表达。这些值与经厂房中空气的湿气含量(Ω)相关。

$$C_n = C/\Omega \tag{7-3}$$

空气中氚浓度的变化动态展示于图 7-4，以通过大气除氚系统中空气抽取的方式，在压力低于大气压之下维持的空气恒定含湿量和厂房内空气恒定进气速率为例展示于图 7-4。

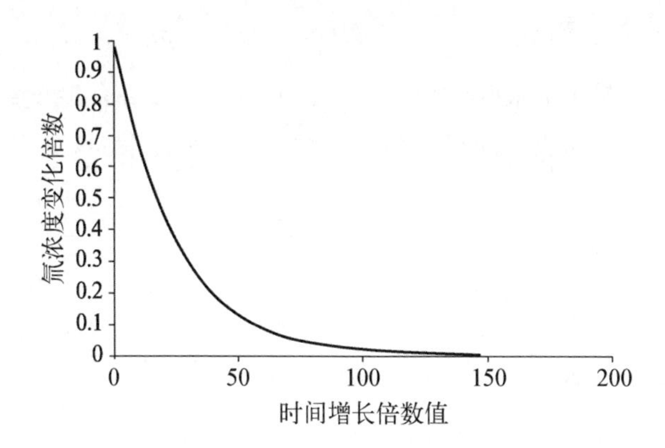

图 7-4　氚事故排放后，与大气除氚系统连接的厂房内空气中氚浓度变化动态(针对空气进气速率 $G/V=4\%/h$)

与氚向厂房事故排放的区别在于，等离子体室或“热室”厂房的除氚是一个把被氚污染材料中的氚长期脱除至大气中的过程。为了等离子体室或“热室”大气的除氚，气体中氚浓度变化动态用下式描述：

$$V(\mathrm{d}C/\mathrm{d}t) = -GC + \beta A \tag{7-4}$$

式中，G 为大气除氚系统中的气体流量；A 为氚脱气的材料中的氚量；β 为脱气速率。

在恒定的 G 和氚的脱气速率 β 下确立稳定状态，其时从材料中释放出来的所有氚都转移至大气除氚系统中，即 $GC = \beta A$。这时等离子体室中或"热室"材料中氚量变化动态可由类似于式(7-2)的下式描述：

$$A = A_0 \exp(-\beta t) \tag{7-5}$$

相应地，供到大气除氚系统的气体流中氚的浓度也将按指数规律变化。因此，从伴随补给气体供到大气除氚系统中的氚流量随时间变化的观点出发，等离子体室的除氚类似于氚向工作厂房的事故排放。

对于无饱和器工作的、含洗涤器柱子的大气除氚系统，柱子入口处气体中的氚浓度等于初始气体中的氚浓度。对于采用饱和器以预先润湿气体的大气除氚系统情况则不同，带饱和器的洗涤器柱子的工作展示于图 6-12。补给洗涤器柱子的气体，将由经饱和器循环的水蒸气饱和。作为气体和液体直接接触的填料柱子所使用的饱和器，将不仅润湿气体，还实现水蒸气和液体水之间的同位素交换。饱和器罐里水中氚的浓度由以下方程式描述：

$$V_{\mathrm{B}}(\mathrm{d}C_{\mathrm{B}}/\mathrm{d}t) = G\Omega(\mathrm{d}C_n/\mathrm{d}t) - L_{\mathrm{O}}C_{\mathrm{B}} \tag{7-6}$$

式中，V_{B} 为饱和器罐中水的体积；C_{B} 为饱和器罐水中氚的浓度；C_{n} 为空气水蒸气中氚的浓度；L_{O} 为从饱和器罐出来的氚化水流量；Ω 为气体中的湿气含量。

方程式(7-6)的解为

$$C_{\mathrm{B}} = (G\Omega C_{\mathrm{n}}/L_{\mathrm{O}})[1 - \exp(-L_{\mathrm{O}}t/V_{\mathrm{B}})] \tag{7-7}$$

此结果表明，饱和器水中氚的浓度将随时间而变化，并达到一个最大值，如图 7-5 所示。

这一浓度比提供去除氚的空气蒸气中的氚浓度(C_{n})低几个数量级。只有罐中水高速交换时(如 $L_{\mathrm{o}}/V_{\mathrm{B}} = 0.01$)，两者浓度才接近。依靠用饱和器罐中水的同位素稀释，从而大大降低供到洗涤器柱子的空气水蒸气中氚的浓度，这将相应地降低氚从洗涤器柱子进到环境的流量。这一正面效应可以与洗涤器柱子工作在等温工况下，向表 6-3 中所展示的绝热工况过渡时除氚因子的增加相比拟，甚至超过。

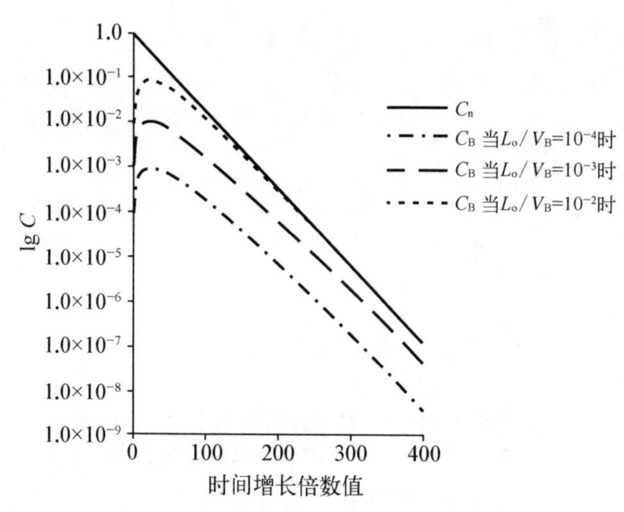

图7-5　供去除氚的空气蒸气中氚浓度(C_n)和含饱和器工作的洗涤器柱子中氚浓度(C_B)随时间的变化

使用解析和实验确定的质量传递系数，能可靠地进行所期待的填料柱子除氚因子的计算。柱子工作动态预测对氚排放至工作厂房事故后果的评定很重要，它需要数字式模拟。通过对化学过程的计算机模拟方法这一任务能足够容易地予以解决。但由于这是很窄的专业化应用，为描述气体除氚用洗涤器柱子工作的商业模型还不存在。

成功描述了空气除氚洗涤器柱子动态和稳定状态的计算机代码在文献[4]中描述过，该文献描述的是等温工况下的工作，对代码进行扩展以描述绝热工况，并得以能计算柱子中氚积累动态及沿柱子和饱和器的蒸气和液体中氚浓度谱面的变化。通过与空气中恒定氚浓度的空气除氚实验的数据进行比较，在图7-6上展示了数字模拟结果的相符性。图7-6显示了在柱子出口空气中氚的测量浓度和计算浓度。

可利用编程分析洗涤器柱子出口处水蒸气中氚浓度对其工作参数变化的影响。图7-7～图7-9显示出在不同的工作参数变化时计算的输出曲线的变化情况，并将它们与实验数据比较。从图的分析可以看出，对量值λ变化的影响最大。从图7-7看出，λ值改变±5%，导致除氚空气中氚浓度变化±55%。

在保持量值λ恒定时，同时改变气流和补给水流量，如图7-8上表明的那样，导致浓度发生微小的变化(仅±9%)。

洗涤器柱子对级联上和质量传递效率上的波动也不太敏感。如图7-9所示，总的质量传递系数变化±5%导致的除氚空气中氚浓度变化为±15%。

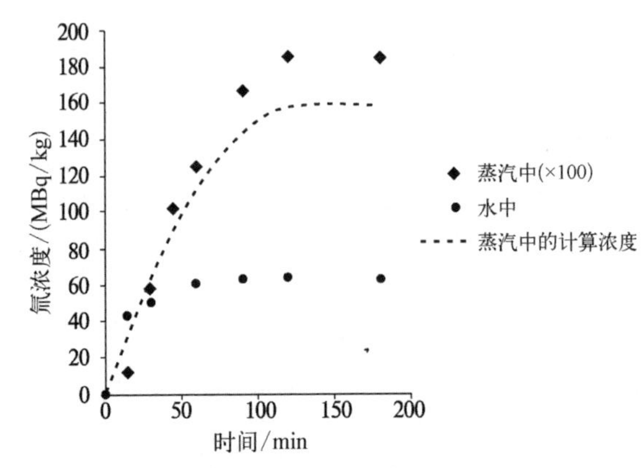

图 7-6 在等温工况下,空气除氚柱子中向上的水蒸气和向下的液体水中氚浓度计算值与测量值的比较

注:(进行试验的条件)柱子中填料层的长度为 1.1 m,量值 $\lambda=1.0$,温度为 25℃,气体的线速率为 1.0 m/s。

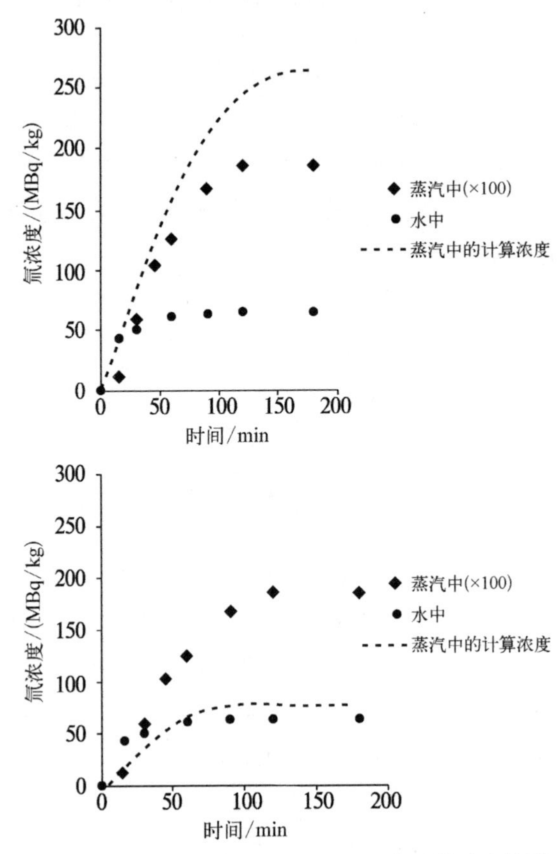

图 7-7 与实验测定值比较时 λ 值对氚计算浓度的影响

注:$a-\lambda$ 值比图 7-6 获得的实验数据高 5%,$\sigma-\lambda$ 值比图 7-6 获得的实验数值低 5%。

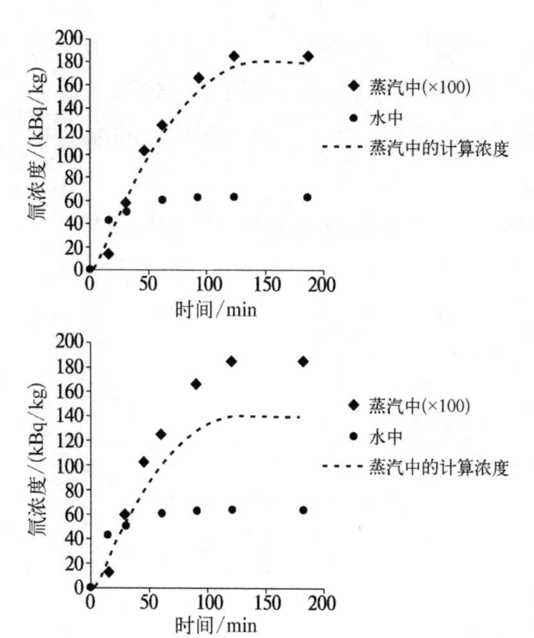

图 7－8 在保持 λ 量值时，水蒸气和水流量的同时改变对输出曲线的影响

注：$\alpha-L$ 和 G 比图 7－6 所获实验数值高 5%，$\sigma-L$ 和 G 比图 7－6 所获实验数值低 5%。

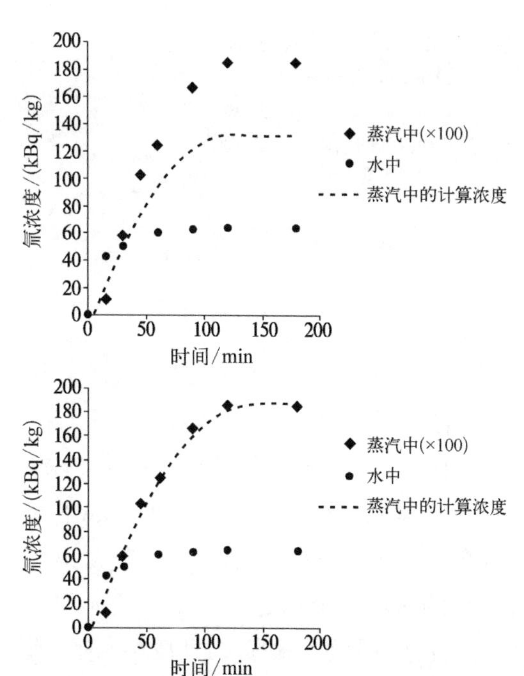

图 7－9 总的质量传递系数对氚的输出曲线的影响

注：$\alpha-K_{or}$ 比图 7－6 所获实验数值高 5%，$\sigma-K_{or}$ 比图 7－6 所获实验数值低 5%。

填料上液体滞留量变化，例如，由于气体流量或补给液体流量的变化引起的，对蒸气中氚浓度的输出曲线没有任何明显的影响。在相对高的除氚因子下(图 7-6 中，在稳定状态下除氚因子约为 400)，柱子出口液体中氚的浓度对柱子工作参数的变化总体上不敏感。

对于绝热工况下工作的柱子，数字模拟结果与实验数据相符(见图 7-10)。编程足够可靠地描述了含填料部分和除氚因子高的洗涤器柱子在稳定状态下(图 7-10 展示的实验中测得的除氚因子为 2.5×10^4)的工作动态。除氚后的蒸气中的计算浓度为试验测定值的 1/4。

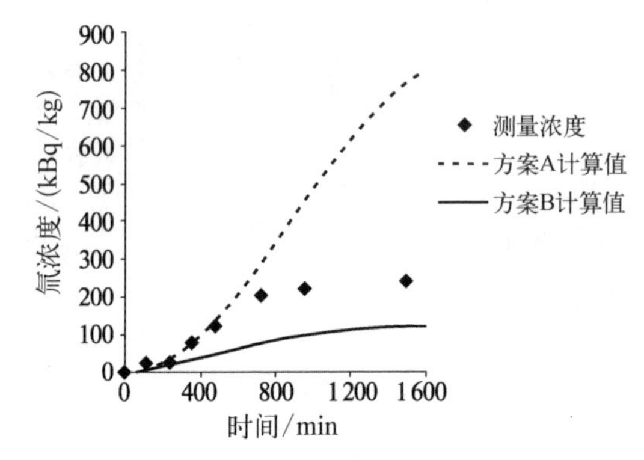

图 7-10　λ 量值对在绝热工况下工作的柱子中水蒸气中氚浓度输出曲线的影响

注：方案 A—λ(λ=1.0)比所获实验数据时的数值高 5%；方案 B—λ(λ=1.0)比所获实验数据的数值低 5%。柱子中填料层高度为 4.8 m。

7.2　水除氚系统

正如前面所指出的，在大气除氚系统中产生的，然后经 CДВ 再处理的氚化水可能不仅含氚，还含有氘。由于氘的浓度很低(10^{-6} 的水平)，在供氢气流到同位素分离系统之前，应预先将其富集。因此，CДВ 不仅要履行从水中深度提取氚的功能，还要完成其富集功能。在氚放射性衰变时生成的 β 粒子作用下水的自辐射分解，以及 β 粒子对与水直接接触的材料的作用，使得富集产物中氚的浓度受到限制。CДВ 中所要求的最小除氚因子取决于所选择的工艺。如果除氚产物是水，则必须将其中氚的浓度降至工业放射性废料水平，通常约为 0.1 MBq/kg。在专著[5]中作为示例援引了真空下工作的水精馏柱的评估计算,氚贫化部分的分离水平为33 600(从初始氚浓度3.7×10^9 Bq/kg到1.1×10^5 Bq/kg),以及在富集部分10^4(从初始氚浓度3.7×10^9 Bq/kg到3.7×10^{13} Bq/kg)。柱子应当具有720理论塔板,即当HETP为0.1 m,相当于填料部分高度为72 m。水精馏和CECE法的比较也确证以上所得结论,液体水和气相氢之间的催化同位素交换是水除氚诸工业规模试验方法之中效率更高且能耗更低的方法。这可理解为以下因素的结合:氢的化学同位素交换反应的热力学同位素效应值较大,以及它们在催化剂上的流速高、在填料柱中质量传递速率高。鉴于水的精馏对于热核反应堆中水的除氚没有实际意义,将不再继续探讨。除此之外,在采用水的精馏方法时,水除氚柱子的模拟可以轻松地通过商业化的计算机模拟来完成。

当用CECE方法进行氚化水的再处理时,水中的全部氚转化为氢气形式,氢气再经同位素分离系统(ISS)除氚后排至大气。因此,没有液体除氚产物。所要求的除氚因子取决于气体氚排至大气的限值。

CECE过程中使用的憎水催化剂,要求在液体水和足够高的水蒸气压力存在下仍能保持催化活性。从20世纪70年代开始,一系列的该种催化剂已研制出来并进行了试验(参见第4章)。催化剂推动气相氢和水蒸气之间的化学同位素交换反应。而氢同位素和水蒸气之间发生相同位素交换时同位素氢迁移至液体水(水蒸气)中。因此在柱子中同时进行同位素交换的催化反应及蒸气和液体水之间的质量传递。催化反应在向同一方向运动的相之间进行,而相同位素交换则在反向运动流之间进行。

CДB某些部件,像催化剂、电解槽材料等,需要经受在氚放射性衰变时生成的β射线的作用,并且随着时间的推移,也有可能丧失自己的性能。因此,为增加它们的使用寿命且不损失效率,与它们接触的水的氚浓度则应尽量予以限制。氢气除氚柱子通过同位素交换来将氢气流中的重同位素去除,并且它们将积累在电解槽的水中。如果不从这些水中去除氚,水中的氚浓度不可避免地将超过其规定临界值。因此将电解槽中生成的部分氢气流供到同位素分离系统,利用同位素分离系统分离出氚,并将氚贫化的气流返回到水除氚系统。水除氚系统和同位素分离系统之间的接口展示于图7-11。

由于来自大气除氚系统的水将在缓冲容器中积累,然后输送至除氚处理,CДB中含恒定补给的液体流和氢气流、同位素组分恒定的或变化很慢的氚化水的工况以及氚化水的同位素组分恒定或变化很慢的工况,可以认为是同位素交换柱子的标准工作工况。可以认为在这样的补给工况中,柱子是在稳态

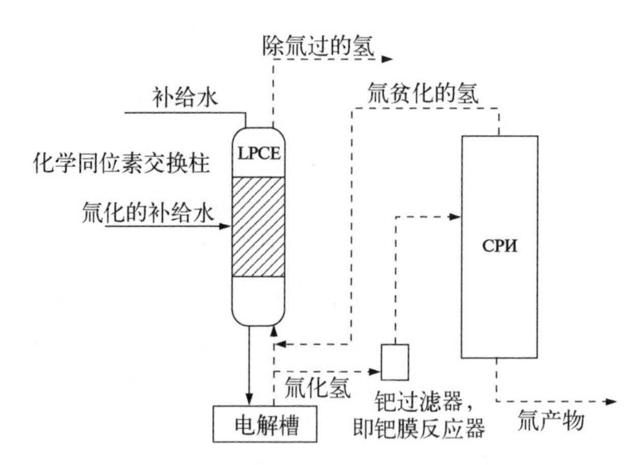

图 7 - 11　水除氚系统和同位素分离系统之间的接口示例

工况下工作的。在稳定工况下对柱子的模拟为其设计和运行提供了充分的支持。

鉴于在氚化水中氚的同位素浓度总是很低(在百万分之几十或上百水平)，则在模拟分离柱时，有别于氕与氘的浓度比值不同，氚浓度对一次同位素效应的影响可以忽略不计。当对其中一种同位素的浓度比另一种浓度大的水进行除氚时，理论塔板数和沿柱子高度的同位素浓度谱面，能用图解分析法可靠地确定。因为对于化学同位素交换的反应来说，沿柱子的分离系数实际上不变。而在相比拟的浓度情况下，这样的解决方案不可避免地导致大的不能接受的错误，这是因为当增加氘的浓度时分离系数明显减小，特别是氚的分离系数。这一效应展示于图 4 - 3，其中援引了混合物中氘浓度不同时，氘和氚的分离系数变化的情况。

现在还没有针对水和氢之间化学同位素交换柱工作的数学模拟的商用程序，但研究出了几款非商用程序[6-9]。最初，分离柱子中质量传递过程的描述是基于这样的假定：气液同位素交换进行得非常快，并且它们可以忽略不计。模拟催化剂柱子的简化的处理方案是基于氢和水之间的双相同位素交换理论[6, 7, 10]，其中研究了带有某些有效的总质量传递系数的液体水和氢之间的质量传递。后来曾提出三相同位素交换理论，该理论认为一共存在三种相：气相氢、水蒸气和液体水[8,9,11]。针对 CECE 工艺中分离柱研究而开发的大多数计算机模型都基于这一理论。模型之间的区别归结为表示化学反应速率和质量传递速率的方式不同。通常使用的化学催化反应速率和填料层的质量传递速率是通过实验测得的，或者通过比较计算的和实验的沿柱子高度的同位素浓度谱选配的。

在氕和氘浓度可比拟的情况下，两相模型不能相应地描述分离柱中氚的同位素交换过程。例如，在含50%原子氘的补给氢的柱子中，为达到10^6的除氚因子，填料部分所必需的高度按三相模型计算得出的值为22 m。而在相同的条件下按两相模型计算时，得出了过于乐观的结果：约13 m。然而，正如下面显示的，即使没有进行过数学计算，两相模型也能定性地分析分离柱的特点。

补给氚化水进入柱子中的供料点的选择，是决定催化同位素交换分离柱工作的主要因素之一。下面我们研究探讨两种方案：要么直接将水输送至电解槽的电解液回路中，要么输送至分离柱中。在第一种情况下，电解槽的回路如同缓冲器那样工作，降低了从电解槽供给分离柱去除氚的氢同位素组分的波动。重同位素从氢变换为水，后又回到电解槽中。在第二种方案中，柱子中不仅进行重同位素的提取，还进行了富集。

使用图7－12和图7－13上显示柱子在稳定状态下，沿柱子的水中和氢气中氘浓度的McCabe－Thieleo简化后的图谱，进行了这些方案的分析。平衡曲线(代号α)通过氕-氘混合物分离系数使水中和氢气中氘的浓度相关联，分离系数依赖于氘的浓度(见表4－3)。在图7－12上代号λ的工作曲线将СДВ水流中与氢气流中的氘浓度相关联，将氚化水供到电解槽中。对于相同流量的氚化水(供到电解槽)和非氚化水(供到柱子上部)，量值$\lambda = G/L_{H_2O} = 2$，因为氢气流$G = L_{H_2O} + L_{HTO}$。

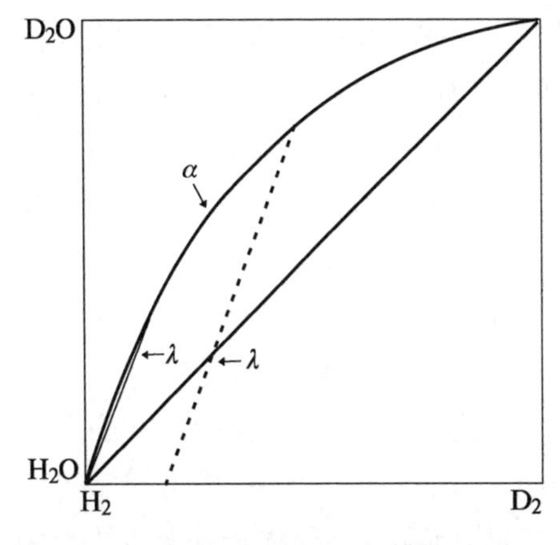

图7－12 氚化水输送至电解槽的СДВ的McCabe－Thieleo图

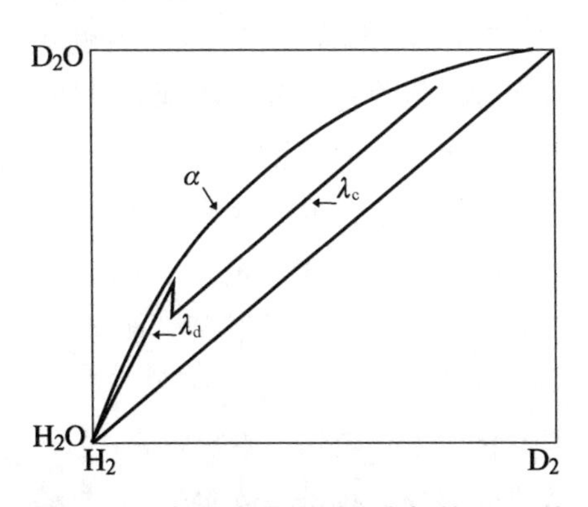

图7－13 氚化水供给到分离柱的СДВ的McCabe－Thieleo图

因为分离柱去除了氢气流中的氘,氘将在电解槽中积累,并且供到柱子(λ 曲线的上点)的氢气中的氘浓度将一直上升,直至达到最大的浓度。这一量值由线 λ 和线 α 的交点显示。当 $\lambda=2$ 和分离柱工作温度为 60℃时,氢气中氘的最大原子浓度约为 45%。可以看出,λ 值的增加导致氘最大原子浓度的减小,例如,当 $\lambda=3$ 时,它将降为约 15%。如果氘随补给水进到电解槽这一现象继续下去(平行于自身的工作线向氘浓度更高的一侧变化说明了这一点),就不可避免地导致从柱子出来的除氚后氢流中氘浓度的增加。这由工作线下点向气相中氘浓度更高的一侧变化得以说明。已除氚的氢气中氘浓度的提高将一直继续,直至供给水除氚系统的氘量和已除氚的氢气流的排放量达到物料平衡为止。这时应注意到,供给柱子氢流量中氘的浓度的提高,导致出现沿柱子高度的氘浓度的谱变化。其结果正如从表 4 - 3 看到的,分离系数 α_T 降低,这将导致在理论塔板固定数目的柱子中所能达到的氢气除氚因子降低。从水除氚系统获得氢气流的同位素分离系统仅提取出氚而没有提取出氘时,就会发生这样的过程。正如下面要表明的那样,在同位素分离系统中获取纯同位素氚,同时获得极低氚同位素浓度的氕和氘产物是非常复杂的任务。

图 7 - 13 展示的是从一定高度点上补给氚化水的分离柱的 McCabe - Thieleo 图(见图 7 - 11)。高于氚化水输入点的部分(贫化部分)的工作由工作线段 λ_d 表示,而低于氚化水输入点的工作由工作线段 λ_c 展示(富集部分)。

在柱子富集部分的 λ_c 值任何时候总是近似等于 1。因此,从图 7 - 13 可见,柱子下面氘的浓度可达到的量值,比将氚化水补给到电解槽情况下的量值高很多。

因为分离柱从氢气流中去除氘,像去除氚一样,氘将在 СДВ 中积累起来,这将既影响分离柱的工作,又影响电解槽的工作。因为这两个设备中的一次分离效应量值都将随氘浓度的增加而下降。柱子中氘的浓度谱面依赖于氘的分离系数(α_D)和 λ 的比值,该比值对柱子贫化部分的氘浓度谱面的影响由图 7 - 14 予以展示,取平衡线为直线。

图 7 - 14(a)展示的是当 $\lambda_d<\alpha_D$ 时的情况。贫化柱子下部中氘浓度的下降大大快于其上部。当 $\lambda_d=\alpha_D$ 时[见图 7 - 14(b)],这样的变化将在沿柱子贫化部分的全长度上均衡进行。当 $\lambda_d>\alpha_D$ 时[见图 7 - 14(c)],柱子上部的氚浓度变化比下部更快。这样一来,当 λ_d 量值增加时,含水且水中的氘浓度高于天然值的部分的柱子高度将升高,且该柱子部分依赖于供到柱子补给水中氘浓度。λ_d 值的提高受到欢迎,因为得以增加再处理氚化水的流量 [$\lambda_d=G/L_{H_2O}=$

$(L_{H_2O}+L_{HTO})/L_{H_2O}=1+L_{HTO}/L_{H_2O}]$。但是对于含氘高于天然浓度的氚化水的再处理，由于氚的分离系数随氘浓度的增加而减小，λ 的升高将导致分离柱中除氚效率的减小。

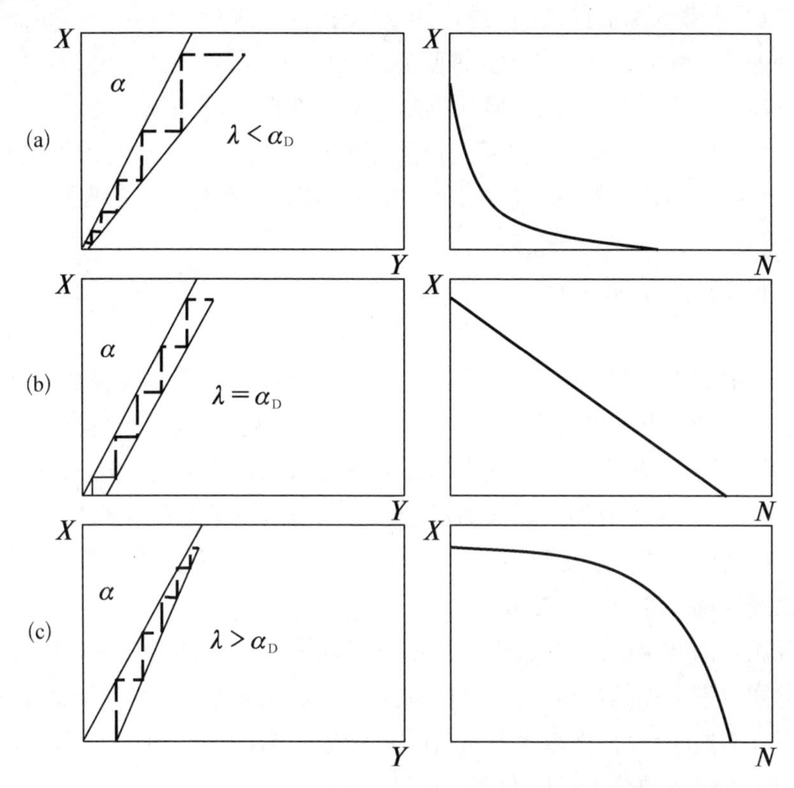

图 7-14　在 λ_d 和 a_D 的比值不同时柱子贫化部分中的氘浓度谱

注：图中 N 指分离理论塔板数。

通过分析知，可以根据水中氚和氘的浓度以及所需的除氚因子，同时考虑到同位素分离系统与水除氚系统配合使用下的除氚因子，来合理选择氚化水进料点并优化 λ_d 值。

模拟分离柱工作的模型应当考虑它的充填催化剂和填料的方式。参考文献中描述三种主要的方式(参见第4章)：

(1) 非规整填料和催化剂或是以均匀混合形式，或者以相互交替层的形式。

(2) 规整填料，其中包含催化剂。

(3) 填料和催化剂装在相互之间物理分隔的不同柱子区段中。在这种情况下，柱子在它整个高度上分割成类似的部件，其中水蒸气-氢气混合物开始仅通过催化剂层，这时催化剂不与液体水接触，其后才通过有液体水在其中流动的填料层。

在使用柱子填料部分充填法时，对于头两种方法，氢和水蒸气之间的催化反应，以及水蒸气和液体之间的相同位素交换同时进行。区别归结于总的质量传递速率值和气体在柱子中允许临界线性流速的限制不同。对于规整填料来说气体的允许速率高得多，但其质量传递速率低于堆积填料层。按照第三种方法分开装载时，化学同位素交换和相同位素交换的过程是先后进行的。柱子充填类型的选择取决于对 СДВ 生产率和所需的除氚因子的要求。

7.3 同位素分离系统

正如前面指出的，工业规模热核反应堆的同位素分离系统将在包含三个主要进料流的稳态或准稳态下工作，进料流有未燃烧的燃料混合物（含痕量氕的氘-氚混合物）；从水除氚系统来的含低浓度氚的但也可能含高浓度氚的氢气；氚生产模块中生成的氕和氚的混合物。同位素分离系统应当生产三种产物：为在燃料循环中重复利用的氚产物和氘以及排至环境的氕产物（要在水除氚系统中额外除氚之后排放）。

仅用氢的低温精馏方法，而不用同分子同位素交换的催化反应是不能获得足够同位素丰度的产物，因为存在包含了两个不同同位素的分子。因此，必须进行以下这些反应，使得由不同同位素组成的（HD、HT、DT）分子转化为由一种同位素组成的分子（H_2、D_2、T_2）。

$$2HD = H_2 + D_2 \tag{7-8}$$

$$2HT = H_2 + T_2 \tag{7-9}$$

$$2DT = D_2 + T_2 \tag{7-10}$$

$$HT + HD = H_2 + DT \tag{7-11}$$

$$HT + D_2 = HD + DT \tag{7-12}$$

$$DT + H_2 = HT + HD \tag{7-13}$$

这些反应是可逆的，并且处于热力学平衡状态下，分子之间同位素的分布依赖于温度和某种同位素的总含量[5]。这些反应在精馏柱的工作温度（约 −253℃）下进行得极为缓慢。在室温下有催化剂时，它们以很快的速率进行。

在很低的温度下，如在液态氮温度(—196℃)下，也有足够快的速率[12]。因此，部分气态氢流必须从精馏柱导出、加热，并流经催化反应器，然后重新冷凝，再返回到柱子中。

同位素纯产物的获取要求确保很高的分离程度，利用高效填料和很高的填料层高度来达到这一目的。高效填料通常表征为有很大的滞留液体的本领，而填料上液体氢的总量与填料层高度成正比。在分离柱事故失去密封时，液体氢迅速转至气体状态，当它进入工作厂房时，将具有爆炸威胁。为降低柱子失去密封时的事故后果，设计人员通常力求降低氢的滞留量，特别是柱子中的氚量。为此随着目标同位素浓度的增加，必须削减柱子中循环的液体和气体的流量。通过减少回流比，即沿柱子的液体流量与所放出产物流量之比，并同时减小柱子的直径，这一目标即可达到。带变量直径的单一柱子的工作能力在一氧化碳精馏以获取^{13}C同位素时已得到展示[13]。任务的技术决策使用现代的高效规整填料，例如，瑞士 Sulzer Chemtech 公司 BX 型或 CY 型规整填料，则明显简便得多。在为 JET 和 ITER 反应堆设计精馏法的氢同位素分离系统使用的是另一种解决方案：基于好几个柱子的级联代替单一的柱子[14]。但是，这时有必要在柱子之间抽吸流体，而这将明显地限制整个同位素分离系统的可靠性。

氢的低温精馏在很大程度上与石油化学工业中使用的传统精馏过程相似，在这两种情况下均观察到足够大的分离系数且液相中相对理想行为偏离很大，在氢精馏情况下，这是由于过程进行的温度很低。这一相似之处使得可以利用为石油化学中的精馏柱编写的计算机程序，例如，ASPEN。在参考文献中描述了为模拟氢低温精馏柱稳态工作和非稳态工作专门编写的一些非商用计算机程序的应用[6-7,15-16]。它们都使用了基于物料平衡和能量平衡计算，以及沿柱子从一个理论分离级到另一级的同位素平衡计算的典型方法。反应式(7-8)～式(7-13)的平衡常数用量子统计学方法很容易计算出来[5]。

由于必须达到很高的分离程度，氢精馏柱分离部分所需要的理论塔板数比石油化工业使用的精馏柱几乎多出1个数量级。因此，要特别关注计算的收敛性。为获取氚的氢精馏柱的另外一个特征是必须核对氚放射性衰变时释放的热[1.94 W/mol(T_2)]，若不考虑这种热释放可导致计算中很大的热不平衡以及误差。

经验表明，在就专门用于解决具体任务的同位素分离系统组织的主要结构构建的选择阶段，其主要困难不在于柱子的模拟，而在于从必要的柱子的数量及组织它们之间的流体角度出发，来选择同位素分离系数的正确工艺系统图。这时对于选择工艺系统图具有重要影响的是进料流同位素的组分以及对产物的质量要求。

在援引于下面的参数分析中，计算机模拟的应用正是为了寻找善于完成所提出任务的分离系统工艺系统图。这里，对分离产物和从化学净化系统来的补给气组分的要求可以以足够的置信度予以固定。而从水除氚系统来的氢流的组分可在很宽的范围内变化，因此曾作为变量参数予以利用。

作为示例，对含连续燃烧氘-氚等离子体[按反应式(1-7)]的热核反应堆，在燃烧程度取值等于5%时进行分析。含氘和氚分子克当量混合物以及量不大的氕的未燃烧的等离子体流为130摩尔每小时，这相当于热功率和电功率分别约为3 000 MW和1 000 MW。示例中氕的原子含量取1%。更低含量的氕不影响任务的解决，重要的是它的存在这一事实。对于氚自给工况下的运行，热核反应堆应当生产出的氚量约3.25摩尔每小时。我们要指出的是，在热核反应堆中生产氚的工艺研发还远没有完成。为分析目的，取氚生产模块中生产出的氚，在分离并经氢同位素化学净化后，以仅包含氕和氚的分子氢的形式进入同位素分离系统。氕和氚之比值变化对同位素分离系统的工艺系统图影响不大，鉴于H-T混合物的分离是氢同位素分离任务中最容易的，在H/T浓度比大大超出1时，在单独的柱子中对这种混合物进行分离将变得适宜。

输入参数的评价可从以下几点来考虑。使用高压下的水作为冷却剂，导出等离子体室壁的热量。氚不可避免地从真空室渗透到冷却剂中，氚漏进冷却剂的速率取100 Ci/h。而它的浓度维持在2 Ci/kg的水平(对于CANDU型重水反应堆的慢化剂这样的水平是可接受的)。维持给定的氚浓度水平，就要求导出50 kg/h的水进入水除氚系统进行再处理。水除氚系统也对从大气除氚系统中产生的水进行再处理，来自大气除氚系统的水中氚的流量和浓度取值为50 kg/h和1 Ci/kg。水除氚系统基于CECE工艺，水通过电解转换至分子氢的形式。在水除氚系统中分子氢通过从中去除氚的方式而得到净化，氚在量不大的水中富集，并且主要在电解槽中积累起来。所有现代的电解槽都含有聚合材料，这些聚合材料随着时间的推移，会在氚放射性衰变时生成的电子射线的作用下受到损伤。因此，为在给定的时间周期内保证电解槽的运行，需要对电解槽的水中的氚浓度实行限制(见第5章)。众所周知，当氚浓度为50 Ci/kg时(它的对应原子份额为1.7×10^{-4})，在不少于三年期间内电解槽的聚合材料工作中没有观察到明显的恶化。由于水电解过程同位素的热力学和动力学效应,电解槽生产的氢中的氚浓度将低于电解液中的氚浓度。动力学同位素效应量值是根据专著[5]中的数据予以选择的。电解槽中产生的部分氢供给同位素分离系统,以便提取氚。同位素分离系统返回氚已贫化的氢气流至水除氚系统,以进一步除氚,其后排至大气。由同位素分离系统返回的氢气流中的氚浓度应当能保证在水除氚系统中氚的提取程度不小于90%。氢低温精馏实验装置的运行经验表明,通常不能成功达到残留氚含量低于百万分(ppm)之几。在水除氚系统与同位素分离系统协同工作稳定状态下,同位素分离系统从由水除氚系统提供的进料流中提取出的氚量应当等于供给水除氚系统补给水中的氚流量。从以上所取的进入水除氚系统的氚流量(1 500 Ci/h)、从水除氚系统供给同位素分离系统的氢中的氚浓度和同位素分离系统中给定的氚提取程度,可以计算从水除氚系统至同位素分离系统的补给氢的流量。从氘含量角度看,该氢气流的同位素组分依赖于热核反应堆不同工作工况中氘的使用程度。氘和氚一样也将在电解槽中积累,正如前面显示的,依赖于水除氚系统补给氚化水流输入点的选择(进入电解槽或进入分离柱中),电解槽水中氘浓度可接近100%。

多个单独柱子的结构和工作参数的优化,即分离部分的高度、回流比,催化反应器的数量、规格尺寸和位置等,补给输入点以及产物取样点最好在为解决具体任务选定了系统的原理图之后进行。在所分离的混合物中存在全部三种同位素时,在其中存在六种同位素形式的分子(H_2、D_2、T_2、HD、HT和DT)。由于在这类混合物的精馏分离以及在催化反应器中反应式(7-8)~式(7-13)的进行,热力学同位素效应将沿柱子高度而变化。这样的柱子利用图解法或分析方程式进行计算,这些方法假定同位素效应是恒定的,计算不可避免地与很大的误差相关联。因此,为了计算应优先使用数字模拟方法。柱子结构和工作参数的优化,在有相应的计算机程序时很容易进行,这里就不予研究了。另外,系统原理工艺图的选择要求对过程的特点有足够的认识。这样的工艺图在获取给定质量的三个同位素产物的示例中予以展示。来自化学净化系统的气体同位素组分取恒定值(氚、氘等的摩尔混合物,其中含氕的原子百分数为1%)。来自水除氚系统的氢中的氚含量为痕量,而氘含量可在天然含量和高含量之间变化。所期望的分离产物的组分按JET反应堆示例选取[17],并在表7-1中给出。为了保证氚化重水在其长期储存中保持很低的自辐射分解速率,取氚在氘产物中的浓度水平小于10 Ci/kg。

表 7-1　所希望的同位素分离系统分离产物的组成

产　物	同位素原子含量/%		
	T	D	H
氚产物	大于 99.5	小于 0.5	痕量
氘产物	小于 10^{-4}	大于 99.5	小于 0.5
氕产物	小于 10^{-4}	不大于来自水除氚系统的补给气体中含量的 90	平衡

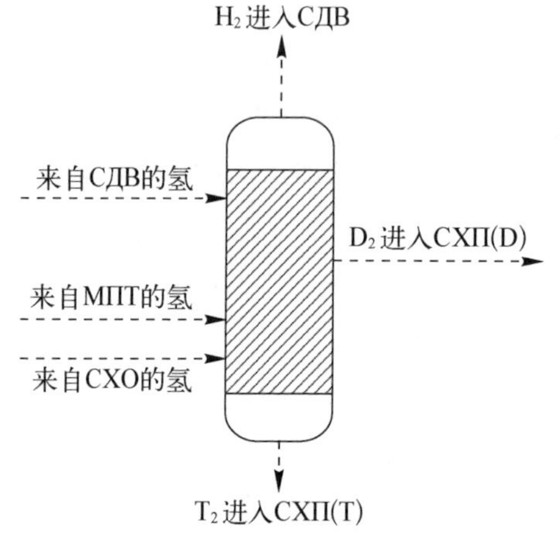

图 7-15　由单一精馏柱组成的同位素分离系统

注：图中缩略语请见缩略语表。

同位素分离系统是保证燃料循环工作连续性的关键组合件。从其可靠性观点出发，为经催化反应器和柱子之间气体流的抽取所必需的泵是最薄弱的环节，因此，同位素分离系统中应具有最少的必需的柱子。柱子数的削减还为了减少同位素分离系统中的氚量（因而也减少了滞留的氚量）。

分析获取三种给定质量产物的可行性从研究由单一柱子组成的同位素分离系统开始（见图 7-15）。

补给混合物同位素组分对所获取产物影响的分析如表 7-2 所示。由表可见，即使在来自水除氚系统的氢中氘的浓度处于天然水平，在单一柱子中也达不到获取含给定低氚含量的氘产物中的水平，沿柱子变更氘产物的取样点也不能改善产物的质量。当增加原料中氘的原子浓度至 10%时，氚产物也不再能满足表 7-1 中的要求。

来自水除氚系统的进料流中氘的原子浓度大于 10%时，所需质量的产物的获取无法在两个或三个柱子所组成的同位素分离系统中实现。

鉴于根据柱子中浓度谱的分析来正确地找出产物取样点的位置是足够复杂的，而且是不可靠的解决方案，故而宁愿不从柱子高度的中间点取样，而只在端部取样。针对这一情况的分析表明，为达到给定的产物质量，分离柱的数量应至少比产物数量多一个。由四个柱子组成的，并生产所有三种产物的同位素分离系统，在很宽的浓度范围内进料流的组成发生变化时的工作能力展示于图 7－16 和表 7－3。应当指出的是，从生产氚的模块分离二元氕和氚的同位素混合物是很简单的任务。它可以通过从获取氚的模块（即 МПТ）提供进料流至柱子 K_1 中来进行分析，正如图 7－16 所示。如果在获取氚的模块中采用氚的提取工艺，将导致 H 和 T 的浓度比变大，相应的需要分离的混合物流量大，则这样的流体的再处理最好在生产两种产物（氚和氕产物）的单个柱子中实现。

表 7－2　来自水除氚系统的氢流中的氘含量对由单一低温精馏柱组成的同位素分离系统的分离产品质量的影响

产　物	同位素种类	来自水除氚系统的氢流中的氘原子浓度/%		
		0.016	1.0	10.0
氚产物	T	99.8	99.8	97.8
	D	0.2	$<10^{-2}$	2
氘产物	T	0.3	0.5	1.3
	D	99.5	99.3	97.8
氕产物	T	$<10^{-4}$	$<10^{-4}$	$<10^{-4}$
	D	0.2	0.6	$<10^{-4}$

表 7－3　来自 СДВ 氢流中的氘含量对由四个低温精馏柱组成的同位素分离系统中分离产物质量的影响

产　物	同位素种类	来自的氢流中氘的原子浓度/%		
		0.016	50.0	90.0
氚产物	T	>99.8	>99.8	>99.8
	D	<0.2	<0.2	<0.2
氘产物	T	$<10^{-4}$	$<10^{-4}$	$<10^{-4}$
	H	$<10^{-4}$	$<10^{-4}$	$<10^{-4}$
氕产物	T	$<10^{-4}$	$<10^{-4}$	$<10^{-4}$
	D	$<10^{-4}$	0.2	2.0

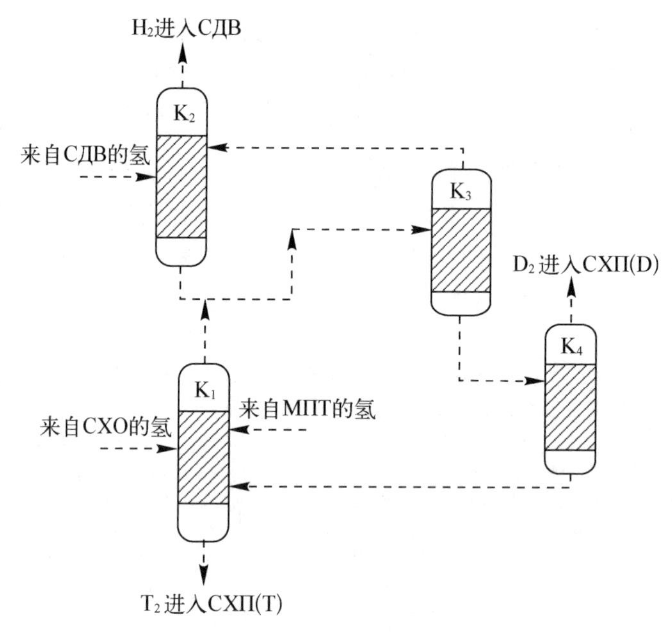

图 7-16　由四个精馏柱组成的同位素分离系统

注：图中缩略语请见缩略语表。

从表 7-3 的数据看出，由四个柱子组成的同位素分离系统可在来自水除氚系统的进料流的同位素组分在很宽的范围内变化时，获得含给定质量的全部三种产物。同位素分离系统的组织按每个柱子只完成一项任务的原则构建。K_1 柱的任务是获得纯氚产物，这时，柱子上部取出的流体中将主要是氕和氘，同时，对这一流体的组分不提任何要求。K_2 柱的任务是获取残余氚含量低于给定值的氕产物。

氘和氚将在柱子下部取样流中富集，对该混合物的组分也没有任何要求。K_1 柱向上气流和 K_2 柱向下气流汇合一起，并供给 K_3 柱，K_3 柱专门用于解决最为复杂的任务：从重同位素中分离出氕。由于 HT 和 D_2 具有相同的相对分子质量，它们具有特别接近的物理化学性能，因而分离十分困难。K_3 柱的任务是以 H_2 和 HD 分子形式将氕分离出来，为其后在 K_1 柱中进行该混合物的除氚做准备。将取自 K_3 柱下部的、已贫化氕的气流供到 K_4 柱作为补给，K_4 柱的任务是获取含给定低含量氚的氘产物。取自 K_4 柱下部气流中的氚，其后在 K_1 柱中富集。图 7-16 中呈现的同位素分离系统工艺图能够再处理不在燃料混合物回转中循环的剩余数量的氘。

单个柱子的优化要求使用模拟其工作的计算机程序来计算。优化可追踪几个互相关联的目标：通过减小柱子的规格尺寸和催化反应器的数量来减少基建费用，通过降低氚和氢的滞留量来降低可能的事故后果，降低氢液化的能耗。在知道所要求的理论塔板数和回流比时，使用现有的柱子运行经验，可足够容易地对柱子的参数予以评定。例如，对于通常低温柱子中氢同位素分离所使用的高效堆积填料来说，HETP 量约为 0.05 m，而液体氢在填料上的滞留量约为它容积的 10%。通常推荐考虑柱子中气体的线速度约为 0.1 m/s 来设计柱子。

当今正在研究设计有托卡马克型的紧凑热核反应堆的不同概念。从燃料循环观点出发，它们与 JET、ITER 型大的机器设备的区别在于氘-氚补给混合物流相对较小。在这种情况下，为了分离氢同位素，不仅有可以利用氢的低温精馏的可能性，还有利用其他方法的可能性，比如，周期性工艺过程。JET 反应堆在周期性工况下的燃料循环工作显示，采用周期性的气相色谱方法来分离同位素完全满足要求[18]。气相色谱模拟在商用水平上研制得不错。同位素分离系统在周期性工况下的工作，可以解释为将氚和氘供给到燃料循环中。这使得同位素分离系统可以很容易地并入集成燃料循环工作模块之中。

参考文献

[1] Giegerich T., Day C. Conception of a continuously working vacuum pump train for fusion power plant//Fusion Engineering and Design. 2013. No. 88. P. 2206 - 2209.

[2] Perevezentsev A. et al. Operational experience with the JET Impurity Processing system during and after DTE1//Fusion Engineering and Design. 1999. No. 47P. 355 - 360.

[3] Andrew P. et al. Tritium retencion and clean-up in JET//Fusion Engineering and Design. 1999. No. 47. P. 233 - 245

[4] Perevezentsev A. N. et al. Wet scrubber technology for tritium confinement at ITER//Fusion Engineering and Design. 2010. No. 85. P. 1206 - 1210.

[5] Андреев Б. М., Зельвенский Я. Д., Катальников С. Г. Тяжёлые изотопы водорода в ядерной технике. М.: ИздАТ, 2000. 456 с.

[6] Busign A., Sood S. K. FLOSHEET — A computer program for simulating hydrogen isotope separation system//Fusion Science and Technology. 1988. No. 14. P. 529 - 535.

[7] Busign A., Sood S. K. Steady state and dynamic simulation of the ITER hydrogen isotope separation system//Fusion Science and Technology. 1995. No. 28. P. 544 - 549.

[8] Ovcharov A. V., Rozenkevich M. B., Perevezentsev A. N. Simulation of CECE facility forwater detritiation//Fusion Scienec and Technology. 2009. No. 56. P.

1462 - 1470.

[9] Boniface H. A. et al. Water detritiation system for ITER — Evaluation of design parameters//Fusion Science and Technology. 2017. No. 71. P. 241 - 245.

[10] Cohen K. The theory of isotope separation/MeGraw-Hill Book Co, New York, 1951. 165 p.

[11] Palibroda N. Approach to the theory of separation columns with successive exchange between three fluids//Z. Naturforshung. 1966. No. 21a. P. 745 - 749

[12] Жаворонкова К. Н. Низкотемпературный изотопный обмен в молекулярном водороде и орто-пара конверсия протия на плёнках металлов и интерметаллидов/Диссертация на соискание ученой степени доктора химических наук, РХТУ им. Д. И. Менделеева, 2009.

[13] A Carbon - 13 production plant using carbon monoxide distillation. Report of Los Alamos Scientific Laboratory of the University of California, LA - 4391, UC - 22, TID - 4500, 1970.

[14] Андреев Б. М. , Магомедбеков Э. П. , Райтман А. А. , Розенкевич М. Б. , Сахаровский Ю. А. , Хорошилов А. В. Разделение изотопов биогенных элементов в двухфазных системах. М. : ИздАт, 2003. 376 с.

[15] Holland C. D. Unsteady state process and applications in multiconponent distillation. Prentice-Hall, New Jersey (1966).

[16] Kinoshida M. Drastic reduction of computing time for hydrogen isotopes distillation columns//Fusion Technology. 1986. No. 9. P. 492 - 498.

[17] Bainbridge N. et al. Operational experience with JET AGHS cryodistillation system during and after DTE1//Fusion Engineering and Design. 1999 No. 47. P. 321 - 332.

[18] R. Laesser et al. Preparative gas chromatographic system for the Active Gas Handling System — tritium commissioning and use during and after DTE 1//Fusion Engineering and Design, 47 (1999) 301 - 319.

结束语

人类生活的舒适程度主要取决于能源(特别是电能)的可用性和生活环境的生态状况。使用天然资源发电带有很大负面生态效应。人类致力于降低这种效应,为此引入了对二氧化碳排放的监督,并使用新型能源。但是,如果在可预见的未来还找不到生态友好的发电方法,那么人类将面临一个抉择,要么限制人类对电能的需求,降低生活舒适度,要么接受居住生态环境的恶化。这两个选项均不受欢迎。

使用热核聚变(即在恒星上发生的过程)能源可能是这一问题的解决方案。近数十年来,巨大的努力投入到等离子体物理研究和热核反应堆的工程构型之中。使用热核聚变进行工业规模发电的核心问题是等离子体的长时间维持,以及高温和中子流对反应堆结构材料的破坏作用。在工艺和材料的现代世界发展水平下,热核聚变唯一在技术上可实现的方案是利用氢的重同位素氘和氚的聚变反应。氚是含弱 β 辐射的放射性同位素,在热核反应堆的闭合循环中氚应被予以利用,以使得能将它进入环境的后果降至可接受的水平。

氚的储存和再处理工艺取自热核武器中应用的原有工艺,毕竟这是目前氚的主要应用场景。对于工业规模热核反应堆来说,对需再处理的氚量、氚的再处理效率以及必需的环境保护水平的需求都比氚的军事应用要高出许多倍。尽管近几十年来不同国家开展了大量的科研与工程项目,促进了用于热核反应堆燃料循环氚工艺的发展,到目前为止它们的实际应用仍未准备就绪。由欧盟、俄罗斯、日本、美国、中国、印度和韩国共同努力正在法国建造的热核反应堆 ITER 就是一个示例。

从再处理流量的规模、工艺过程的效率和设备工作能力的角度出发,该反应堆氚工厂选用的诸多关键氚工艺中任何一个的可行性都还没有得到实际的展示。组织氚工厂多个不同系统同时在闭合燃料循环中连续和长时间的工作是一项专门的任务,ITER 反应堆氚工厂是解决该任务的首个尝试。

援引于本书中的热核反应堆氚工厂中不同氚工艺的综述及适用性分析，是基于作者们在针对包括ITER在内的试验性热核反应堆的工艺研究和氚系统设计，以及氚工厂的运行方面的多年经验。书的编写力求重新思考和审视这些经验，对保护环境的要求以及对从已排至环境的气流和水流中捕获氚的任务的解决给予了特别关注。

作者们相信这本书将对下一代工程师在工业规模热核反应堆燃料循环的顺利实施会有所帮助。

索　　引

E

F

H

J

L

P

Q

R

S

T

W

X

Z